Ralf Wölfle/Petra Schubert (Hrsg.)

# *Prozessexzellenz mit Business Software*

*Praxislösungen im Detail*

*Fallstudien*

*Konzepte*

*Modellierung*

## *Ecademy*CH

Das Kompetenzwerk der
Schweizer Fachhochschulen
für E-Business und E-Government

# HANSER

Die in diesem Buch enthaltenen Fallstudien wurden für den eXperience Event 2006 in Basel erstellt. Sie wurden wissenschaftlich aufbereitet durch E-Business-Experten der Fachhochschule Nordwestschweiz FHNW, der Universität St. Gallen, der Fachhochschule Zentralschweiz, der Berner Fachhochschule, der Universität Fribourg, der Technischen Universität München, der Universität Bern sowie von Experten aus der Praxis. Die Ecademy (www.ecademy.ch), das Schweizer Kompetenznetzwerk für E-Business und E-Government, hat durch ihre ideelle und finanzielle Unterstützung zur erfolgreichen Erstellung dieser Publikation beigetragen.

www.hanser.de

Bibliografische Information Der Deutschen Bibliothek
Die Deutsche Bibliothek verzeichnet diese Publikation in der Deutschen Nationalbibliografie; detaillierte bibliografische Daten sind im Internet über http://dnb.ddb.de abrufbar.

© 2006 Carl Hanser Verlag München Wien
Redaktionsleitung: Lisa Hoffmann-Bäuml
Herstellung: Ursula Barche
Umschlaggestaltung: Büro plan.it, München
Datenbelichtung, Druck und Bindung: Kösel, Krugzell
Printed in Germany

ISBN-10: 3-446-40722-7
ISBN-13: 978-3-446-40722-0

# Vorwort

Geschäftsprozesse verbinden die unzähligen Handlungen der Mitarbeitenden eines Unternehmens zu einer Gesamtleistung, die sich am Markt bewähren muss. In mindestens einem Merkmal muss diese Gesamtleistung exzellent, also im Vergleich zu Leistungen von Wettbewerbern hervorragend sein, sonst würde sie von den Kunden nicht ausgewählt werden. Die Aufgabe von Business Software ist es, durch ihre Funktionen zu einer effizienten Wertschöpfung und einer handlungsorientierten Messung der Geschäftstätigkeit beizutragen. Die bekannteste und in der Praxis am weitesten verbreitete Ausprägung von Business Software ist das ERP-System (Enterprise Resource Planning). Ein ERP-System ist eine modular aufgebaute, betriebswirtschaftliche (Standard)software, die je nach Umfang bereits einen hohen Integrationsgrad innerhalb einer Organisation bewirkt. Technologien und Komponenten des E-Business haben diesen Rahmen erweitert und machen es möglich, die jeweilige Organisation innerhalb einer Unternehmensgruppe oder unternehmensübergreifenden Wertschöpfungskette zu integrieren.

Die Möglichkeiten dieser organisationsübergreifenden Vernetzung und Integration hat für Geschäftsprozesse ein Gestaltungspotenzial erschlossen, das über Effizienzsteigerungen hinausgeht. Das Ausmass der Rückkoppelung des Werkzeugs IT auf die Geschäftsmodelle können wir im Jahr 2006 erst erahnen, da der Transformationsprozess in vollem Gange ist. Informationssysteme entfalten ihren Wert dabei indirekt über die Ermöglichung von Geschäftsprozessen, die eine hervorragende Marktleistung bewirken.

Die in diesem Buch dokumentierten Fallbeispiele zeigen, wie die beschriebenen Unternehmen ihre Kompetenzen in Prozesse überführt haben und welchen Stellenwert dabei Business Software einnimmt. Darüber hinaus wird in allen Fallstudien beschrieben, wie die Unternehmen zu den Lösungskonzepten gekommen sind und wie diese realisiert wurden. Die exemplarischen Fälle können allerdings nicht das gesamte Spektrum an Potenzialfeldern abdecken. Mit den vier Themen „B2B-Integration", „Kundenbindung", „Auftragsabwicklung" und „Logistikketten für Lebensmittel" wurden Bereiche ausgewählt, in denen Business Software einen grossen Stellenwert für die Prozessgestaltung einnimmt.

In ihren einleitenden Artikeln stellen die Herausgeber die übergeordnete Thematik und die Methodik des Buchs vor. Fachartikel von ausgewiesenen Experten behandeln die vier Fokusthemen. 14 Fallstudien zeigen auf, wie Unternehmen in verschiedenen Branchen mit unterschiedlichen Ansätzen Business-Software-Projekte realisiert haben. Die in den Fallstudien dokumentierten Erfahrungen sollen Entscheidungsträgern Anregungen geben, wie Prozesse im Zusammenspiel mit Anwendungssoftware exzellente Leistungen bewirken können. Die Kapitel werden jeweils durch eine Schlussbetrachtung abgerundet. Die Haupterkenntnisse aus den Beiträgen werden in einem Schlusskapitel zusammengefasst.

Die porträtierten Organisationen stammen aus der Schweiz und aus Liechtenstein. Zu Beginn des Selektionsprozesses erfolgte ein Aufruf zur Teilnahme über eine offene Online-Ausschreibung (Call for Cases), gefolgt von einer sorgfältigen Evaluation durch das Competence Center E-Business der Fachhochschule Nordwestschweiz FHNW unter der Leitung der beiden Herausgeber Ralf Wölfle und Prof. Dr. Petra Schubert.

Die Autoren der Fallstudien sind Experten für Business Software aus schweizerischen und deutschen Hochschulen. Einige Experten sind Dozierende in Mitgliederschulen der Ecademy, dem Schweizer Kompetenznetzwerk für E-Business und E-Government. Acht der dokumentierten 14 Fallstudien wurden im September 2006 am eXperience Event in Basel einem interessierten Publikum von den Projektverantwortlichen und Autoren vorgestellt.

An dieser Stelle möchten die Herausgeber allen Personen danken, die in irgendeiner Weise einen Beitrag zum Entstehen des Buchs geleistet haben: Den Autoren danken wir für ihr Engagement bei den Recherchen und dem Verfassen der einzelnen Beiträge. Den Unternehmen und ihren Vertretern gilt ein besonderer Dank für ihre Bereitschaft, Wissen und Erfahrungen der Öffentlichkeit zur Verfügung zu stellen. Der Hasler Stiftung sei für ihre Förderung des Wissenstransfers zwischen Lehre, Forschung und Wirtschaft gedankt, die sich in diesem Jahr auf die Erweiterung der eXperience-Systematik in der Technischen Sicht konzentrierte. Im Weiteren danken wir den verschiedenen Sponsoren für die Unterstützung des Events und speziell der Ecademy, die dieses Buch massgeblich mitfinanziert hat.

Zu guter Letzt danken wir der Fachhochschule Nordwestschweiz für die wohlwollende Unterstützung dieses Projekts. Ein besonderer Dank geht an Ruth Imhof, die hinter den Kulissen die Projektleitung für die Organisation dieses Projekts inne hatte sowie an Christine Lorgé und Dr. Nele Hackländer, die mit kritischem Auge alle Beiträge Korrektur gelesen haben.

Basel, im September 2006                    Ralf Wölfle und Petra Schubert

# Inhalt

## B2B-Integration: Geschäftsprozesse unternehmens-übergreifend verbinden

### Fachbeitrag

### Fallstudien

### Schlussbetrachtung

## Kundenbindung: Prozessexzellenz als Wettbewerbsvorteil

## Auftragsabwicklung: Prozessoptimierung und niedrige Kosten

## Logistikketten für Lebensmittel: Nachweisbare Qualität ohne Verlust

*Zusammenfassung*

*Petra Schubert*

# 1 Prozessexzellenz mit Business Software

*Ralf Wölfle*

Alle wollen stets das Beste. Käufer wählen aus einem vielfältigen Angebot das beste für sich aus. Anbieter geben sich alle Mühe, dass ihr Angebot das auserwählte ist. Dazu muss es sich in irgendeinem Merkmal positiv unterscheiden, es muss *exzellent* sein, zu Deutsch *hervorragend*. Wenn das Produkt *hervorragend* ist, muss der Anbieter etwas besser können als die Wettbewerber, sonst würden es alle so machen und das Merkmal würde keinen Unterschied mehr ausmachen. Wenn Unternehmen sagen, sie wollen die Besten sein, ist das keine Anmassung, sondern schlichte Notwendigkeit. Das zeigt sich auch in den über 100 Fallstudien, die das Competence Center E-Business Basel seit dem Jahr 2000 vorgestellt hat: Fast alle Unternehmen erklären in ihrer Unternehmensvorstellung ohne Umschweife, in welchem Aspekt sie die Besten sein wollen [vgl. www.experience-online.ch].

Dieser Artikel behandelt das Potenzial von Geschäftsprozessen im Zusammenspiel mit Business Software für die Erreichung von *Exzellenz* im Sinne von positiven Unterscheidungen. Ausgangspunkt ist das Geschäftsmodell, das sich der Geschäftsprozesse zu seiner operativen Umsetzung bedient. Die Geschäftsprozesse ihrerseits nutzen Funktionen von Business Software für eine effiziente Wertschöpfung, für die Koordination der Beteiligten und für die Messung und Dokumentation der Geschäftstätigkeit. Das Potenzial von Business Software geht allerdings über eine reine Unterstützung angestammter Geschäftspraktiken hinaus. Durch die am Ende des 20sten Jahrhunderts entdeckten Möglichkeiten der Vernetzung und Integration vormals isolierter Systeme wurde auch für Geschäftsprozesse ein Gestaltungspotenzial erschlossen, das grossen Einfluss auf die Geschäftsmodelle nehmen kann. Das Ausmass der Rückkoppelung des Werkzeugs IT auf die Geschäftsmodelle können wir im Jahr 2006 erst erahnen, der Transformationsprozess ist in vollem Gange. Abb. 1.1 zeigt die bidirektionale Abhängigkeit von Geschäftsmodell und vernetzter Business Software über das Gestaltungselement Geschäftsprozess und legt damit den roten Faden für diesen Artikel.

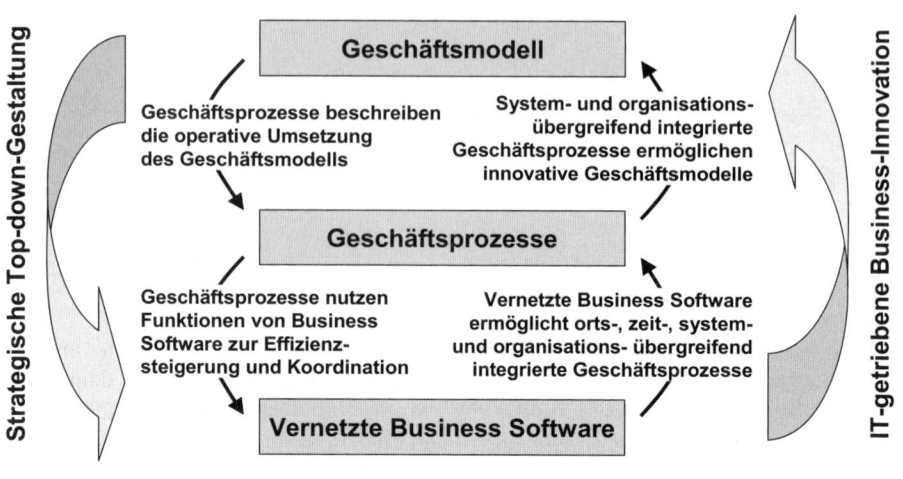

Abb. 1.1: Gestaltungselemente auf dem Weg zur Exzellenz

## 1.1 Gestaltungselemente auf dem Weg zur Exzellenz

Im Allgemeinen wird die Strategie als erstes genannt, wenn die Frage nach dem zentralen Erfolgsfaktor eines Unternehmens gestellt wird. Die Strategie sagt aus, wem in welchem Markt mit welcher Art und Tiefe von Wertschöpfung Nutzen erbracht werden soll. Sie legt zudem fest, auf welche Weise die angestrebte Marktposition erreicht werden soll und welche Kernkompetenzen das Unternehmen langfristig ökonomisch erfolgreich machen [Rüegg-Stürm 2002]. Die Strategie gibt damit Orientierung über die langfristige Ausrichtung des Unternehmens.

Der kurz- und mittelfristige Erfolg hängt dagegen davon ab, ob das Unternehmen aus seiner Geschäftstätigkeit Erträge generieren kann, die über den Aufwand hinausgehen. Dies bedingt zum einen die Fähigkeit, sein Angebot am Markt zu verkaufen. Zum anderen müssen alle für das Geschäft notwendigen Tätigkeiten auf eine Weise organisiert werden, dass die Leistung in der gegebenen Frist bei einem minimalen Ressourcenverbrauch erstellt wird. Für die „abstrahierende Beschreibung" dieser Merkmale einer Geschäftstätigkeit wird zunehmend der Begriff Geschäftsmodell verwendet [Scheer et al. 2003b]. Das Geschäftsmodell beinhaltet die Teile der Strategie, die das Leistungsangebot im Kontext der Abnehmer und der unmittelbar an der Wertschöpfung beteiligten Stakeholder inhaltlich beschreiben. Das Geschäftsmodell macht darüber hinaus Aussagen dazu, wie Erträge erzielt werden, in welcher Arbeitsteilung die Wertschöpfung organisiert wird und wie die Koordination der Beteiligten erfolgt [vgl. auch Bieger et. al. 2002; Stähler 2001].

Oder kürzer ausgedrückt: „Ein Geschäftsmodell ist die Konkretisierung der Unternehmensstrategie für ein Geschäftsfeld" [Kagermann/Österle 2006].

Als „eine modellhafte Beschreibung eines Geschäfts" [Stähler 2001] kann ein Geschäftsmodell keine Auskunft darüber geben, wie sich die einzelnen Mitarbeitenden im Alltag zu verhalten haben. Dazu dienen Strukturen, die einerseits die Arbeitsteilung innerhalb der Organisation definieren (Aufbauorganisation) und andererseits die zu erbringenden Einzeltätigkeiten koordinieren (Ablauforganisation). Die eigentliche Wertschöpfung geschieht in vielen Ketten von Aktivitäten, die zur Erfüllung von Einzelaufgaben, zur Bearbeitung von Geschäftsvorfällen und in der Summe zur Erzeugung der Marktleistung führen.

Für diese Aktivitätenketten wird der Begriff Prozess verwendet. Im lateinischen Ursprung hat er die Bedeutungen „Ablauf" oder „Fortschritt" und sagt damit noch nichts darüber aus, welche Qualität die Abfolge der Einzelschritte hat. Sie kann einmalig, wiederholbar, definiert, überwacht oder optimiert sein [Humphrey 1990]. In den ersten beiden Ausprägungen kann die Abfolge intuitiv und unbewusst oder gezielt und bewusst erfolgen. Bei Definitionen von Geschäftsprozessen wird immer eine *bewusst gestaltete* Abfolge von Aktivitäten angenommen. Davenport prägte für den Geschäftsprozess die Bezeichnung „Structure for Action" [Davenport 1993]. Die Gestaltung dieser Struktur gehört heute zu den wichtigsten Führungsaufgaben.

## 1.2 Komplexität als Hintergrund des Strukturbedarfs

Der Bedeutungsgewinn der Strukturgestaltung ist eine Folge der Komplexitätszunahme in den vergangenen Jahren. Ursprung der Komplexität ist die erhöhte Marktdynamik. Erfahrungen aus der Vergangenheit können immer weniger auf die Zukunft fortgeschrieben werden. Diese Entwicklung wurde durch die Liberalisierung des internationalen Waren- und Kapitalverkehrs verstärkt. Der grenzüberschreitend erweiterte Wirtschaftsraum hat einerseits eine Ausdehnung der Märkte, andererseits eine Verschärfung des Wettbewerbs mit sich gebracht. Es wird immer schwieriger, im Wettbewerb *hervorragende* Leistungen zu erbringen. Die Unternehmen reagieren darauf mit zunehmender Differenzierung und Arbeitsteilung. Es reicht nicht aus, ein Geschäftsfeld nach Region und Produkt zu definieren. Um von den anvisierten Kunden als *hervorragend* wahrgenommen zu werden, müssen deren spezifische Bedürfnisstrukturen resp. Motivsysteme identifiziert werden. Die Produkte sind mit ihren Merkmalen und Nebenleistungen darauf auszurichten und über die passenden Kanäle zu vertreiben. Dabei haben die Nebenleistungen an Bedeutung gewonnen, etwa die schnelle Verfügbarkeit eines Ersatzteils. Die entstehenden Marktsegmente sind häufig Nischen. In den letzten Jahrzehnten haben sich solche Nischenmärkte geradezu explosionsartig vermehrt, damit eine Ausweitung und Differenzierung ihrer Ursprungsmärkte bewirkt und den Kunden eine breitere Angebotspalette beschert. Die durch ihre unterschiedlichen Bedürfnisstrukturen voneinander unterscheidbaren Nischenmärkte bieten mehr Anbietern die Möglichkeit, eine *hervorragende* Position einzunehmen. In den verbleibenden Massenmärkten herrscht entweder ein gnadenloser Preiskampf oder der Wettbewerb funktioniert nicht.

Die Kehrseite der Nischenmärkte ist die Aufteilung des Marktvolumens als Ganzes auf kleinere Volumina in den Nischen. Das wirkt den kostensenkenden Skaleneffekten der industriellen Produktion entgegen: Die Fixkosten aus Produktentwicklung, Markterschliessung und Produktion müssen durch tendenziell wieder kleiner werdende Losgrössen getragen werden. Um dem entgegenzuwirken, gibt es im Wesentlichen zwei Strategien: die regionale Ausweitung des Absatzgebietes und die Modularisierung der angebotenen Leistungen.

In den mitteleuropäischen Hochlohnländern haben sich viele Unternehmen für die Strategie der internationalen Nischenabdeckung entschieden. Nicht selten sind auch KMU in ihrem spezifischen Kompetenzfeld Europa- oder gar Weltmarktführer (vgl. Fallstudie Serto auf Seite 89). Auch wenn sich ein Anbieter auf einen einzigen Nischenmarkt beschränkt, müssen für die verschiedenen Absatzregionen in den meisten Fällen doch etwas abgewandelte Leistungsversionen erstellt werden, was eine Modularisierung der Gesamtleistung nahe legt. Noch wichtiger ist die Modularisierung für Unternehmen, die eine breite Leistungspalette anbieten oder Synergien bei der Bearbeitung verschiedener Märkte nutzen wollen. Grosse Konzerne bedienen ja nicht zwingend einen grossen Markt, sondern immer öfter viele (Nischen-)Märkte, was sich auch in der zunehmenden Dezentralisierung der Organisationen widerspiegelt (vgl. Fallstudie Neoperl, S. 139). Der Begriff Modularisierung darf nicht nur auf das Produkt und seine Nebenleistungen angewendet werden. Jegliches Element der Wertschöpfung kann eine *hervorragende* Kompetenz darstellen und als solches den Wert haben, möglichst häufig angewendet zu werden (vgl. „Exzellenzbegründende Prozesse der Fallstudien", S. 263). Die Modularisierung der Unternehmensleistungen ist das Instrument, mit dem sich trotz abnehmender Mengen in den einzelnen Nischenmärkten positive Skaleneffekte bei den Komponenten und Teilleistungen erzielen lassen.

Für die Modularisierung bei den Arbeitsgängen steht der Begriff Arbeitsteilung. Im Unterschied zur tayloristischen Arbeitsteilung der industriellen Organisation besteht das Ziel der Arbeitsteilung heute nicht mehr nur in der Erzielung von Stückkostenreduktion und Erfahrungsvorteilen. Vielmehr soll die einzelne Leistungskomponente möglichst flexibel mit anderen Teilleistungen kombiniert werden können, so dass sie in zahlreichen Produkt-/Leistungskombinationen am Markt eingesetzt werden kann. Das Konzept der kundenindividuellen Massenproduktion [Piller 1998] beschränkt sich nicht auf die Kombinationsmöglichkeiten von Produktkomponenten. Die im Extremfall in der Endstufe individuell und einmalig ausgestalteten Produkte oder Dienstleistungen setzen auch modular aufeinander abgestimmte Arbeitsgänge voraus. Damit diese Kombinierbarkeit der einzelnen Arbeitsgänge möglich ist, müssen diese standardisiert sein und sich durch eindeutig definierte Inputanforderungen und Outputmerkmale auszeichnen.

Die mit der gestiegenen Marktdynamik entstandene Komplexität ist eine Folge des erhöhten Wettbewerbsdrucks sowie der Ausdifferenzierung und Modularisierung sowohl von Produkten/Leistungen als auch Arbeitsgängen. Mit jeder zusätzlichen Variante wächst die Zahl der Kombinationsmöglichkeiten exponenziell. Da aber nicht alle Kombinationsmöglichkeiten Sinn machen, müssen vielfältige Regeln definiert werden. Gleichzeitig ändern sich die Umweltbedingungen laufend, so dass Varianten ergänzt oder gestrichen und Regeln geändert werden müssen.

Am Markt hat Erfolg, wer sich am schnellsten auf geänderte Bedingungen einstellen kann (Flexibilität), bessere Lösungen findet (Innovation), die von Kunden erwarteten Anforderungen am genauesten trifft (Effektivität), dafür am wenigsten Ressourcen einsetzt (Effizienz) und dabei nur kalkulierte Risiken eingeht (Sicherheit).

## 1.3 Verständnis und Grenzen des Strukturelements „Geschäftsprozess"

Geschäftsprozesse werden auf sehr unterschiedlichen Detaillierungsebenen diskutiert. Die Wertkette nach Porter unterscheidet primäre Aktivitäten von unterstützenden Aktivitäten [Porter 1986]. Das neue St. Galler Management-Modell benennt als weitere Hauptkategorie Managementprozesse. „Diese drei Prozesskategorien bestehen ihrerseits aus einer Reihe wichtiger Teilprozesse, die insgesamt die Prozessarchitektur einer Unternehmung konstituieren." [Rüegg-Stürm 2002, S. 69].

Das Competence Center E-Business Basel arbeitet mit einem Prozessmodell, das auf der obersten Ebene Managementprozesse, Primärprozesse und Unterstützungsprozesse unterscheidet (vgl. Abb. 1.2).

Managementprozesse decken die grundlegenden Aufgaben der Gestaltung, Lenkung und Entwicklung einer Organisation ab [Ulrich 1984]. Sie schliessen sowohl langfristig ausgerichtete normative Orientierungsprozesse und strategische Entwicklungsprozesse als auch auf die Bewältigung des Alltagsgeschäfts ausgerichtete operative Führungsprozesse mit ein [Rüegg-Stürm 2002, S. 70].

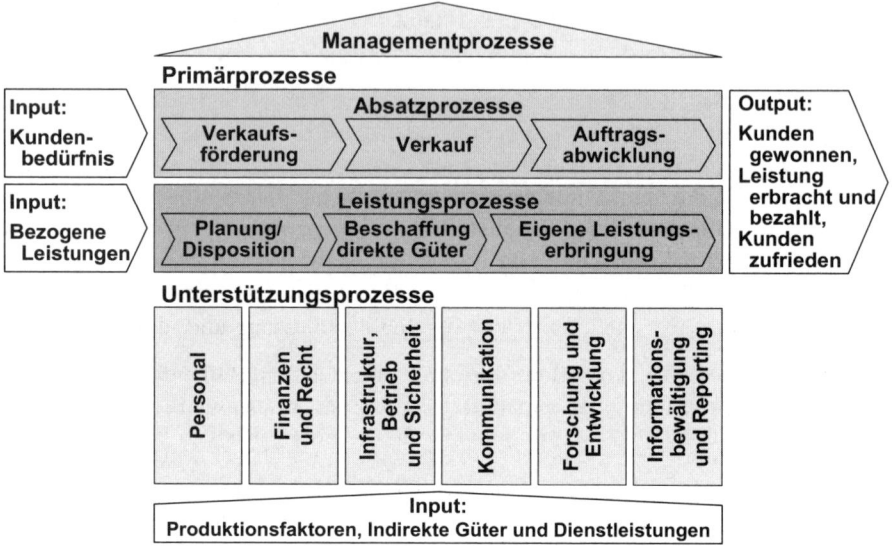

Abb. 1.2: Generische Prozessarchitektur auf der obersten Ebene

Primärprozesse sind unmittelbar auf die Erfüllung von konkreten Kundenbedürfnissen ausgerichtet. Dabei unterscheiden wir Absatz- und Leistungsprozesse. Absatzprozesse stehen in engem Zusammenhang mit dem Kundendialog – von der Verkaufsförderung bis zur Rechnungsstellung. Leistungsprozesse erzeugen Mehrwert, indem sie die vom Verkauf versprochene Leistung erzeugen. Primärprozesse haben in verschiedenen Unternehmen sehr unterschiedliche Ausprägungen, dennoch können nach Branche oder Betriebstyp typische Muster identifiziert werden.

Unterstützungsprozesse haben die Aufgabe, die Voraussetzungen und Rahmenbedingungen zu schaffen sowie die Ressourcen bereitzustellen, die zur Ausführung der Primärprozesse erforderlich sind. In der Grafik werden dafür beispielhaft sechs Funktionsbereiche unterschieden. Unterstützungsprozesse haben branchenübergreifend weniger unterschiedliche Ausprägungen, als dies bei Primärprozessen der Fall ist. Grundsätzliche Unterschiede sind eher durch die Unternehmensgrösse oder -struktur bestimmt.

Eine Definition der Geschäftsprozesse aus dieser Makroperspektive ist der strategischen Ebene zuzuordnen und kann primär aufzeigen, welche Aufgabenfelder das Unternehmen selbst abdecken will und wie diese zueinander stehen.

Der Begriff „Structure for Action" zielt dagegen auf die Bedeutung von Geschäftsprozessen auf der operativen Ebene ab. Indem Geschäftsprozesse Arbeitsabläufe für konkrete Geschäftsvorfälle hinab bis auf eine Mikroperspektive ausgestalten können, beschreiben sie die operative Umsetzung des Geschäftsmodells. Damit können sie einzelnen Mitarbeitenden Auskunft darüber geben, wie sie sich im Alltag zu verhalten haben.

Diese Gestaltung von Geschäftsprozessen kann wichtige Beiträge zur Beherrschung der Komplexität leisten. Dazu gehören:

- Verknüpfung von Geschäftsvorfällen mit Geschäftsprozessen

- Nennung der Voraussetzungen für eine erfolgreiche Prozessausführung (Input)

- Definition des Ergebnisses (Output)

- Bestimmung der Qualitätskriterien, der Qualitätsmessung und -dokumentation

- Vorgabe von Einzelaktivitäten, Verfahrensvorschriften, Reihenfolgen, Alternativen mit ihren Merkmalen und anderen Anweisungen, so weit erforderlich

Ein Geschäftsvorfall stösst einen Geschäftsprozess an. Dieser wird durch spezifische Informationsobjekte (Daten) repräsentiert, die eine Transformation von einem definierten Zustand in einen anderen durchlaufen. Dabei werden möglicherweise auch diverse definierte Zwischenzustände eingenommen. Die Zwischenzustände markieren die möglichen Schnittstellen für die Modularisierung eines Gesamtprozesses. Die Anforderungs- und Ergebnisbeschreibungen der einzelnen Teilvorgänge markieren dann deren Nahtstellen. Die Komplexität aus der Vielfalt unterschiedlicher Marktanforderungen lässt sich dadurch beherrschen, dass die zugelassenen Prozessvarianten durch Kombinationen von Teilvorgängen entstehen, deren Anfangs- und Endzustände vorgegeben sind. Über die Bedingungen zum Erreichen der definierten Zustände wird gewährleistet, dass die notwendigen Funktionen ausgeführt und die Qualitätsmerkmale eines Prozesses erreicht werden. Gleichzeitig stellen die (Zwischen-)Zustände die Messpunkte für Statistiken und Qualitätssicherung dar.

Die meisten Geschäftsvorfälle können allerdings nicht abschliessend mit Regeln definiert werden. Menschen handeln bei ihrer Aufgabenerfüllung immer in einem gewissen Grad autonom, können ihre Aufgaben dabei meistens souverän lösen, aber auch Fehler machen. Menschen finden manchmal überraschend überlegene Lösungen, gerade in schwierigen Situationen. Bei dem Störfall im schwedischen Atomkraftwerk Forsmark im Juli 2006 soll zum Beispiel erst durch das bewusst regelwidrige Eingreifen eines Mitarbeitenden eine äusserst gefährliche Situation entschärft worden sein [Reimann 2006].

Der Handlungskontext von Menschen enthält aber neben sachbezogenen Aspekten auch kulturelle und individuell persönliche Einflussfaktoren. Geschäftsvorfälle beinhalten deshalb auch eine Interaktionsdynamik, die sich der Planbarkeit entzieht [vgl. auch Rüegg-Stürm 2002, S. 52, S. 18]. Die miteinander in Interaktion stehenden Personen bilden als Gruppe wieder ein eigenes komplexes System, in dem aus der Summe der einzelnen Verhaltensweisen emergente Zustände entstehen, also solche, die sich aus den Einzelfaktoren nicht erklären lassen. Diese Zustände können für den Geschäftserfolg eine massgebliche Rolle spielen. Im positiven Fall bewirken sie bei den Beteiligten eine hohe intrinsische Motivation, z. B. in Flow-Teams [Gerber/Gruner 1999], im negativen Fall können ganze Abteilungen paralysiert werden.

## 1.4  Strukturierung von Arbeitsabläufen im komplexen Umfeld

Der Geschäftsprozess als bewusst gestaltete Abfolge von Aufgaben ist kein Patentrezept der Organisation. Sein Potenzial entfaltet er in folgenden Situationen:

- Wenn Arbeitsabläufe in einer bestehenden Personengruppe verändert werden oder wenn neue Personen in einen Arbeitsablauf eingeführt werden sollen, gibt der Geschäftsprozess den Personen die besagte „Structure for Action". Er beschleunigt dadurch Anlernprozesse.

- Wenn sich mehrere Personen bei gleichen Geschäftsvorfällen einheitlich verhalten sollen, definiert der Geschäftsprozess die Norm des gemeinsamen Minimums. Er bewirkt damit eine qualitative Vereinheitlichung.

- Wenn mehrere Personen arbeitsteilig zusammenarbeiten, z.B. in einer funktional gegliederten Organisation, definiert der Prozess die Nahtstellen der Teilleistungen. Er gibt den Einzelleistungen die übergeordnete Zielausrichtung und kann Effektivität und Effizienz verbessern.

- Wenn Geschäftsvorfälle unterschiedlich behandelt werden müssen, kann der Geschäftsprozess die Weichen im Arbeitsablauf (Workflow) stellen.

- Wenn die Geschäftstätigkeit beobachtet, gemessen oder dokumentiert werden muss, z.B. in Bezug auf Häufigkeit, Ressourcenverbrauch oder Qualitätsparameter, stellt der Prozess die eindeutigen Messpunkte bereit.

Umgekehrt wird der Geschäftsprozess in kleinen, überblickbaren Organisationen mit wenig Arbeitsteilung, Fluktuation und Veränderung sowie ohne spezifische Messanforderungen nicht benötigt. Das ist in vielen Kleinbetrieben der Fall, z.B. in einem einzelnen Friseurbetrieb. Bei grösseren Organisationen wird bei Geschäftsvorfällen, die selten vorkommenden, auf eine Prozessdefinition verzichtet und jedes Mal individuell gehandelt.

Bei der Gestaltung von Geschäftsprozessen stellt sich häufig die Frage, wie detailliert Vorgaben gemacht werden resp. welche Freiheitsgrade für die Mitarbeitenden verbleiben sollen. Bezieht man Motivationsaspekte mit ein, ist festzuhalten, dass hohe, aber in Bezug auf die Kompetenz des einzelnen Mitarbeitenden angemessene Freiheitsgrade motivierend wirken, Einsatz- und Verantwortungsbereitschaft stärken und über erlebte Erfolge eine positive Rückkoppelung bewirken. Dagegen kann eine – gemessen an der Kompetenz – hohe Einschränkung der Freiheitsgrade eine Entfremdung des Mitarbeitenden bewirken. Geschäftsprozesse sollten ihre Strukturierungsaufgabe deshalb so detailliert wie nötig und so offen wie möglich erfüllen. Detailvorgaben werden aber insbesondere dort nötig sein, wo es darum geht, einheitliche Nahtstellen für die Verbindung von Teilleistungen, definierte Qualitätsmerkmale sowie Messpunkte für die Dokumentation zu gewährleisten.

## 1.5 Prozessexzellenz

Will ein Unternehmen am Markt *hervorragende* Leistungen anbieten, muss es aus der Unternehmensstrategie eine den Kernkompetenzen entsprechende Prozessarchitektur ableiten. Für jeden Leistungsbereich müssen die miteinander konkurrierenden Erfolgsfaktoren Flexibilität, Innovation, Effektivität, Effizienz und Sicherheit ausbalanciert werden. Zum Beispiel ist es vorstellbar, dass ein Unternehmen bei der Finanzierung den Schwerpunkt auf Sicherheit setzt, bei der Personalrekrutierung auf Flexibilität und bei der Auftragsabwicklung auf Effizienz. Dabei ist es aus jedem Leistungsbereich heraus möglich, mit *hervorragenden* Bereichskompetenzen zu einer im Profil einzigartigen Gesamtkompetenz beizutragen.

Im Geschäftsmodell wird die Unternehmensstrategie für ein Geschäftsfeld konkretisiert. Aus ihm werden die operativen Geschäftsabläufe abgeleitet. Zur Ausgestaltung der operativen Geschäftsabläufe gehört:

- für alle relevanten Geschäftsvorfälle Geschäftsprozesse mit ihren Erfolgsmerkmalen zu definieren,

- den Mitarbeitenden Handlungsorientierung und Raum zur Entfaltung zu geben, indem sowohl die obligatorischen Anforderungen als auch die Freiräume bei der Aufgabenerfüllung transparent gemacht werden,

- die Vielfalt der Anforderungen durch modular kombinierte, in sich standardisierte Teilvorgänge abzudecken und

- die Grundlage für die Beobachtung, Messung und Dokumentation der Geschäftsprozesse durch die Definition von geeigneten Messpunkten zu schaffen.

Bei der Ausführung der operativen Geschäftsabläufe kann Prozessbeherrschung angenommen werden, wenn

- die Geschäftsvorfälle ausnahmslos im Rahmen der definierten Geschäftsprozesse abgearbeitet und dabei die definierten Anfangs-, Zwischen- und Endzustände fehlerfrei durchlaufen werden,

- die Erreichung der Erfolgsmerkmale bei jedem einzelnen Prozessdurchlauf gemessen und für die Beteiligten transparent werden und

- die Erreichung der Erfolgsmerkmale für alle Prozessdurchläufe einer Periode in der Summe gemessen wird.

Zur Feststellung von Prozessexzellenz bedarf es zweier weiterer Faktoren. Zum einen müssen die zu den Erfolgsmerkmalen festgestellten Werte an geeigneten Vergleichswerten gemessen werden. Das können eigene, über eine Zeitreihe gewonnene Messwerte oder Vergleichswerte aus einem Benchmarking mit anderen Organisationen sein. Zum anderen müssen die Prozessergebnisse Ausgangspunkt eines ständigen Regelkreises zur Analyse und Optimierung der Prozesse sein.

## 1.6   Der Stellenwert von Business Software

Wenn die Gestaltung der Geschäftsabläufe in einem komplexen Umfeld den Mitarbeitenden im Alltag Auskunft darüber geben soll, wie sie ihre Aufgaben am besten erfüllen können und welche Vorgaben und Freiheitsgrade sie dabei haben, so stellt sich die Frage, wie dies konkret geschehen soll. Viele Organisationen haben Erfahrung damit, dass Geschäftsprozesse zwar einmal definiert wurden, in der Praxis aber nicht zuverlässig angewendet werden.

Dies wird heute zunehmend dadurch gelöst, dass die zur Unterstützung der Geschäftsabläufe eingesetzte Business Software nicht nur isolierte Funktionen bereitstellt, sondern die Prozessführung übernimmt. Der Begriff Business Software fasst alle Arten betriebswirtschaftlicher Software zusammen (vgl. eXperience Methodik S. 22). Prozessführung durch Business Software bedeutet, dass alle relevanten Geschäftsvorfälle im System erfasst werden und diese damit Ausgangspunkte für die einzelnen Prozessdurchläufe sind. Die Prozessdurchläufe werden dann über ihren gesamten Lebenszyklus im System abgebildet. Voraussetzung für eine Prozessführung durch Business Software ist, dass diese integriert und vernetzt ist. Integriert bedeutet, dass der Geschäftsvorfall in den fachlichen Sichten aller beteiligten Stellen abgebildet werden kann, z.B. kann ein und derselbe Auftrag das Prozessobjekt von Prozessen im Vertrieb, in der Warenwirtschaft und in der Debitorenbuchhaltung sein. Vernetzt heisst in diesem Zusammenhang, dass die integrierte Abbildung eines Geschäftsvorfalls unabhängig davon möglich ist, auf welchem physischen System, an welchem Ort und bei welchem Wertschöpfungspartner ein Teilvorgang abgearbeitet wird. Der zuvor genannte Beispielauftrag kann seinen Ursprung in einer Onlineshop-Applikation in einem Konsumentenportal haben und die Auslieferung an den Kunden kann durch einen Logistikdienstleister erfolgen, der die Sendungsdaten zuvor elektronisch erhalten hat und den Auslieferungsfortschritt mit Sendungsverfolgungsinformationen dokumentiert.

Prozessführung durch Business Software sagt noch nichts über die Systemgebundenheit der Vorgänge oder die Freiheitsgrade der Mitarbeitenden aus. Ihr zentrales Merkmal ist, dass die Geschäftsvorfälle als solche vollständig im System erfasst werden und dass dabei mindestens Anfangs- und Endzustand unterschieden werden (vgl. Abb. 8.1 auf Seite 88). Über die Zustände werden die für die Prozessführung erforderlichen Messpunkte sowie Verknüpfungen sichergestellt. Verknüpfungen können darin bestehen, dass die zu einem Vorgang gehörenden Buchungen in der Finanzbuchhaltung erfolgen oder dass der Abschluss eines Prozesses einen Folgeprozess anstösst. Die Details des Prozessablaufs können durch das System detailliert vorgegeben werden, vollständig offen gelassen oder teilweise abgebildet werden.

Das Potenzial von Business Software steht und fällt mit der Benutzerakzeptanz. Dies soll an einem Vergleich deutlich gemacht werden. Ein Autofahrer empfindet ein Navigationssystem nicht als bevormundend, wenn es ihm ermöglicht, mit seiner Hilfe schneller ans Ziel zu kommen. Dazu muss das Navigationssystem auf aktuellen und vollständigen Daten beruhen, funktional einfach und im wahrsten Sinne des Wortes zielführend sein. Ein besonders kompetenter, in diesem Fall besonders ortskundiger Fahrer, wird das Navigationssystem nicht nutzen, wenn es nicht auch ihm einen wirklichen Zusatznutzen vermittelt. Dieser Zusatznutzen kann in der Berücksichtigung aktueller Staumeldungen liegen. Der Fahrer kann dann immer noch entscheiden, ob er den Empfehlungen folgen möchte oder nicht. Als Fahrzeuglenker ist er derjenige, der das Auto erfolgreich zum Ziel führt, nicht das Navigationssystem. Mit der Entscheidungsfreiheit über die Wegewahl behält er auch in diesem Aspekt Souveränität, muss bei Abweichungen von den Empfehlungen aber auch persönlich die Verantwortung übernehmen. Würde das Navigationssystem Anfangs- und Endzustände der Fahrten erfassen, liesse sich das Erfolgsmerkmal Fahrtdauer messen. Die Werte könnten für ein Benchmarking verwendet werden, damit Grundlage für eine fortlaufende Optimierung sein und im Resultat zu *hervorragenden* Ergebnissen als Ausweis von IT-unterstützter Prozessexzellenz führen.

Die Anforderung an eine Business Software ist insofern hoch, als dass sie Mitarbeitenden mit unterschiedlicher Qualifikation bei der Bearbeitung eines Geschäftsvorfalls in der Summe einen Zusatznutzen bieten muss. Andernfalls werden diese das System übergehen oder mit Workarounds umgehen, was zu einer unvollständigen oder inkonsistenten Erfassung der Geschäftsvorfälle führt und damit eine systemgestützte Prozessführung unmöglich macht. Solche Zusatznutzen entstehen aus

- der orts- und zeitunabhängigen Verfügbarkeit aktueller Informationen unabhängig von ihrer Herkunft,

- der Auswahl und Aufbereitung der Informationen in genau der Form, wie sie für den jeweiligen Geschäftsvorfall erforderlich ist,

- dem Angebot von Funktionen und dem Aufzeigen von Handlungsschritten, die in der jeweiligen Situation erforderlich resp. sinnvoll sind, sowie

- der Durchführung von entlastenden Teilaufgaben auf Knopfdruck.

Der Nutzen für das Unternehmen liegt in

- der erhöhten Handlungsbefähigung der Mitarbeitenden,

- der Koordination der Beteiligten an einem arbeitsteiligen Prozess,

- der funktionsübergreifend durchgängigen Abbildung eines Geschäftsvorfalls, einschliesslich Verbuchungen in Finanzbuchhaltung und Kostenrechnung,

- der Schaffung von Übergängen und Durchgängigkeit bei lokal voneinander getrennten Organisationen,

- der Vereinheitlichung von gleichen Abläufen bei verschiedenen Personen und über Abteilungsgrenzen hinweg (das schafft auch ein gemeinsames Verständnis),

- der Durchsetzung von Kompetenzregelungen, Entscheidungsprozessen und Vertraulichkeitsanforderungen durch rollengerechte Prozessführung,

- der eingesparten Arbeitszeit durch Teilautomatisierung,

- der systemgestützten Prozessführung (durch Messung der Erfolgsmerkmale) als Verfahren zur Erzielung von Prozessexzellenz und

- der Dokumentierbarkeit von Vorgängen und Qualitätsmerkmalen als Erfüllung qualitätssichernder oder regulativer Auflagen.

Ein folgenreiches Merkmal einer integrierten und vernetzten Business Software ist die sehr zeitnahe Verarbeitung und Verteilung von Informationen gleich nach ihrer Entstehung. Durch den Wegfall von Medienbrüchen entstehen im Zusammenhang mit Informationsverarbeitung und -weitergabe keine Liege- und Transportzeiten mehr. Das führte bereits in den vergangenen Jahren zu einer enormen Beschleunigung von wirtschaftlichen und anderen gesellschaftlichen Vorgängen.

## 1.7   Rückkoppelungen der Informationstechnologie auf Geschäftsmodelle

Die beinahe erreichte Zeitlosigkeit der Verteilung von Informationen ist einer der Impulse aus integrierter und vernetzter Informationstechnologie, die Rückkoppelungen auf Geschäftsprozesse und Geschäftsmodelle bewirken. Mit Rückkoppelung ist gemeint, dass Informationstechnologie nicht nur den Charakter eines effizienzsteigernden Werkzeugs einnehmen kann (Beispiel Rechenmaschine versus manuelle Rechnung), sondern darüber hinaus Grundlage eigenständiger Unterscheidungen im Wettbewerb sein kann (Beispiel Onlineshop versus stationäres Verkaufsgeschäft). Da das Internet mit seinen Technologien den Durchbruch bei der bis dato stockenden Vernetzung und Integration von Informationssystemen bewirkte, entstand der Begriff des internetbasierten Geschäftsmodells [Scheer et al. 2003b]. Das Competence Center E-Business Basel verwendet in diesem Zusammenhang den Begriff des „E-Business nutzenden Geschäftsmodells" [Wölfle 2000].

In den vergangenen Jahren konnten folgende Rückkoppelungen der Informationstechnologie auf Geschäftsmodelle beobachtet werden:

- Die beinahe Zeitlosigkeit der Verteilung von Informationen hat ein enormes Beschleunigungspotenzial. Geschwindigkeit wird zu einem Differenzierungsmerkmal im Wettbewerb. Die Begriffe „Real-time Enterprise" [Scheer et al. 2003a] und Real-time Business [Alt/Österle 2003] proklamieren die „verzögerungsfreie" Reaktion auf Marktereignisse.

- Die Ortsunabhängigkeit der Systemnutzung infolge des Internets ermöglicht eine Virtualisierung von Organisationen. Ein Geschäftsmodell kann von mehreren Partnern gemeinsam getragen werden, Geschäftsprozesse können orts- und organisationsübergreifend ausgeführt werden. Dafür stehen Begriffe wie Business Web [Tapscott et al. 2000] oder Value Web [Schubert et al. 2001].

- Mit (Customer) Self Services werden Kunden und andere Partner aktiv in Wertschöpfungsprozesse eingebunden und erledigen einen Teil der Arbeit selbst.

- Die Formen des Zwischenhandels werden durch die veränderte Informationsverarbeitung enorm ausgeweitet. Der Distanzhandel wird durch Onlineshops ergänzt. Die Suche nach Produkten und Anbietern wird über Datenbanken erleichtert, wobei zunehmend auch ortsbezogene Informationen einbezogen werden. Vertragsabschlüsse können über Auktionen automatisiert werden. Das Angebot in Kommissionsgeschäften (Brokering) wird durch die niedrigen Grenzkosten enorm ausgeweitet, da zu einem zusätzlichen Artikel lediglich die Informationen bereitgestellt werden müssen [vgl. „The Long Tail", Anderson 2006]. Eine Sonderform ist die gänzliche Ausschaltung des Zwischenhandels durch erleichterte Direktkommunikation und Logistiksteuerung (Disintermediation).

- Durch die Personalisierung von Applikationen, Produkten und Dienstleistungen kann besser auf spezielle Bedürfnisse eines Nutzers eingegangen und damit ein Unterscheidungsmerkmal im Wettbewerb geschaffen werden.

Trotz dieser klaren Zusammenhänge geschieht die Wertentfaltung der Informationssysteme nur indirekt: Sie entfalten ihre Wirkung in einem Handlungskontext, in dem eine Veränderung von Zustand A in Zustand B bewirkt werden soll – also in einem Prozess. Ein Prozess ist dann prägend für ein Geschäftsmodell, wenn er im Sinne des Wettbewerbs bei einer Kundengruppe eine positive Unterscheidung bewirkt. Dabei ist es gleichgültig, ob es sich um einen Kundenprozess oder einen eigenen Geschäftsprozess handelt. Auch für integrierte und vernetzte Business Software gilt, dass sie ihre wettbewerbsrelevante Wirkung nur über den Prozess entwickelt. Deshalb heisst dieses Buch „Prozessexzellenz mit Business Software".

## 1.8   Fazit

Geschäftsprozesse im Zusammenspiel mit Business Software haben einen hohen Stellenwert für die Entwicklung von *Exzellenz* im Sinne von positiven Unterscheidungen im Wettbewerb. Beide entfalten ihre Wirkung am Markt aber nur im Kontext eines schlüssigen Geschäftsmodells. Der *exzellent* gestaltete und beherrschte Geschäftsprozess ist das zentrale Gestaltungselement der operativen Umsetzung des Geschäftsmodells, da er alle Wertschöpfungselemente miteinander verbindet. Vernetzte Business Software hat dabei den Stellenwert eines mächtigen Befähigers, da ihre Funktionen Rückkoppelungen auf die Prozessgestaltung und über diese auf das Geschäftsmodell haben.

Die Beschreibung der Fallstudien in diesem Buch trägt dieser Sichtweise Rechnung. Wie bereits in den Vorjahren wird in der Geschäftssicht der in der Fallstudie vorgestellte Ausschnitt aus dem Geschäftsmodell behandelt, wobei das Business Szenario die Arbeitsteilung unter den Beteiligten darstellt. In der Prozesssicht werden mit der Notation der Ereignisgesteuerten Prozesskette auch die Zustände als Nahtstellen für die modulare Verknüpfung von Teilprozessen ausgewiesen. Die Architektur der befähigenden Informationssysteme wird in den beiden Sichten Anwendungssicht und Technische Sicht einmal mit dem Schwerpunkt der funktionalen Arbeitsteilung, einmal mit dem der technischen Infrastruktur beleuchtet.

# 2 eXperience-Methodik zur Dokumentation von Fallstudien

*Petra Schubert und Ralf Wölfle*

## 2.1 Die Methode eXperience

eXperience steht für die seit sieben Jahren praktizierte Methode, authentisches Wissen rund um E-Business und IT-Management zu vermitteln. Der Kern besteht in der Aufbereitung empirischer Best-Practice-Lösungen nach einem einheitlichen Raster. Unter dem Label „eXperience" vereinen sich drei Kanäle für die Veröffentlichung von Fallstudien:

1. Eine öffentlich verfügbare Fallstudiendatenbank im Internet (www.experience-online.ch)

1. Eine Buchreihe, in der jedes Jahr ca. 15 Fallstudien unter einem Fokusthema publiziert werden

2. Ein jährlicher Fachkongress, an dem ausgewählte Fallstudien von den Projektverantwortlichen vorgestellt werden (www.experience-event.ch)

Die Inhalte der Fallstudien werden von unabhängigen Autoren direkt bei den in das IT-Projekt involvierten Vertretern der porträtierten Firmen erhoben. Die Dokumentation erfolgt mit Hilfe einer einheitlichen Systematik, die in den folgenden Abschnitten vorgestellt wird.

## 2.2 Vier Fokusthemen

Im Rahmen dieses Buchs werden vier Fokusthemen näher untersucht. Die Themen konzentrieren sich im Kern auf die Integration von Geschäftsprozessen mit den sie unterstützenden Informationssystemen. Jedes Fokusthema enthält neben einem einleitenden Fachbeitrag und einer Schlussbetrachtung mehrere Fallstudien zu konkreten Lösungen von Unternehmen.

*B2B-Integration: Geschäftsprozesse unternehmensübergreifend verbinden* zeigt Unternehmen, die überbetriebliche, elektronische Schnittstellen für betriebswirtschaftliche Software zwischen Kunden und Lieferanten implementiert haben. Die unternehmensübergreifende Abwicklung des Auftragsprozesses findet hier über verschiedene E-Business-Netzwerke statt. Dies umfasst den Prozess von der Bestellauslösung (z.B. eine Störungsmeldung) bis hin zur Übermittlung der Rechnung.

*Kundenbindung: Prozessexzellenz als Wettbewerbsvorteil* zeigt Unternehmen, die einen wettbewerbsrelevanten Leistungsaspekt neben dem eigentlichen Kernprodukt aufweisen, der nicht so leicht nachzubauen ist: Systembeherrschung. Dabei nutzen die Anbieter ihren Know-how-Vorsprung, um sich in die Prozesse ihrer Kunden einzuklinken, einen umfassenderen Nutzen zu stiften und gleichzeitig eine enge Kundenbindung zu bewirken.

*Auftragsabwicklung: Prozessoptimierung und niedrige Kosten* zeigt, wie die Logistikprozesse von Unternehmen national und international optimiert werden können. Die Auftragsabwicklung und die dadurch angestossenen Logistikprozesse sind zunehmenden Optimierungsansprüchen unterworfen. Mit dem integrierten Einsatz von ERP-Systemen und mobilen Erfassungsgeräten ergibt sich in einigen der Fallstudien ein annähernd papierloser Warenfluss.

*Logistikketten für Lebensmittel: Nachweisbare Qualität ohne Verlust* beleuchtet die Produktions- und Absatzplanung sowie Logistikprozesse in der Lebensmittelbranche. Die Herausforderung für die beschriebenen Unternehmen besteht darin, die unzähligen Informationen zu den vielen Stationen der Massenware Lebensmittel zu erfassen und auf relevante Grössen zu verdichten. Die Bedarfsmengen zum Beispiel, so dass an keinem Verkaufsstandort out-of-stock eintritt.

Das übergeordnete Thema dieses Jahres ist die Prozessexzellenz. Alle beschriebenen Unternehmen haben den Anspruch, in irgendeinem Aspekt eine hervorragende Leistung zu erbringen und sich dadurch im Wettbewerb zu unterscheiden. In den Fallstudien wird beschrieben, wie sie das in ihren Geschäftsprozessen umsetzen.

## 2.3    Übersicht Fallstudien und behandelte Themen

Tab. 2.1 dient einer schnellen Orientierung über die Fallstudien in diesem Buch. In ihr werden die beschriebenen Unternehmen mit ihren Branchen, Tätigkeiten und Kundensegmenten aufgelistet. Die letzte Spalte enthält den Prozess, der im jeweiligen Unterkapitel „Prozesssicht" zu jeder Fallstudie detailliert beschrieben wird.

Tab. 2.1: Fallstudien in der Übersicht

| Fallstudie | Branche/Produkte | Tätigkeit | Kunden | Prozess |
|---|---|---|---|---|
| Wyser | Haushaltgeräte | Handel und Reparatur | B2B | Abwicklung von Serviceaufträgen |
| MTF Micomp | Informationstechnologie | Systemanbieter | B2B/ (B2C) | Auftragsabwicklung: Import Artikelstammdaten, kundenseitiger Bestellprozess |
| e+h | Haushalt und Garten | Handel | B2B | Kundenauftragsbearbeitung |
| Serto | Rohrverbindungen | Produktion | B2B | Auftragsabwicklung für kundenseitige Kanban-Materialbewirtschaftung |
| Aebi | Maschinenbau | Produktion | B2B | Kundenservice (Fehlermanagement) |
| Lyreco | Büromaterial | Handel | B2B | Bestellprozess (Artikelsuche, Warenkorb, Bestellung) |
| Neoperl | Sanitärprodukte | Produktion | B2B | Auftragsfertigung mit Assemblierung |
| Otto Fischer | Elektromaterial | Handel | B2B | Kommissionierung mit mobilen Geräten (papierlos) |
| felix martin | Unterhaltungselektronik | Handel | B2C | Auftragsabwicklung (Beratungs- und Verkaufsprozess) |
| MIFA | Wasch- und Reinigungsprodukte, Lebensmittel | Produktion | B2B | Wareneinlagerungsprozess mit mobilen Geräten und Produktionsprozess (Warennachschub und Rückschub) |
| Trisa | Bürsten | Produktion | B2B | Interne Bestellauslösung und Lagerverwaltung (Logistik, Kanban) |
| Hero | Nahrungsmittel | Produktion | B2B | Zentrale Fertigungsdisposition (für dezentrale Absatzmengen) |
| Lagerhäuser Aarau | Logistikdienstleistungen Nahrungsmittel | Dienstleistungen | B2B | Transportlogistik für Lebensmittel (Order Management und Kommissionierung) |
| MGM | Lebensmittel-Zwischenhandel | Handel | B2B | Auftragsabwicklung (Beschaffung für Streckengeschäft und Lagergeschäft) |

## 2.4    Die E-Business-Begriffssystematik

Die Fachbeiträge und Fallstudien in diesem Buch behandeln Geschäftsmodelle und Geschäftsprozesse im Zusammenspiel mit Business Software. Der Begriff *Business Software* wird als Überbegriff für alle Arten betriebswirtschaftlicher Software verwendet. Er schliesst damit sowohl ERP-Systeme als auch E-Business-Software mit ein. Abb. 2.1 zeigt einen Überblick über die Begriffssystematik mit Nennung der Managementkonzepte, Applikationen und involvierte Parteien [in Anlehnung an Schubert/Wölfle 2000]. Dabei steht die Betrachtung *eines konkreten Unternehmens* im Zentrum (skizziert durch die gestrichelte Linie). Das Unternehmen verfügt über ein ERP-System, mit dessen Hilfe die Tätigkeit der verschiedenen Fachabteilungen im Unternehmen integriert wird. Gleichzeitig ist das ERP-System fast immer der Anknüpfungspunkt für die Integration externer Applikationen.

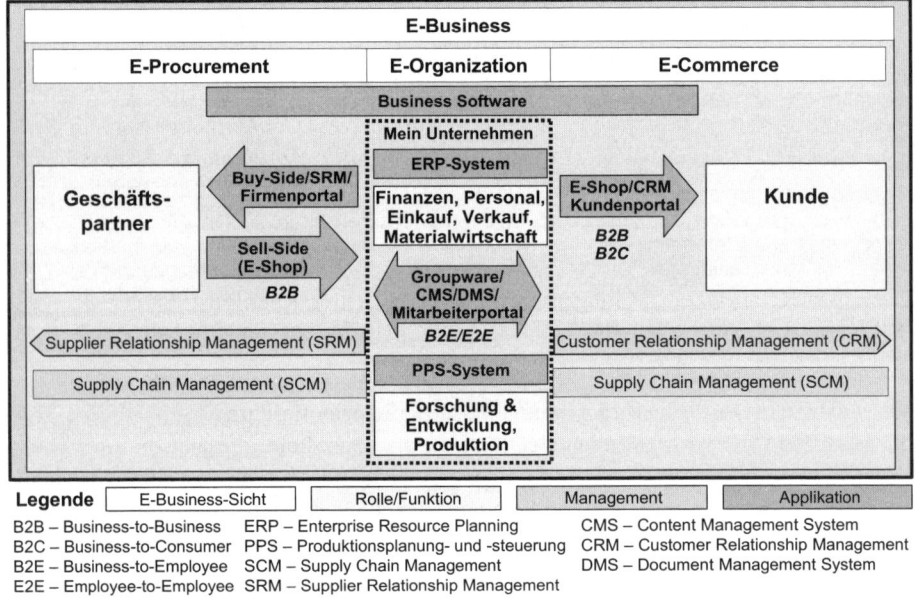

Abb. 2.1: Begriffssystematik zu Business Software

*E-Business* ist die Unterstützung der Beziehungen und Prozesse eines Unternehmens mit seinen Geschäftspartnern, Kunden und Mitarbeitenden durch elektronische Medien [in Anlehnung an Schubert/Wölfle 2000]. Meist wird der Begriff E-Business mit dem Einsatz interaktiver Medien bzw. mit Internettechnologie verbunden, er schliesst jedoch Anwendungen auf der Basis anderer Technologien mit ein.

*E-Commerce* ist derjenige Teil des E-Business, der auf den Verkauf von Produkten und Dienstleistungen ausgerichtet ist. E-Commerce-Applikationen dienen der elektronischen Unterstützung des Kaufprozesses, der klassischerweise in die Informations-, Vereinbarungs- und Abwicklungsphase unterteilt wird [Schubert et al. 2001].

*E-Procurement* ist die elektronische Unterstützung der Beschaffungsprozesse (Einkauf) eines Unternehmens [Schubert et al. 2002]. Während Warenwirtschaftsmodule in ERP-Systemen primär für die Beschaffung direkter Güter eingesetzt werden, unterstützen E-Procurement-Lösungen auch den Einkauf indirekter Güter.

*E-Organization* konzentriert sich auf die elektronische Unterstützung der Kommunikation zwischen Mitarbeitenden untereinander oder zwischen Mitarbeitenden und Geschäftspartnern. Für diesen Bereich werden Softwarepakete für kollaboratives Arbeiten mit Partnern (mit Hilfe von Collaboration Tools oder Internet Groupware), Projektmanagement oder Leistungserfassung und -verrechnung eingesetzt. Darüber hinaus macht der zunehmende Betrieb von Unternehmensportalen, Websites und E-Shops und die damit verbundene, steigende Anzahl von Webseiten und beteiligten Mitarbeitenden den Einsatz von *Content Management Systemen* für die Pflege von Inhalten notwendig. *Mobile Applikationen* unterstützen die Aussendienstmitarbeitenden bei ihrer Arbeit beim Kunden. Sie erlauben den entfernten Zugriff auf Produktkataloge und Kundendaten sowie die mobile Auftragserfassung.

Customer Relationship Management (CRM), Supplier Relationship Management (SRM) und Supply Chain Management (SCM) sind Managementkonzepte, die durch spezialisierte Software unterstützt werden.

*Customer Relationship Management* ist verkaufsorientiert und zielt auf die Bedürfnisse und die Zufriedenheit der Kunden ab. Die Ziele, die sich hinter CRM-Massnahmen verbergen, sind die Steigerung der Kundenbindung und die Optimierung des Lifetime Values eines Kunden (das Umsatzvolumen seiner gesamten Käufe).

*Supplier Relationship Management* ist demgegenüber beschaffungsseitig ausgerichtet und ist ein Konzept zur umfassenden Unterstützung der Beziehungen und Prozesse mit Lieferanten.

*Supply Chain Management* (Management eines Wertschöpfungsnetzwerks) ist die Koordination einer strategischen und langfristigen Zusammenarbeit von Ko-Herstellern im gesamten Logistiknetzwerk zur Entwicklung und Herstellung von Produkten. Dies beinhaltet sowohl Produktion und Beschaffung als auch Produkt- und Prozessinnovationen. [Schönsleben 2004]

## 2.5 Einheitliches Fallstudienraster

Die in diesem Buch vorgestellten Fallstudien sind alle nach einem einheitlichen Inhaltsraster verfasst (vgl. Abb. 2.2). Im ersten Kapitel werden zunächst der Hintergrund des Unternehmens, die Branche, die angebotenen Produkte, die Zielgruppe sowie die Unternehmensvision des porträtierten Unternehmens vorgestellt. Dabei wird auch der Stellenwert der Informatik und die Haltung zu E-Business beleuchtet. Im darauf folgenden Kapitel werden die Auslöser für das Projekt sowie die im Kontext der Fallstudie wichtigsten Geschäftspartner vorgestellt. Kapitel drei beschreibt das Ergebnis des vorgestellten Projekts als statische Momentaufnahme und schildert dieses aus der Geschäfts-, Prozess-, Anwendungs- und technischen Sicht. Im folgenden Kapitel werden die dynamischen Aspekte des Projekts vorgestellt: das Projekt- und Change Management, die Entstehung der Softwareapplikation resp. Einführung von Standardsoftware sowie der Unterhalt des Gesamtsystems .

Im fünften Kapitel erfolgt die Beschreibung der mit der Lösung seit ihrer Einführung gemachten Erfahrungen. Hier wird die Nutzerakzeptanz beleuchtet und die Projektresultate werden den ursprünglichen Zielen gegenübergestellt. Kosten, Nutzen und Rentabilität der Lösung werden reflektiert, so weit die Unternehmen diesbezüglich Angaben gemacht haben. Das Abschlusskapitel geht zusammenfassend auf wichtige Erfolgsfaktoren ein. In einem Rückblick werden die Spezialitäten der Lösung und die Erreichung von Prozessexzellenz herausgehoben, ausserdem die Lessons Learned der Personen, die an der Erstellung der Fallstudie beteiligt waren.

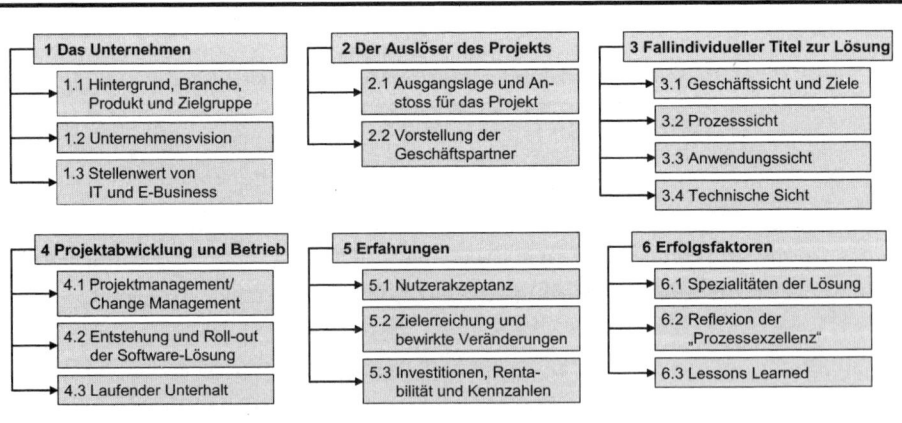

Abb. 2.2: Einheitliche Systematik der Fallstudien

## 2.6    Sichtweisen auf die Fallstudien

Jede Geschäftslösung mit Einsatz von Business Software kann aus verschiedenen
Sichten betrachtet werden. Um dem Leser die Orientierung in den Fallstudien zu
vereinfachen, legen die Autoren für die Beschreibung der Lösung einen einheitlichen Aufbau zugrunde (vgl. Abb. 2.3). Die *Geschäftssicht* beschreibt die beteiligten Geschäftspartner mit ihren Rollen und Zielen. Die *Prozesssicht* beleuchtet die
Abläufe im Einzelnen. Die *Anwendungssicht* beschreibt, wie die Lösung auf die
beteiligten Informationssysteme verteilt ist und wie deren Integration erfolgt. Die
*technische Sicht* betrachtet die beteiligten Systemkomponenten und ihre Anord-
nung im Netzwerk. Die einzelnen Sichten werden in den folgenden Abschnitten
einzeln vertieft, wobei auch die Systematik der verwendeten Grafiken vorgestellt
wird.

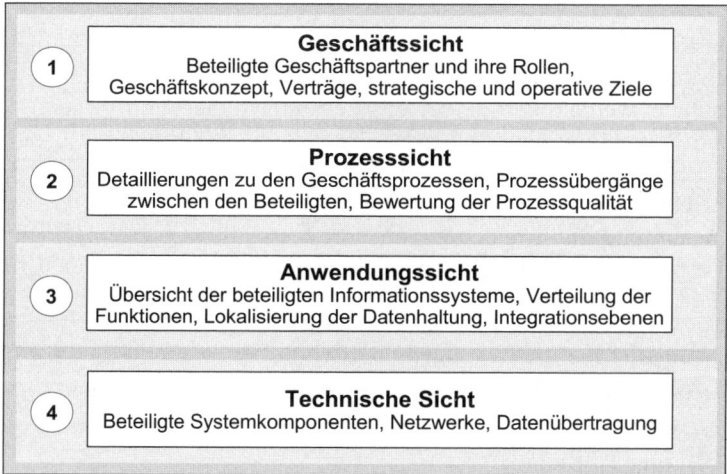

**1** — **Geschäftssicht**
Beteiligte Geschäftspartner und ihre Rollen,
Geschäftskonzept, Verträge, strategische und operative Ziele

**2** — **Prozesssicht**
Detaillierungen zu den Geschäftsprozessen, Prozessübergänge
zwischen den Beteiligten, Bewertung der Prozessqualität

**3** — **Anwendungssicht**
Übersicht der beteiligten Informationssysteme, Verteilung der
Funktionen, Lokalisierung der Datenhaltung, Integrationsebenen

**4** — **Technische Sicht**
Beteiligte Systemkomponenten, Netzwerke, Datenübertragung

Abb. 2.3: Vier Perspektiven auf die Fallstudien

### 2.6.1    Geschäftssicht (Business Szenario)

In der Geschäftssicht wird die Wertschöpfungskonstellation des vorgestellten
Projekts behandelt. Sie stellt damit den für das Verständnis des Projekts relevanten
Ausschnitt aus dem Geschäftsmodell dar. Es wird gezeigt, welche Partner welchen
Anteil an der Leistung erbringen. Dabei werden deren Beziehungen und die Anlie-
gen der Beteiligten vorgestellt. Es soll verständlich werden, warum die Parteien
auf die vorgestellte Weise zusammenarbeiten und welche Ziele mit der neuen
Lösung verbunden wurden.

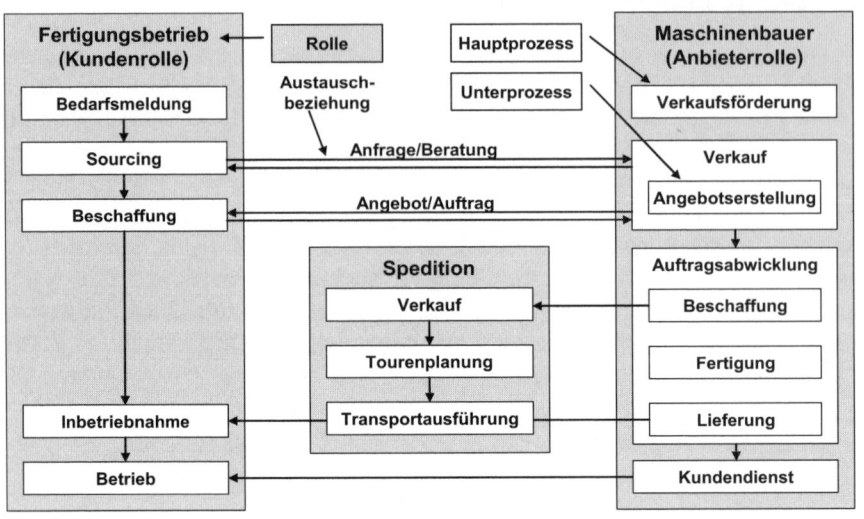

Abb. 2.4: Business Szenario: Rollen und Arbeitsteilung an Beispiel Kauf einer Maschine

In diesem Buch wird die Übersicht über das Projekt mit einem *Business Szenario* vorgestellt, wie es exemplarisch in Abb. 2.4 dargestellt ist. Darin werden die in dem zu diskutierenden Kontext relevanten Ausschnitte eines Marktschemas, einer Supply Chain, der Zusammenarbeit in einem Konzern oder auch nur der fachbereichsübergreifenden Zusammenarbeit in einem Unternehmen abgebildet. Das Business Szenario zeigt die Beteiligten in ihren Rollen, die im Kontext wichtigsten Prozesse sowie die Austauschbeziehungen zwischen diesen Prozessen.

## 2.6.2 Prozesssicht

Nachdem das Business Szenario die einzelnen Geschäftsprozesse in ihrem Kontext eingeordnet hat, werden ausgewählte Prozesse in der Prozesssicht vertieft behandelt. Bei grafischen Abbildungen wird auf die Methode der Ereignisgesteuerten Prozesskette EPK zurückgegriffen. Diese wurde am Institut für Wirtschaftsinformatik der Universität des Saarlandes entwickelt [Keller et al. 1992] und wird in diesem Buch in einer vereinfachten Form verwendet.

Die Ereignisgesteuerte Prozesskette zeichnet sich dadurch aus, dass auf relativ übersichtliche und verständliche Weise mehrere Sichten auf den Prozess miteinander verbunden werden. Vier davon sind für die Beschreibung des Fachkonzepts für ein Informationssystem erforderlich: die Datensicht, die Funktionssicht, die Organisationssicht und die Steuerungssicht. Die Modellelemente sind in Abb. 2.5 ersichtlich.

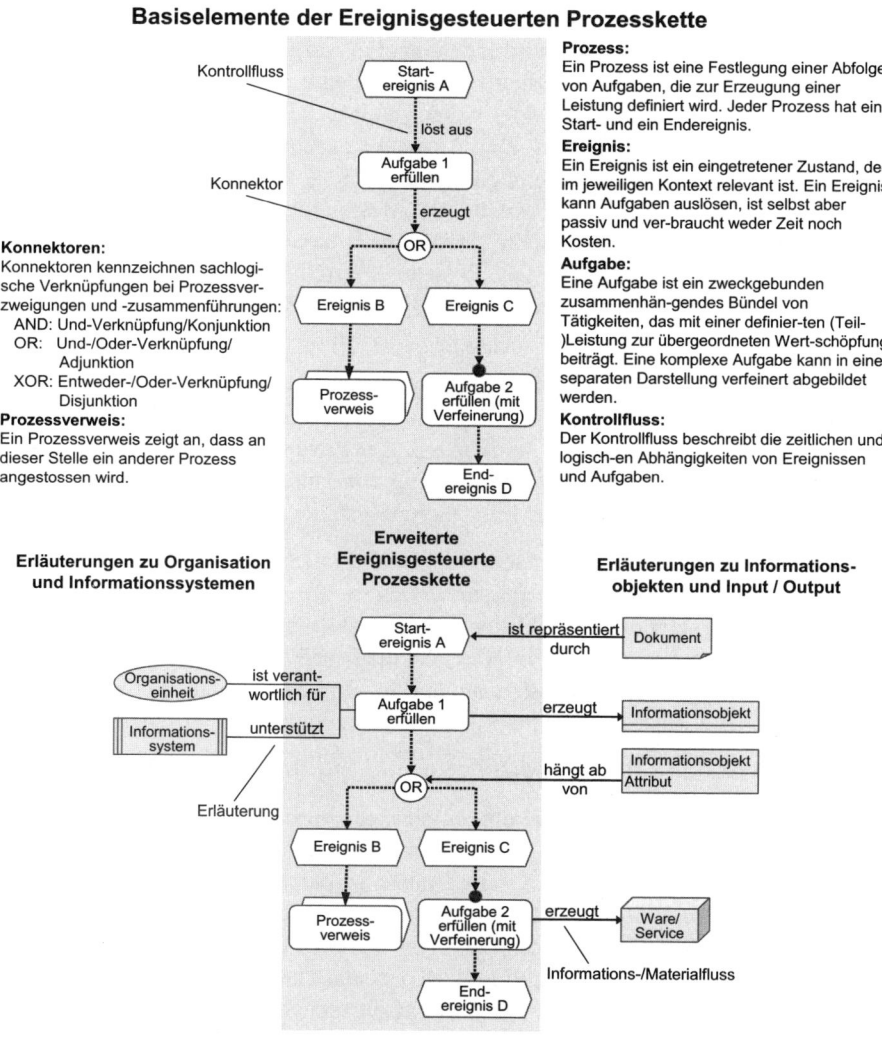

### Basiselemente der Ereignisgesteuerten Prozesskette

**Prozess:**
Ein Prozess ist eine Festlegung einer Abfolge von Aufgaben, die zur Erzeugung einer Leistung definiert wird. Jeder Prozess hat ein Start- und ein Endereignis.

**Ereignis:**
Ein Ereignis ist ein eingetretener Zustand, der im jeweiligen Kontext relevant ist. Ein Ereignis kann Aufgaben auslösen, ist selbst aber passiv und ver-braucht weder Zeit noch Kosten.

**Aufgabe:**
Eine Aufgabe ist ein zweckgebunden zusammenhän-gendes Bündel von Tätigkeiten, das mit einer definier-ten (Teil-)Leistung zur übergeordneten Wert-schöpfung beiträgt. Eine komplexe Aufgabe kann in einer separaten Darstellung verfeinert abgebildet werden.

**Kontrollfluss:**
Der Kontrollfluss beschreibt die zeitlichen und logisch-en Abhängigkeiten von Ereignissen und Aufgaben.

**Konnektoren:**
Konnektoren kennzeichnen sachlogische Verknüpfungen bei Prozessver-zweigungen und -zusammenführungen:
AND: Und-Verknüpfung/Konjunktion
OR: Und-/Oder-Verknüpfung/ Adjunktion
XOR: Entweder-/Oder-Verknüpfung/ Disjunktion
**Prozessverweis:**
Ein Prozessverweis zeigt an, dass an dieser Stelle ein anderer Prozess angestossen wird.

**Erläuterungen zu Organisation und Informationssystemen**

**Erweiterte Ereignisgesteuerte Prozesskette**

**Erläuterungen zu Informations-objekten und Input / Output**

Abb. 2.5: Modellelemente der erweiterten Ereignisgesteuerten Prozesskette (eEPK)

Die Ereignisgesteuerte Prozesskette nimmt Zustände eines Prozesses in die Abbildung der Aufgabenkette mit auf. Zustände werden als Ereignisse dargestellt, wobei ein Ereignis das Eingetretensein eines bestimmten Faktums bedeutet. Dieses Faktum kann als Information in einem Informationsverarbeitungssystem gespeichert werden. Das oder die Ereignisse, die einen Prozess auslösen, können dementsprechend bestimmte Ausprägungen (Werte) von Daten sein. Z.B. kann das

Sinken eines Artikellagerbestands auf einen bestimmten Wert das Ereignis „Mindestlagerbestand ist unterschritten" auslösen und einen Bestellprozess anstossen. Auch innerhalb eines Prozesses wird jede einzelne Aufgabe durch ein oder mehrere Ereignisse ausgelöst. Eine Aufgabe beinhaltet eine oder mehrere Tätigkeiten, die an einem Prozessobjekt verrichtet werden und dieses vom Eingangszustand in den Ausgangszustand überführen. Der Ausgangszustand wird als neues Ereignis aufgefasst und mit dem verarbeiteten Prozessobjekt kann eine Daten-Variable einen neuen Wert annehmen. Eine Aufgabe „Bestellung durchführen" würde z.B. dazu führen, dass ein Prozessobjekt „Bestellung" erzeugt würde und nach vollständiger Erfüllung der Aufgabe den Zustand „Bestellung ist erfolgt" einnehmen würde. Ereignisse können also einzelne Aufgaben oder ganze Prozesse auslösen. Diese wiederum resultieren in einem neuen Ereignis.

Die Identifikation der Zustände als Eingangs-, Ausgangs- oder Zwischenereignis erleichtert die Aufteilung grosser Hauptprozesse in sinnvolle Teilprozesse. Zustände sind geeignet für die Beschreibungen von Prozessübergängen (Schnittstellen), wie sie beim Wechsel der Verantwortung von einem Bereich zu einem anderen oder bei der Integration zweier Informationssysteme auftreten.

Um dieses Potenzial der Zusammenfassung mehrerer Sichten in einer Prozessabbildung zu erweitern, wurde die EPK zur erweiterten Ereignisgesteuerten Prozesskette eEPK weiterentwickelt. Die Erweiterung besteht in der Assoziation zusätzlicher Informationen zur EPK, z.B. Input-/Output-Vorgänge, betroffene Informationsobjekte und Angaben zu Organisation und Informationssystemen.

### 2.6.3    Anwendungssicht (Verteilung und Integration der Systeme)

Die Anwendungssicht betrachtet die beteiligten Informationssysteme und ihre Verteilung auf die im Business Szenario vorgestellten Rollen. Eine Softwareanwendung wird dabei als eine logische Einheit im Sinne des Anwenders verstanden. Eine denkbare Verteilung der Anwendung auf mehrere technische Systeme wird in der technischen Sicht behandelt. Das verwendete Schema [Schubert 2003] zeigt die Verteilung der wichtigsten Funktionen und Daten, was für das Verständnis der Verantwortungsbereiche, Abhängigkeiten und damit Risiken der Lösung wichtig ist. Indem für die Systeme die drei Layer Datenhaltung, Geschäftslogik und Benutzerinterface unterschieden werden, lässt sich aufzeigen, auf welcher Ebene die Integration erfolgt.

Das Schema soll mit folgendem Beispielszenario erläutert werden (vgl. Abb. 2.6): Ein Handelsunternehmen in einem beratungsintensiven B2B-Marktsegment will seine Marktstellung grundsätzlich verbessern. Dies soll durch die Ausweitung des Sortiments, die Erhöhung der Lieferfähigkeit sowie die schnellere und effizientere Bestell- und Auftragsabwicklungsprozesse bei den Kunden und im eigenen Unternehmen erfolgen. Abb. 2.6 zeigt das für diese Anforderungen entworfene Lösungsszenario, die darin involvierten Anwendungssysteme und deren Integration. Ein E-Shop soll den Kunden in Zukunft ein komfortables One-Stop-Shopping bieten, er ist aber ausschliesslich via Internet und Browser zugänglich. Neben zahlreichen Zusatzinformationen zu den Produkten sind die kundenindividuellen Preise sowie die aktuelle Artikelverfügbarkeit anzuzeigen. Dies wird erreicht, indem ein zur Produktfamilie des ERP-Systems gehörender E-Shop (ein E-Business-Modul) ausgewählt wird, der über eine systeminterne, proprietäre Schnittstelle direkt auf die Applikationslogik des ERP-Systems zugreift. Zur Erhöhung der Lieferverfügbarkeit wird eine Integration mit den Vorlieferanten vereinbart. Mit dreien von ihnen, die insgesamt 80 % des Sortiments abdecken können, wird eine 1:1-Integration auf Stufe der ERP-Systeme eingerichtet. Mit ihrer Hilfe werden Aufträge und Artikelverfügbarkeit mehrmals in der Stunde abgeglichen.

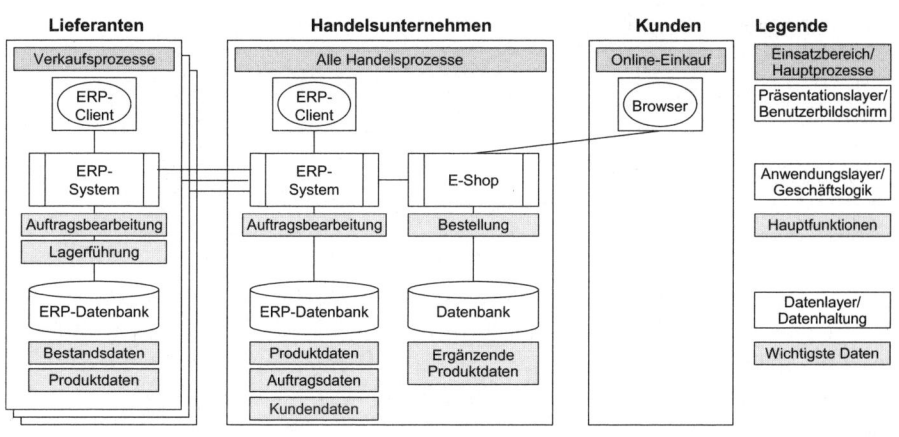

Abb. 2.6: Anwendungsübersicht mit Unterscheidung der Ebenen: Verteilung der Systeme

## 2.6.4 Technische Sicht

Die technische Sicht beschreibt die Verteilung der Softwareanwendungen auf Hardwaresysteme, deren Einbindung in ein Netzwerk resp. Verbund von Netzwerken sowie Spezifikationen der Softwaresysteme. Je nach Besonderheit des einzelnen Falls kann sie weitere Aspekte behandeln.

Das folgende Szenario zeigt beispielhaft die Verteilung des Zeit- und Leistungserfassungssystems TimeCollect auf mehrere Netzwerke, Zonen und Systeme (vgl. Abb. 2.7). TimeCollect ist eine internetbasierte Anwendung zur Erfassung von Arbeitszeiten der Mitarbeitenden und wurde zur Zeit- und Leistungserfassung an der FHBB eingesetzt.

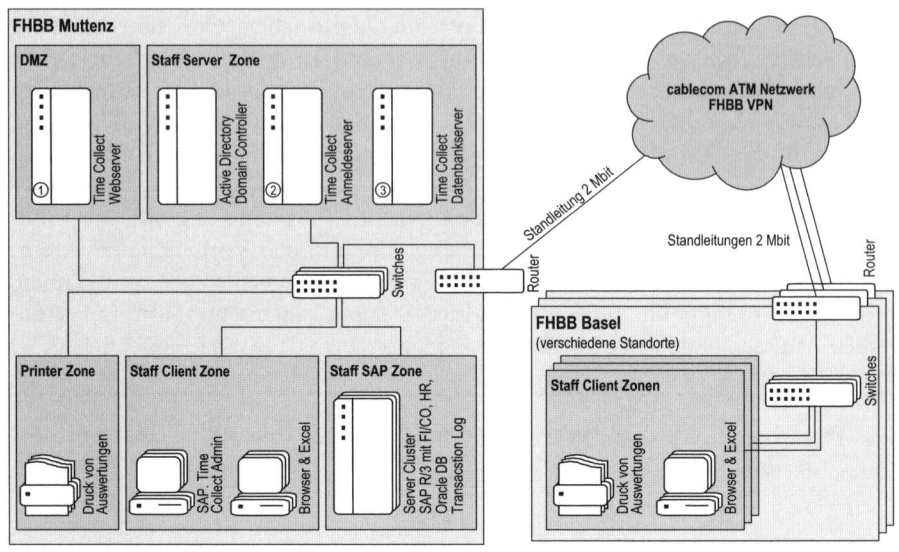

Abb. 2.7: Beispielgrafik für die Technische Sicht: Netzwerk und Systeme TimeCollect

Die besprochenen Rechnersysteme werden in der Abbildung durch einheitliche grafische Symbole repräsentiert. Die Systeme können in separaten Tabellen mit zusätzlichen Informationen zur Hardware, zur Software (z.B. Betriebssystem) etc. näher bezeichnet werden. Angaben zu Hard- und Softwaremerkmalen der Systeme werden mit der Anzahl der Nutzer, für die die Systeme ausgelegt wurden, kommentiert.

# 3 B2B-Integration: Motivation, Herausforderungen und Nutzen

*Peter Herzog*

## 3.1 Einleitung

Als Konsumenten von Produkten und Leistungen sind wir uns oft nicht darüber bewusst, was im Hintergrund alles zusammenspielt, damit unsere Kundenwünsche erfüllt werden können (vgl. Abb. 3.1). Gerade vor dem Hintergrund der Globalisierung ist die Leistungserbringung in vielen Fällen eine Mannschaftsleistung verschiedener kooperierender Unternehmen an unterschiedlichen Standorten. Diese Unternehmen arbeiten in unternehmensübergreifenden Prozessen – eben Business-to-Business (B2B). Wenn der Austausch der geschäftsrelevanten Informationen direkt auf Systemebene elektronisch abläuft, sprechen wir von B2B-Integration.

## 3.2 Motivation für B2B-Integration

Grundmotivation für B2B-Integration ist immer die Optimierung von Geschäftsprozessen. Es geht um das Schliessen von Lücken zwischen Systemen. Einerseits ist es die Eliminierung von manuellen Tätigkeiten, Medienbrüchen und damit auch von Fehlern. Andererseits geht es um die Steigerung des Kunden-Services durch:

- Senkung der Kosten – für beide Seiten

- Beschleunigung der Auftragsabwicklung

- Realtime Informationen zu Auftragsfortschritt, Verfügbarkeit, Preis etc.

- Self-Service-Funktionen (Anfragen, Support, Informationen)

Grundsätzlich bilden zusätzliche Service-Angebote durch B2B-Integration die Basis für Wettbewerbsvorteile und Kundenbindung. Das bedeutet auch, dass die gezielte Analyse der eigenen Fähigkeiten und das Überdenken der strategischen Ausrichtung des Unternehmens zu B2B-Integrations-Szenarien führen können.

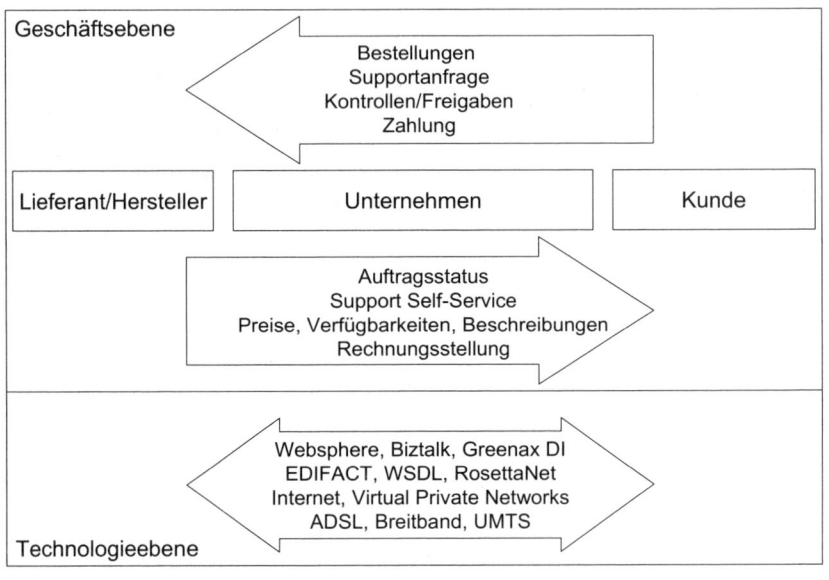

Abb. 3.1: Anwendungsbeispiele für B2B-Integration

Eine weitere Motivation für die B2B-Integration bei KMUs ist der Druck von Kunden oder Lieferanten, die sich die oben genannten Überlegungen bereits gemacht haben. Hier ist der Spielraum relativ klein – bzw. der finanzielle Druck entsprechend hoch durch die ungleichen Kräfteverhältnisse. In diesen Fällen wird jedoch üblicherweise vom „Grossen" ein standardisiertes Vorgehen vorgelegt. Betrachten wir die Automobilzuliefer-Industrie, so ist gar eine ganze Branche vital von B2B-Integration abhängig – wer hier nicht mitspielt ist nicht dabei.

## 3.3   Herausforderungen in der B2B-Integration

Die Herausforderungen in der B2B-Integration sind keinesfalls nur technischer Natur. Auch hier gelten im Kern die Ansprüche des bekannten Dreigestirns: People, Process, Technology.

### 3.3.1 Herausforderung „People"

In Integrationsprojekten ist der Faktor Mensch die grösste Herausforderung und zwar auf verschiedenen Ebenen.

*Partnerschaft*

Die Basis für die B2B-Integration ist eine definierte Partnerschaft der Unternehmen. Das bedeutet ein klares gemeinsames Verständnis über die Zielsetzung der gemeinsamen Geschäftstätigkeit, der gegenseitigen Erwartungen im Rahmen der B2B-Integration und über die Aufgabenteilung im Gesamtprozess. All das muss am runden Tisch miteinander diskutiert werden. Diese Gesprächs- und Verhandlungsbereitschaft auf Managementebene dient dem Umsetzungsprojekt als Vorbild.

*Divergenz zwischen Integrationswunsch und Öffnungszwang*

Die Integrationswünsche laufen oft diametral zu den gut gehüteten Vorgehensmethoden der einzelnen Funktionsträger in den betroffenen Abteilungen. Denn Integrieren heisst zuerst einmal öffnen. Öffnen zwar auf Stufe von Schnittstellen, die zu publizieren sind, aber dazu muss doch jede Aufgabe definiert sein, damit Integrationspotenziale erkannt werden können. Das vorhandene Know-how bei den Mitarbeitenden abzuholen, ist oft ein Kunstgriff des Projektteams.

Unternehmen, die bereits in Prozessen denken, haben es hier viel einfacher – denn bei ihnen liegen die Prozesse im Organisationshandbuch bereits dokumentiert vor und die Phase der Öffnung hat bereits stattgefunden.

Integration hat immer mit Optimierung zu tun. Optimiert werden kann nur, was auch gemessen werden kann. Prozesse sind Grundlage für die Messbarkeit. Einerseits lassen sich Mitarbeitende nicht gerne messen, andererseits ist die Visualisierung einer Zielerreichung auch motivierend. Wer das erkennt, wird sich automatisch öffnen.

### 3.3.2 Herausforderung „Process"

Auf Basis der wertschöpfenden Kernprozesse wird vorerst eine Prozessoptimierung durchgeführt, die sich durch eine enge Verzahnung der Prozesse zwischen Lieferanten und Kunden auf folgenden Ebenen auszeichnet: die Ebene der physikalischen Warenströme und der Logistik, die Ebene des Informationsaustausches und der IT-Infrastruktur, die Ebene der Wissensweitergabe und letztendlich die Ebene der vertikalen Integration der Prozesse (basierend auf einer kooperativen Prozesskette).

Schlüsselfaktor ist, dass das Unternehmen flexibel im Markt agieren kann und seine Kernkompetenz nahtlos in das gesamte Wertschöpfungsnetz einbinden kann. Denn Waren, Werte und Informationen müssen in diesem Netzwerk barrierefrei schnell und korrekt fliessen. Nur auf diese Weise ist eine effiziente sowie kundenorientierte Planung, Produktion und Lieferung der gewünschten Ware möglich. Die heutigen technischen Möglichkeiten lassen dieses Szenario zur Realität werden. Wer diese nicht nutzt, geht die Gefahr ein, dem Wettbewerb nicht standhalten zu können.

### *Prozessorientierung und Prozessoptimierung*

Ein prozessorientiertes Unternehmen hat die Möglichkeit, die Herausforderungen des Marktes zu managen. Denn die Geschäftsprozesse stellen den Kunden in den Mittelpunkt, eliminieren interne Schnittstellen, lassen unproduktive Liegezeiten verschwinden, bieten schnellen Informationsfluss, schrumpfen „geistige Rüstzeiten", fördern die Selbstkoordination und lassen letztendlich das Konzept der „Lernenden Organisation" umsetzen. Dem Wettbewerb standhalten heisst, die Wertschöpfung der gesamten Wertschöpfungskette zu halten oder zu steigern. Durch eine Prozessoptimierung wird die Wertschöpfung massgeblich gesteigert. Wie sieht die Prozessoptimierung in der Praxis aus? Durch eine konsequente Durchforstung wichtiger Organisationsabläufe wird die Wertschöpfung in zwei Richtungen verdichtet:

Zum einen werden Blindleistungen und Unwirtschaftlichkeiten aufgedeckt und können eliminiert werden. Zum anderen werden die Flexibilität und Anpassungsfähigkeit erhöht, indem die Hauptprozesse zeitlich verkürzt werden. Dies bewirkt wiederum eine Minimierung des Dispositionsaufwandes in den Prozessen und der Planungshorizont wird kürzer. Beide Massnahmen führen zu einer nachhaltig höheren Wertschöpfung – sowohl für das eigene, als auch für das Partnerunternehmen – was zur gewünschten und motivierenden Win-Win-Situation führt.

### 3.3.3 Herausforderung „Technology"

Technologisch ist der B2B-Integration keine Grenze gesetzt. Das Zusammenspiel der ERP-Lösungen von Partnerunternehmen kann heutzutage als gegeben angesehen werden. Ältere Softwaregenerationen benötigen dazu teilweise zusätzliche Werkzeuge, beispielsweise:

- Externe BPM Module (Business Process Management) zur Definition und Steuerung von Geschäftsprozessen

- Enterprise Application Integration (EAI) Tools zur unternehmensübergreifenden Integration von Geschäftsprozessen

- EDIFACT-Converter

- Portale

- Webshops

Es existieren aber auch bereits moderne Unternehmenslösungen, die sowohl die Prozesssteuerung, als auch die Konfektionierung und Orchestrierung von Adaptoren zu Partnersystemen als Module des Gesamtpakets integriert mitliefern (Collaborative ERP). Dies vermindert nicht nur zusätzliche Tools und Know-how-Aufbau oder -Zukauf, sondern senkt gleichzeitig Lizenz- und Wartungskosten.

## 3.4   Der Weg zur B2B-Integration

Um einen optimalen Nutzen aus einer B2B-Integration zu ziehen, empfiehlt sich eine klare Vorgehensweise:

### *Strategie*

Das Unternehmen durchläuft eine Analyse der bereits vorhandenen Fähigkeiten und stellt diese den Bedürfnissen seiner Kunden gegenüber. Daraus resultieren möglicherweise neue Geschäftsideen, die den Kunden Zusatznutzen vermitteln und gleichzeitig das unternehmenseigene Tätigkeitsfeld verbreitern und die Umsatzchancen steigern.

### *Projekt*

Im Unternehmen wird ein starkes Projektteam gebildet und dem Projekt wird eine hohe Aufmerksamkeit durch die Unternehmensleitung geschenkt. Nur so kann das Projekt erfolgreich sein, denn ein Integrationsprojekt betrifft in der Regel nicht nur alle internen Unternehmensbereiche, sondern auch unternehmensübergreifende Prozesse. Je höher der Nutzen, den das Unternehmen aus der Integration zieht, umso stärker sollte der Führungsanspruch sein, den es an das Projekt stellt. Die Erfahrungen vieler Fallstudien in der eXperience-Datenbank (www.experience-online.ch) zeigen, dass der Beibezug eines Beraters, der bereits erfolgreich Integrationen *in der betroffenen Branche* vollzogen hat, eine wesentliche Erfolgskomponente ist.

### *Prozesse*

Die neuen Ideen werden in die bestehende Prozesslandschaft des Unternehmens integriert, wobei gleichzeitig eine Optimierung der bereits vorhandenen Prozesse erfolgen sollte. Das Prozessdenken ist hierbei essentiell, denn es fördert die Konsolidierung gleichartiger Tätigkeiten und führt unweigerlich zu einer schlanken Organisation.

Schon während des ersten (Basis-)Integrationsprojekts sollte man die neuen Prozesse – und auch die bestehenden – mit seinen wichtigsten Kunden und/oder Lieferanten abstimmen. So kann man Synergien nutzen, noch bevor auf technischer Ebene integriert wird, und man hat die Chance, einen standardisierten Prozess als Basis für die B2B-Integration mit mehreren Partnern zu definieren. Auf diese Weise erstellt man ein Integrationsmodell für das eigene Unternehmen, das auch für die Anbindung weiterer Partner geeignet ist.

### *Integration*

Wenn sich bereits im Vorfeld eines ersten Projekts zeigt, dass das erarbeitete Integrationsmodell mit mehreren Partnern realisiert wird, liegt es nahe, eine EAI-Software zu evaluieren, falls die bestehende Unternehmenssoftware kein entsprechendes Modul beinhaltet. Man kann dadurch die Modellprozesse direkt unterstützen und braucht pro neu integriertem Partner lediglich die Schnittstellen auf Basis der bereits Vorhandenen umzukonfigurieren. Das spart Entwicklungsaufwand und man hat dabei gleichzeitig verschiedene Vorteile:

- Man orchestriert alle vorhandenen elektronischen Geschäftsbeziehungen von einer Schaltzentrale aus.

- Dadurch können auch Anpassungen an Prozessen – z.B. bei weiteren Optimierungen – an einem Ort zentral durchgeführt werden. Das senkt den Wartungsaufwand und damit die Betriebskosten.

- Im Gegensatz zu individuell programmierten Punkt-zu-Punkt-Schnittstellen lassen sich neue Versionen der EAI-Software einfacher einspielen, was sich auch wieder positiv auf die Betriebskosten auswirkt.

- Durch den Einsatz einer EAI-Software fällt es wesentlich einfacher, die Schnittstellen zu vervielfältigen und dann individuell auf die Beziehung zu verschiedenen Geschäftspartnern anzupassen.

### *Attraktives Angebot*

Wenn man es auf diese Weise schafft, ein „Standard-B2B-Modell" für sich und seine Partner zu entwickeln, dann hilft dies, den Eintritt in den unternehmensübergreifenden Informationsaustausch so einfach und kostengünstig wie möglich zu gestalten. Das motiviert die Beteiligten und führt zu wechselseitigen Vorteilen.

## 3.5   Nutzen einer B2B-Integration

Einen echten Nutzen aus der B2B-Integration erzielen Unternehmen dann, wenn die Integration die Wertschöpfungskette unterstützt und optimiert:

- Optimierte Prozesse, dadurch tiefere Prozesskosten

- Schnellere und vor allem durchgängige Auftragsabwicklung

- Höhere Informationsdichte und schnellere Informationsverfügbarkeit

- Self-Service-Angebote

- Erhöhung der Kundenbindung

Die in den Fallstudien beschriebenen Integrationen zeigen unterschiedlichen Nutzen auf:

- Die Wyser AG in Bern liefert und repariert Haushaltsgeräte. Durch die unternehmensübergreifende Integration mit der Immobilienverwaltung graf.riedi kann die Wyser AG den Auftragsprozess von der Störungsmeldung bis zur Rechnungsübermittlung elektronisch abwickeln und spart so Zeit und Kosten auf beiden Seiten.

- Die MTF Micomp AG bietet umfassende Informatiklösungen und führt ein breites Sortiment an IT-Produkten. Die Vertriebslösung der MTF Micomp gestaltet die Beschaffung dieser Standardprodukte für Firmenkunden effizient. Sie ermöglicht eine durchgängige Integration der Systeme vom Distributor bis zum Endkunden. Dadurch werden die Optimierung der Geschäftsprozesse und die Reduktion der manuellen Aufgaben bei der Auftragsabwicklung erreicht.

- Das Handelsunternehmen e+h Services AG integriert seine verschiedenen Kundengruppen über verschiedene E-Business-Kanäle. Die Kunden können Aufträge über den E-Shop, einen elektronischen Marktplatz oder Barcode-Erfassung elektronisch an e+h übermitteln. Voraussetzung für die rentable Umsetzung dieser Multi-Kanal-Strategie war die Einführung eines nach aussen offenen, integrierten ERP-Systems. Dadurch ist es e+h heute möglich, den Prozess der Auftragsabwicklung effizient zu gestalten und auf zukünftige Anforderungen von Kunden und Geschäftspartnern hinsichtlich elektronischer Integration und Automatisierung flexibel zu reagieren.

Natürlich existiert eine Vielzahl weiterer B2B-Integrations-Anwendungen wie z.B. das Agronet der fenaco [Rogger 2005] oder des Pflanzenhändlers Novaflor AG [www.greenax.com 2006]. Die fenaco regelt mittels Agronet den gesamten Bestell- und Lieferprozess der Landigruppe und begleitet sowohl den Waren- als auch den Geldfluss von weit über einer Mrd. CHF Umsatz. Der hohe Automatisierungsgrad senkt die Transaktionskosten und erhöht gleichzeitig die Kundenbindung.

Die Firma Novaflor optimiert durch B2B-Integration mit Gärtnereien, Kunden und Logistik-Dienstleistern ihre Prozesse. Dadurch verfügt Novaflor heute über Echtzeitinformationen und schafft es, mit derselben Anzahl Mitarbeitenden den doppelten Umsatz zu bewältigen.

Alle genannten Beispiele nutzen B2B-Integration als wesentlichen Bestandteil ihres Geschäftsmodells und als Basis für ihren Geschäftserfolg.

# 4 Wyser AG:
# Geschäftsübergreifende Prozessintegration

*Michael Pülz*

Die Wyser AG in Bern liefert und repariert Haushaltgeräte für Küche und Wasch-küche. Im Rahmen des im Folgenden beschriebenen Projekts erfolgte die unter-nehmensübergreifende Integration mit der Immobilienverwaltung graf.riedi AG, einem wichtigen Kunden der Wyser AG. Die Abwicklung des Auftragsprozesses zwischen der Wyser AG und der graf.riedi AG läuft über das E-Business-Netzwerk VIAM ab. Dies umfasst den Prozess von der Übertragung der Stö-rungsmeldung bis hin zur Übermittlung der Rechnung durch die Wyser AG.

Folgende Personen waren an der Bearbeitung dieser Fallstudie beteiligt:

Tab. 4.1: Mitarbeitende der Fallstudie

| Ansprechpartner | Funktion | Unternehmen | Rolle |
|---|---|---|---|
| Michael Wyser | Geschäftsleitung | Wyser AG | Lösungsbetrei-ber |
| Beat Zehnder | Geschäftsführer | Zehnder Infor-matik GmbH | IT Partner |
| Nicolas Guillet | Projektleiter E-Business | ABACUS Re-search AG | Business Software Anbieter |
| Michael Pülz | Dozent, Fachbetreu-er Wirtschaftsinfor-matik | FHNW | Autor |

## 4.1 Das Unternehmen

### 4.1.1 Hintergrund, Branche, Produkt und Zielgruppe

Die Wyser AG wurde im Jahr 1962 vom Vater zweier der heutigen drei Geschäftsleiter gegründet. Sie erwirtschaftet mit 18 Mitarbeitenden einen Umsatz von circa 11.5 Mio. CHF. Die Kultur des Unternehmens ist die eines Familienbetriebs mit persönlichem Umgang und flachen Hierarchien.

Die Wyser AG liefert und repariert Grosshaushaltsgeräte (Kühlschränke, Geschirrspülmaschinen, Waschmaschinen, Wäschetrockner etc.). Seit den Sechzigerjahren vertreibt sie das gesamte Miele-Sortiment. Die Kunden gliedern sich in die folgenden vier Bereiche:

- Fachhandel (Sanitärinstallateure, Elektroinstallateure, Küchenbauer, Grossisten im Sanitärbereich etc.): Hier fungiert die Wyser AG als Zwischenhändler für Miele Haushaltgeräte.

- Endverbraucher (Besitzer von Eigentumswohnungen, Häusern etc.): Die Wyser AG beliefert diese Kunden direkt und übernimmt den Unterhalt der Geräte.

- Immobilienverwaltungen: Auch hier werden die Geräte geliefert bzw. unterhalten (Reparaturen, Ersatzteile), wobei nicht nur das Miele-Sortiment angeboten wird, sondern sämtliche Geräte von A wie AEG bis Z wie Zug. Es wird ein Komplettservice unabhängig vom Hersteller angeboten.

- Objektbereich: Architekten, Investoren, Bauherren und andere Entscheidungsträger werden speziell im Neubau- und Sanierungsbereich durch die Wyser AG in Form von Beratung, Planung und Verkauf betreut.

Durch die konsequente Ausrichtung auf die Marke Miele (die Wyser AG ist nach der Firma Fust AG der zweitgrösste Miele-Kunde in der Schweiz) besteht für die Wyser AG eine Abhängigkeit von diesem Lieferanten. Die gesamte Branche befindet sich in einem ausgeprägten Verdrängungswettbewerb. Andere Hersteller, aber auch der Fachhandel, der für die Wyser AG sowohl Kunde als auch Mitbewerber ist, prägen diese Konkurrenzsituation. Der Markt ist weitestgehend gesättigt, da der grösste Teil der Haushalte bereits über die angebotenen Haushaltsgeräte verfügt. Sowohl Wachstum als auch Konsolidierung werden in erster Linie über Verdrängung erreicht. Insbesondere um Wachstum zu generieren ist Wyser auf neue, innovative Produkte der Hersteller angewiesen.

Zu den grössten Mitbewerbern zählen die Firma Fust AG sowie die namhaften Produzenten von Haushaltgeräten, die gesamtschweizerisch tätig sind (AEG, Bauknecht, Electrolux, Siemens, V-Zug). Media Markt ist bei den Grosshaushaltsgeräten („Weisswaren") wenig erfolgreich und auch die Migros und Coop konnten in diesem Markt bis heute nicht richtig Fuss fassen.

Die Wyser AG bearbeitet und beliefert in erster Linie den Grossraum Bern. Vor allem während der jährlichen Publikumsmesse BEA in Bern werden auch Kontakte über die Kantonsgrenzen hinweg geknüpft und daraufhin Geräte dorthin ausgeliefert.

Das Sortiment der Wyser AG umfasst circa 2'000 verschiedene Modelltypen aller Hersteller sowie sehr viele Ersatzteile (allein bei Miele Geräten existieren circa 50'000 Ersatzteile). Der Kunde erwartet eine Vorort-Reparatur spätestens innerhalb von 48 Stunden.

Die im Folgenden beschriebene Prozessintegration bezieht sich auf den oben beschriebenen Bereich der Immobilienverwaltungen. Es handelt sich also um eine B2B-Integration.

### 4.1.2 Unternehmensvision

Die Firma bietet insbesondere im Bereich der Immobilienverwaltungen einen professionellen Gesamtservice rund um die Haushaltsgeräte, unabhängig vom Hersteller, an. Im Grossraum Bern ist die Firma bei ihren Kunden etabliert und für den professionellen Service geschätzt.

### 4.1.3 Stellenwert von Informatik und E-Business

Die Informatik hat für die Wyser AG einen hohen Stellenwert. Insgesamt hat die Wyser AG circa 1.5 Mio. CHF in die ICT investiert. Sämtliche Prozesse werden ICT-unterstützt abgewickelt. Hierdurch ergibt sich eine grosse Abhängigkeit von Hard- und Software, insbesondere vom Anbieter der ERP-Software (ABACUS Research AG). Die Entscheidung für ABACUS fiel im Jahre 1996.

## 4.2 Der Auslöser des Projekts

### 4.2.1 Ausgangslage und Anstoss für das Projekt

Auslöser des in dieser Fallstudie beschriebenen Projekts im Jahr 2004 war die Präsentation des Systems VIAM (Verfahren für integriertes Auftragsmanagement) durch die pragmaBau Treuhand AG (Entwickler) und die Immobilienverwaltung graf.riedi AG (VIAM-Anwender und ein wichtiger Kunde der Wyser AG). Zu diesem Zeitpunkt gab es noch keine Schnittstelle, um den Auftragsprozess zwischen der ABACUS ERP-Software und dem E-Business-Netzwerk VIAM abzuwickeln. An VIAM waren vor allem Branchenlösungen angeschlossen. Für die Wyser AG war es entscheidend, dass die Anbindung von ABACUS möglich wurde. Wyser setzte sich daher dafür ein, dass die Firmen ABACUS und pragmaBAU über eine entsprechende Schnittstelle sprachen. Die Anbindung von ABACUS und VIAM wurde Ende Mai 2006 in Betrieb genommen. Die Koordination des Entwicklungs- und Einführungsprojekts übernahm die Zehnder Informatik GmbH.

### 4.2.2   Vorstellung der Geschäftspartner

*Anbieter von Business Software*

Die bei der Wyser AG eingesetzte Business Software stammt von der ABACUS Research AG (Kronbühl/St.Gallen), die seit 1985 auf dem Schweizer Markt betriebswirtschaftliche Standardsoftware anbietet. ABACUS hat circa 150 Mitarbeitende. Die Business Software umfasst verschiedene Module, u.a.: Auftragsabwicklung, Fakturierung, Buchhaltung und Produktionsplanung und -steuerung. Die Wyser AG setzt seit 1996 ABACUS-Software ein.

*Service Portal Betreiber*

Das E-Business-Netzwerk VIAM (Service Portal) wird von der Firma pragma-BAU Treuhand AG (Basel) betrieben. VIAM hat zum Ziel, die Lieferanten der Immobilienunternehmungen (Handwerker, Versorger, Versicherungen und Energie) auf einer virtuellen Plattform zusammenzubringen. Dabei sollen Informationswege verkürzt und die Auftragsabwicklung vereinfacht werden. Die Abwicklung von Reparaturaufträgen und die Rechnungsstellung waren bislang durch einen unverhältnismässig hohen Verwaltungs- und Korrespondenzaufwand gekennzeichnet. Durch VIAM werden diese Prozesse automatisiert und durch die Verbindung der ERP-Systeme des Immobilienunternehmens und der Rechnungsteller erheblich vereinfacht. Weitere Informationen finden Sie unter www.viam.ch.

*Implementierungspartner*

Als Projektkoordinator fungierte die vor zehn Jahren gegründete Zehnder Informatik GmbH, ein ABACUS-Vertriebspartner in Matzingen, Kanton Thurgau. Die Firma besteht aus drei Mitarbeitenden und ist spezialisiert auf ABACUS-Beratung und -Programmierung in den Bereichen Auftragsbearbeitung, PPS und Logistik. Zehnder Informatik arbeitet mit einem Partner zusammen (Stefani & Partner AG), der auf den Bereich Rechnungswesen spezialisiert ist. Zusammen bilden sie den sechstgrössten ABACUS-Logo-Partner. Die Zusammenarbeit zwischen Wyser und Zehnder Informatik besteht seit 1996.

*Geschäftspartner*

Die graf.riedi AG ist eine grosse Immobilienverwaltung im Raum Bern und ein wichtiger Kunde der Wyser AG. Ziel der beiderseitigen VIAM-Integration war die

Vereinfachung bei der Abwicklung von Kleinaufträgen (Serviceaufträge) zwischen der graf.riedi AG und der Wyser AG.

## 4.3    B2B-Integration zwischen Immobilienverwaltung und Wyser

### 4.3.1    Geschäftssicht und Ziele

Für die vorliegende Fallstudie wird die B2B-Integration zwischen der Wyser AG und der Immobilienverwaltung graf.riedi AG dargestellt. Auf der Ebene der Geschäftssicht werden durch die graf.riedi AG in erster Linie Störungsmeldungen defekter Haushaltgeräte an die Wyser AG gesandt (diese machen circa 95 % aus, der Rest sind vorwiegend Offertanfragen). Auf Grund dieser Störungsmeldungen begibt sich ein Kundendiensttechniker in die entsprechende Liegenschaft (Wohnung oder Gemeinschaftswaschküche) und repariert das Gerät. Bei Reparaturen von über 300.- CHF wird in der Regel die Immobilienverwaltung informiert. Häufig wünscht die Verwaltung in einem solchen Fall einen schriftlichen Kostenvoranschlag für die Reparatur bzw. eine Austauschofferte für ein neues Gerät.

Basierend auf den ausgeführten Arbeiten ergänzt der Kundendiensttechniker nach erfolgter Reparatur einen vorerstellten Arbeitsrapport. Dieser wird bei der Wyser AG intern durch Sachbearbeiter weiter verarbeitet. Die Rechnungsstellung erfolgt zurzeit zum einen elektronisch über VIAM an die graf.riedi AG; gleichzeitig wird aber aus rechtlichen Gründen noch eine Rechnung in Papierform verschickt. pragmaBAU ist daran, eine gesetzeskonforme rein elektronische Lösung mit VIAM zu entwickeln, so dass Wyser zukünftig entweder diese Variante oder diejenige von PayNet benutzen kann. PayNet (www.paynet.ch) unterstützt Firmen bei der mehrwertsteuerkonformen Abwicklung elektronischer Rechnungen über das PayNet-Netzwerk, wobei digitale Signaturen verwendet werden. Mehr Informationen unter.

Da es sich bei den Serviceaufträgen um kleinere Auftragsvolumina handelt, lohnt sich hier die elektronische Abwicklung für die Wyser AG. Bei grösseren Volumina (Aufträge für Neugeräte) ist es auf Grund der auftragsvolumenabhängigen Gebührenstruktur von VIAM günstiger, dies auf herkömmlichem Weg abzuwickeln.

Das folgende Business Szenario zeigt die Beteiligten in ihren Rollen (Abb. 4.1):

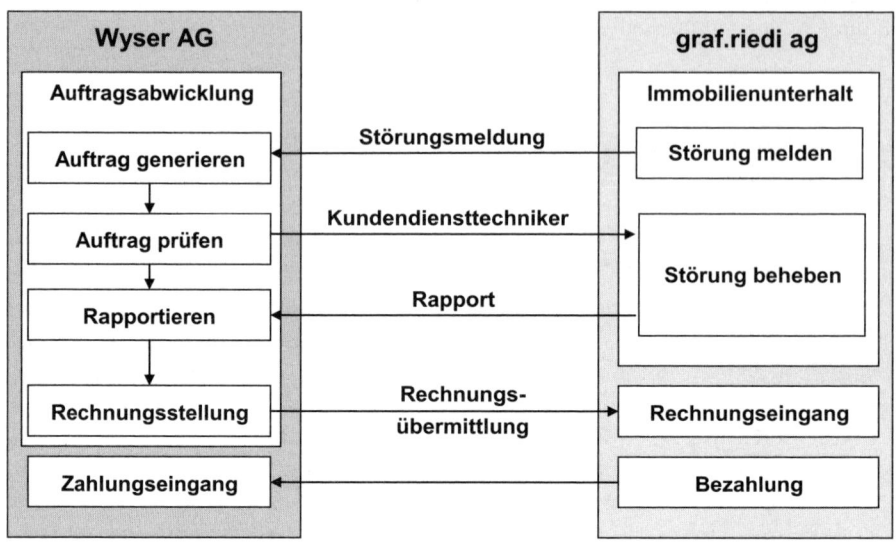

Abb. 4.1: Business Szenario mit den beteiligten Partnern und den wichtigsten Prozessen

### 4.3.2 Prozesssicht

In der Prozesssicht wird der ausgewählte betriebliche Ablauf genauer dargestellt. Im Allgemeinen wird der Prozess durch eine Störungsmeldung durch die graf.riedi AG angestossen. Die Übermittlung der Störungsmeldung erfolgt elektronisch über VIAM und das AbaNet-E-Business-Netzwerk. Auf Seite der Wyser AG wird die Störungsmeldung über den ABACUS E-Business-Kommunikator in die ABACUS Auftragsbearbeitung heruntergeladen. Hierdurch wird ein Auftrag generiert, der vom Sachbearbeiter geprüft wird. Sind Ergänzungen nötig, so werden diese vom Sachbearbeiter durchgeführt. Der Disponent erstellt aus dem Auftrag einen Servicerapport und druckt diesen aus. Der Kundendiensttechniker führt nun die Arbeiten aus und hält diese handschriftlich auf dem Servicerapport fest. Zurück bei der Wyser AG ergänzt der Sachbearbeiter den Auftrag mit den Informationen auf dem Servicerapport. In einem Batchlauf wird die entsprechende Rechnung generiert, via AbaNet/VIAM an die graf.riedi AG geschickt und dort direkt in das ERP-System (RIMO R4) übernommen. Der Status der Rechnung kann jederzeit eingesehen werden. Aus rechtlichen Gründen wird zurzeit noch eine Papierversion der Rechnung verschickt.

Wie bereits erwähnt, wird im Falle von Reparaturen über 300.- CHF vorgängig die Immobilienverwaltung informiert. Bei Bedarf wird eine Offerte für ein Neugerät bzw. ein Kostenvoranschlag für die Reparatur erstellt und per E-Mail als PDF-Dokument an die graf.riedi AG geschickt.

Abb. 4.2 illustriert diesen Prozess:

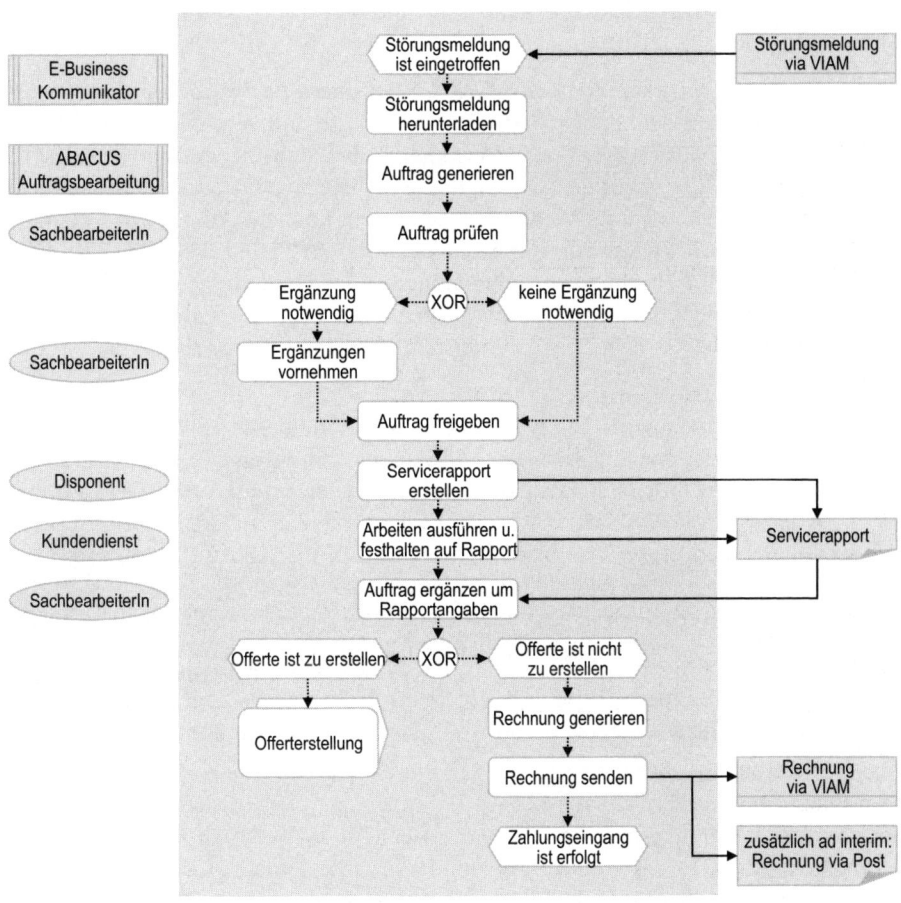

Abb. 4.2: Prozess der integrierten Abwicklung von Serviceaufträgen

## 4.3.3 Anwendungssicht

Die Anwendungssicht (vgl. Abb. 4.3) betrachtet die Informationssysteme der beteiligten Partner. Dabei werden die drei Schichten Datenhaltung, Geschäftslogik und Benutzerinterface unterschieden.

Die Wyser AG setzt mehrere Module der ERP-Software ABACUS ein. Für den beschriebenen Fall ist insbesondere das Modul Auftragsbearbeitung von Bedeutung, das zur Auftragsabwicklung und zur Erzeugung elektronischer Dokumente eingesetzt wird. Die Übertragung der elektronischen Dokumente erfolgt über das von der Firma pragmaBAU Treuhand AG bereitgestellte E-Business-Netzwerk VIAM und die von ABACUS gehostete und gewartete E-Business-Plattform AbaNet.

Die Kommunikation zwischen der ABACUS Business Software und AbaNet erfolgt hinter den Kulissen, d.h. sie ist vollständig in die Software implementiert. Als Format wird das offene AbaDoc verwendet. Dabei handelt sich um ein XML-Format, mit dem alle wichtigen Geschäftsdokumente wie Offerten, Bestellungen, Lieferscheine, Rechnungen usw. abgebildet werden können. Ausserdem ist – falls nicht aktiv unterdrückt – jedem dieser Dokumente ein PDF zugeordnet, das aber im Normalfall nicht beachtet wird. Bei Fehlern oder Unklarheiten ist diese PDF-Datei hilfreich. Die Kommunikation wird über SOAP (Simple Object Access Protocol) abgewickelt, das heute das am meisten verbreitete Protokoll für Web Services ist.

Die Störungsmeldung wird bei graf.riedi in der Immobilienverwaltungssoftware Rimo R4 der Firma Aareon Schweiz AG erzeugt und an das VIAM gesandt. Im VIAM erfolgt die Umwandlung in ein AbaDoc, einem offenen ABACUS-Format auf XML-Basis. Via AbaNet wird das AbaDoc an den ABACUS E-Business-Kommunikator der Wyser AG weitergeleitet und in die ABACUS Auftragsbearbeitung geladen. Beim Senden der elektronischen Dokumente von der Wyser AG zur graf.riedi AG verhält es sich gerade umgekehrt.

Wie erwähnt, setzt die graf.riedi AG das Rimo R4 ERP-System ein. Dabei handelt es sich um eine integrierte, modular aufgebaute Gesamtlösung für das kaufmännische und technische Management von Wohn- und Gewerbeimmobilien.

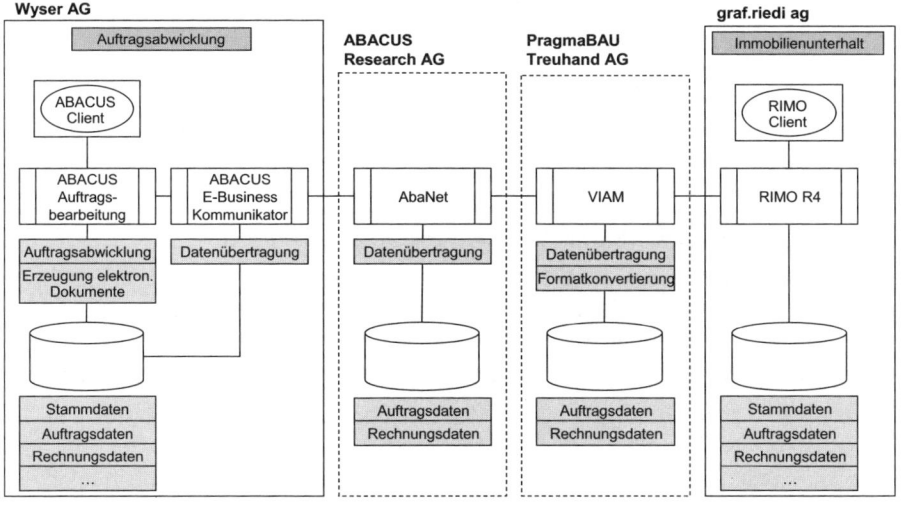

Abb. 4.3: Anwendungsübersicht und Integrationsschema

### 4.3.4 Technische Sicht

Bei der Wyser AG sind drei Server im Einsatz, wobei auf einem davon die ABACUS E-Business Software inkl. E-Business-Kommunikator läuft. Die folgende Tabelle stellt die Spezifikation des Servers dar:

Tab. 4.2: Spezifikationen und Merkmale

| Server | Hardware | Software |
|---|---|---|
| Anwendungsserver | CPU: 2 Intel Xeon 2.4 GHz<br>RAM: 4 GB<br>HD: 3x70 GB mit RAID5 | BS: Windows 2000 Server<br>AW: Abacus 2005.12<br>DB: PervasiveSQL |

CPU: Prozessor, RAM: Arbeitsspeicher, HD: Festplattenspeicher
BS: Betriebssystem, AW: Anwendungssoftware, DB: Datenbanksoftware

Das AbaNet ist ein von ABACUS gehosteter und gewarteter Service zur Anbindung an verschiedene E-Business-Netzwerke. Es ermöglicht Anwendern der ABACUS ERP-Software unabhängig von der eingesetzten Version die einfache Anbindung ihrer ERP-Software an E-Business-Netzwerke, ohne sich um die technische Konvertierung und das Mapping der Daten und Felder kümmern zu müssen.

Da die technische Anbindung an das VIAM über das von ABACUS betriebene AbaNet läuft, ist die technische Ausgestaltung bei den Partnern für die Fallstudie nicht von Bedeutung.

## 4.4 Projektabwicklung und Betrieb

### 4.4.1 Projektmanagement und Changemanagement

Das Projekt wurde im Jahr 2004 initiiert, als die Immobilienverwaltung graf.riedi AG ihre wichtigen Lieferanten darüber informierte, dass der Auftragsprozess zukünftig über das E-Business-Netzwerk VIAM abgewickelt werden soll. Daraufhin übernahm Michael Wyser (Geschäftsleitungsmitglied der Wyser AG) die Initiative und brachte die notwendigen Partner zusammen. Dabei handelte es sich um die pragmaBAU als Betreiber von VIAM, die ABACUS als Anbieter der Business Software sowie um die Zehnder Informatik als Projektkoordinator und Implementierungspartner.

Im Jahr 2005 wurde dann hinter den Kulissen gearbeitet. Erst im Jahr 2006 war die Anbindung von ABACUS via AbaNet an VIAM realisiert. Seit Mai 2006 ist die elektronische Integration zwischen der Wyser AG und graf.riedi produktiv im Einsatz.

Die Mitarbeitenden der Wyser AG wurden einerseits durch die pragmaBAU im Vorfeld der definitiven Realisierung geschult. Nach den Testläufen und vor dem Produktivstart wurden die Anwender durch Beat Zehnder im Bereich ABACUS Auftragsbearbeitung instruiert. Der Aufwand beschränkte sich dabei auf ein bis zwei Stunden Vorort-Training.

Die Wyser AG ist seit 1996 äusserst konsequent auf den Einsatz verschiedenster Informatiklösungen in allen Ebenen (Betriebswirtschaft, Marketing, Kommunikation) ausgerichtet und daher entsprechend organisiert und strukturiert. Dieses hohe Mass an Informatikanwendungen fordert von allen Mitarbeitenden seit Jahren viel Engagement und geistige Flexibilität, so dass es gegen die Einführung dieser prozessübergreifenden Geschäftsintegration keine Widerstände seitens der Mitarbeitenden gegeben hat.

*Partnerwahl*

Im Rahmen des Projekts wurde mit den bestehenden, langjährigen Partnern zusammen gearbeitet. Neu kam die Zusammenarbeit mit der pragmaBAU hinzu, die allerdings während der Realisierungsphase vorwiegend die Zehnder Informatik und ABACUS betraf.

### 4.4.2   Entstehung und Roll-out der Softwarelösung

Das E-Business-Netzwerk AbaNet existierte bereits und musste daher nicht erst von ABACUS realisiert werden. Auch der ABACUS E-Business-Kommunikator zur Anbindung der ABACUS ERP-Software war bereits in der Angebotspalette vorhanden und musste lediglich auf dem Server der Wyser AG installiert werden.

Im Herbst 2005 wurde die Schnittstelle zwischen AbaNet und VIAM entwickelt. Viel Aufwand lag hier bei der pragmaBAU, da ABACUS lediglich AbaDocs an das VIAM weiterleitet bzw. von dort empfängt. Es mussten Felder definiert, Logik programmiert sowie Formulare und Masken angepasst werden.

Wyser wurde während der Entwicklungsphase nur gelegentlich kontaktiert. Für das Unternehmen war vor allem die automatische Übernahme in die Auftragsbearbeitung wichtig.

Anfang 2006 konnte das System zum ersten Mal getestet werden. Die Tests erfolgten direkt auf dem Produktivsystem mittels Testkunden. Hierdurch wurde der produktive Betrieb nicht tangiert. Es mussten noch Feinanpassungen (z.B. bzgl. des Detaillierungsgrads der versendeten Informationen) vorgenommen werden, damit der Datenaustausch zwischen den Systemen funktionierte. Hierzu stand der IT-Partner in engem Kontakt mit dem Programmierer der pragmaBAU.

### 4.4.3   Laufender Unterhalt

Der Betrieb der ABACUS Software wird durch die Zehnder Informatik gewährleistet. Den Betrieb der Office und Exchange-Software, des Netzes und der Server-Hardware inklusive Betriebssystem leistet die Firma Comtech in Münsingen.

Das AbaNet wird von der ABACUS Research AG in Kronbühl (St. Gallen) unterhalten. Das E-Business-Netzwerk VIAM betreibt die pragmaBAU Treuhand AG.

## 4.5   Erfahrungen

### 4.5.1   Nutzerakzeptanz

Durch die beschriebene Lösung gab es nur wenige Änderungen bei der Wyser AG. Entsprechend hoch ist die Akzeptanz bei den circa vier bis fünf SachbearbeiterInnen, die das System benutzen. Bislang kann nur ein kleiner Teil der eingehenden Servicemeldungen über VIAM abgewickelt werden, da zurzeit auf Kundenseite (Auftraggeber) nur die Firma graf.riedi AG im Grossraum Bern damit arbeitet.

## 4.5.2   Zielerreichung und bewirkte Veränderungen

Das System läuft seit der Inbetriebnahme wie geplant. Die Übermittlung der elektronischen Dokumente zwischen der Wyser AG und der graf.riedi AG erfolgt vollständig über das VIAM E-Business-Netzwerk. Dies umfasst den Prozess von der Übertragung der Störungsmeldung bis hin zur Übermittlung der Rechnung durch die Wyser AG. Ausstehend ist noch die vollständige und gesetzeskonforme elektronische Abwicklung der Rechnungsstellung und Bezahlung.

*Veränderungen*

Die erzielte Vereinfachung besteht darin, dass die Servicemeldungen der graf.riedi AG nicht mehr per E-Mail, Fax oder Telefon eingehen und von Hand im ERP-System erfasst werden müssen, sondern automatisch durch den ABACUS E-Business-Kommunikator heruntergeladen und in der Datenbank des ERP-Systems gespeichert werden. Die Nachbearbeitung durch die SachbearbeiterInnen beschränkt sich somit auf Ergänzungen und ist weniger aufwändig als das normale Bearbeitungsprozedere.

Das Ziel der Wyser AG und pragmaBAU besteht nun darin, weitere Kunden (Immobilienverwaltungen) zur Zusammenarbeit via VIAM zu bewegen.

## 4.5.3   Investitionen, Rentabilität und Kennzahlen

Da das System erst seit Ende Mai 2006 produktiv läuft, gehen zurzeit nur circa 2 % der Serviceaufträge über diesen elektronischen Kanal ein. Interessant wird die Lösung, wenn sich weitere Kunden der Wyser AG (hier: Immobilienverwaltungen) an VIAM anschliessen und damit der Prozentsatz der vollständig elektronisch übermittelten Dokumente steigt.

Durch den Versand der elektronischen Rechnungen werden bereits heute Porto- und Papierkosten gespart. Elektronische Rechnungen können schneller versendet werden, was schnellere Zahlungseingänge zur Folge hat. Da das System jedoch erst seit wenigen Monaten produktiv läuft und bisher nur die Firma graf.riedi partizipiert, sind die Einsparungen noch nicht quantifizierbar.

Mittelfristig sollen aufwändige Bearbeitungsprozesse für Kleinaufträge im Bereich Immobilienverwaltungen rationalisiert werden. Voraussetzung ist, dass sich diese Kundengruppe zukünftig ebenfalls an VIAM anschliesst.

Für die Wyser AG ergibt sich eine gestiegene Wettbewerbsfähigkeit und ein Imagegewinn, da die Integration der Prozesse zwischen den Kunden und den Lieferanten wichtiger wird. Als Pilotanwender nimmt die Wyser AG hier eine Vorreiterposition ein.

Die externen Investitionskosten (geleistet durch Zehnder Informatik) betrugen circa 15'000.- CHF. Die internen Investitionskosten hielten sich in Grenzen, da nur wenige Sitzungen erforderlich waren. Die Betriebskosten sind volumenabhängig und betragen momentan 2.8 % der über VIAM abgewickelten Aufträge. Dieser Betrag wird an die pragmaBau Treuhand AG bezahlt. Für die Wyser AG ist diese Gebührenregelung nicht zufrieden stellend, da die Lieferanten (Handwerker) wesentlich höhere Nutzungsabgaben entrichten müssen als die Immobilienverwaltungen, die jedoch im gleichen Mass von dieser Automatisierung profitieren.

Der ABACUS E-Business-Kommunikator ist Teil der Auftragsbearbeitung, so dass hierfür keine weiteren Lizenzgebühren bezahlt werden mussten. Die Aufwendungen für den Betrieb des AbaNet werden für alle VIAM-Zulieferer zwischen pragmaBAU und ABACUS geregelt, so dass Wyser keine Rechnung von ABACUS erhält.

Im Geschäft mit den Immobilienverwaltungen machen die Serviceaufträge circa 10 % des Umsatzes aus. Durch die kleinen Fakturierungsvolumen pro Serviceauftrag lohnt sich hier aus Sicht der Wyser AG die elektronische Abwicklung. Der Bearbeitungsaufwand für Kleinaufträge kann damit reduziert werden.

90 % und damit der weit wichtigere Teil des Umsatzes betrifft den Austausch von Geräten. Dieser wird bewusst nicht über VIAM abgewickelt – nicht zuletzt auf Grund der volumenabhängigen Kostenstruktur.

## 4.6   Erfolgsfaktoren

### 4.6.1   Spezialitäten der Lösung und Reflexion der „Prozessexzellenz"

Das Spezielle an der beschriebenen Lösung ist die unternehmensübergreifende Abwicklung von Prozessen mit Standardsoftware über E-Business-Netzwerke. Hierdurch war es möglich, die unterschiedlichen ERP-Systeme der beteiligten Partner zu integrieren, ohne dass hierfür eine individuelle Punkt-zu-Punkt-Schnittstelle geschaffen werden musste.

Für Wyser liegt der Nutzen darin, dass durch die Anbindung von Lieferanten und Kunden ein B2B-Netzwerk entsteht, welches einerseits eine effizientere Auftragsbearbeitung zulässt und andererseits die Kundenbindung fördert, wodurch die Wettbewerbsfähigkeit gesteigert wird. Die Vorteile ergeben sich für die bisherigen Beteiligten vor allem dann, wenn sich weitere Lieferanten und Kunden an dieses Netzwerk anschliessen und sich damit der Aufwand für die einmalige Anbindung an VIAM gegenüber individuellen Schnittstellen auszahlt.

Aus Sicht der Wyser AG war in erster Linie die Anbindung ihres ERP-Systems ABACUS an das AbaNet nötig. Beim AbaNet handelte es sich um ein vorhandenes Standardangebot des Softwareanbieters. Wyser muss sich weder um die Wartung noch die Konvertierung der Daten kümmern. Die Anbindung weiterer Partner ist mit wenig Aufwand machbar.

### 4.6.2 Lessons Learned

Es braucht einen gewissen Mut braucht, ein first-mover im Bereich der ICT-gestützten B2B-Integration zu sein, d.h. zu einem frühen Zeitpunkt bei einer solchen unternehmensübergreifenden Integration über E-Business-Netzwerke aktiv mitzuwirken. Aus Sicht der Wyser AG rechnet sich die Anbindung insbesondere im Laufe der Zeit, wenn weitere Kunden über das E-Business-Netzwerk angebunden werden. Für die Kunden (in dieser Fallstudie die graf.riedi AG) auf der anderen Seite lohnt es sich erst dann, wenn viele Lieferanten über diese Kanäle integriert werden. Es besteht sozusagen das „Henne-Ei Problem".

Anzumerken ist noch, dass es, wenn die Anbindung schnell erfolgen soll und Verzögerungen minimiert werden sollen, eine straffe Projektorganisation braucht. Hierzu gehören klare Verantwortlichkeiten, Meilensteine und Projektphasen.

Das persönliche Fazit von Wyser lautet: Es braucht den Mut, etwas anzustossen und zu sagen, „da machen wir mit". Die Firma Wyser hat diesen Mut bewiesen und damit erfolgreich einen wichtigen Schritt in Richtung Prozessintegration getan.

# 5 MTF Micomp: Integration mittels Sell-Side-Lösung

*Daniel Risch*

Die MTF Micomp AG ist Teil eines der führenden Systemhäuser der Schweiz. Neben der Implementierung und dem Unterhalt von umfassenden Informatiklösungen verkauft das Unternehmen ein breites Sortiment an IT-Produkten. Um die Beschaffung dieser Standardprodukte für Firmenkunden möglichst effizient zu gestalten, setzt MTF Micomp auf eine von io-market entwickelte, elektronische Sell-Side-Lösung. Diese ermöglicht eine durchgängige Integration der Systeme vom Distributor bis zum Endkunden. Dadurch werden die Optimierung der Geschäftsprozesse und die Reduktion der manuellen Aufgaben bei der Auftragsabwicklung erreicht. Bei der Implementierung der Lösung standen die Bedürfnisse der Kunden im Mittelpunkt. Neben der effizienten Bestellmöglichkeit via E-Commerce-Plattform bleibt den Mitarbeitenden der MTF Micomp mehr Zeit, die Kunden bei anspruchsvollen Projekten optimal zu betreuen.

Folgende Personen waren an der Bearbeitung dieser Fallstudie beteiligt:

Tab. 5.1: Mitarbeitende der Fallstudie

| Ansprechpartner | Funktion | Unternehmen | Rolle |
| --- | --- | --- | --- |
| Roger Eberle | Geschäftsleiter | MTF Micomp AG | Lösungsbetreiber |
| Daniel Kohler | Geschäftsleiter | io-market AG | IT-Partner |
| Daniel Risch | Forschungsassistent | FHNW | Autor |

Die beschriebene Lösung ist unter der Domain www.mtf-shop.li zugänglich.

# 5.1   Das Unternehmen

### 5.1.1   Hintergrund, Branche, Produkt und Zielgruppe

Die Micomp AG wurde 1982 in Triesen, Liechtenstein, gegründet und beschäftigt heute an den Standorten in Triesen, Chur und Davos rund 25 Personen. 1992 entschied das Unternehmen, sich der MTF Gruppe, einem der grössten Systemhäuser der Schweiz, anzuschliessen. Die Vorteile des Zusammengehens von MTF und Micomp offenbaren sich insbesondere bei den Einkaufskonditionen, dem gemeinsamen Marktauftritt, der Sicherstellung des überregionalen Services und dem gruppeninternen Wissenstransfer. Jedes Mitglied der MTF Gruppe bleibt dabei unabhängig und kann in einem sehr breiten Rahmen eigenständig agieren.

Die MTF Gruppe besteht aus 8 Gruppenmitgliedern, beschäftigt an 14 Standorten insgesamt 280 Mitarbeitende und erwirtschaftete im Jahr 2005 einen Gesamtumsatz von 145 Mio. CHF. Im Kern der Unternehmensaktivitäten stehen umfassende IT-Dienstleistungen, die den Aufbau und Betrieb von massgeschneiderten IT-Infrastrukturen aus einer Hand gewährleisten. Daneben bietet die MTF Gruppe den Kunden in der Schweiz und in Liechtenstein ein Sortiment von über 18'000 überwiegend standardisierten IT-Produkten der führenden Hersteller an. Dieses reicht vom Druckerzubehör über Server bis zu komplexen Storage-Systemen.

Die Branche ist geprägt von einem gesättigten Markt und hohem Konkurrenzdruck. Neben dem starken Preiszerfall machen den Unternehmen auch die prozentual schwindenden Margen zu schaffen. Daher verfolgt die MTF Micomp eine Differenzierungsstrategie, die auf eine hohe Kundenbindung durch einen herausragenden Service ausgerichtet ist.

Obwohl auch private Kunden die Möglichkeit haben, bei der MTF ihren Bedarf an IT-Produkten zu decken, definiert das Unternehmen als Hauptzielgruppe die kleinen bis mittelgrossen Geschäftskunden. Entsprechend versorgt die MTF Gruppe Unternehmen der unterschiedlichsten Ausrichtung und Grösse – vom Ein-Mann-Betrieb bis hin zum international tätigen Konzern.

### 5.1.2   Unternehmensvision

Im Zentrum der MTF Unternehmensvision steht das Vertrauen in qualitative IT-Services, die durch eine gute Zusammenarbeit der Geschäftspartner sowie Professionalität, Know-how und Kontinuität erreicht werden. Sämtliche Unternehmensaktivitäten von MTF sind auf die Bedürfnisse der Kunden ausgerichtet. Der Vision der „IT aus der Steckdose" folgend, soll sich der MTF-Kunde nicht um die IT kümmern, sondern sich ganz auf das eigentliche Geschäft konzentrieren können. In der MTF-Broschüre heisst es dazu:

„Aus der Leitung fliesst Wasser, wann immer Sie möchten, und Sie vertrauen darauf, dass es klar und sauber ist, ohne dass Sie sich selber um die komplexe Infrastruktur der Wasserversorgung kümmern müssen. Wieso soll das in der Informatik anders sein?" (Leitsatz der MTF-Gruppe)

Dieser Vergleich mit der Wasserversorgung gilt bei MTF Micomp auch für den E-Procurement-Bereich, bei dem die vollelektronische Abwicklung der Beschaffungsprozesse von der Bestellung bis zur Verbuchung der Rechnung angestrebt wird. Wesentliche Schritte in diese Richtung wurden mit der hier vorgestellten Lösung gemacht.

### 5.1.3    Stellenwert von Informatik und E-Business

Der Stellenwert von Informatik und E-Business muss bei MTF Micomp aus zwei Perspektiven betrachtet werden. Zum einen ist das Unternehmen mit dem Verkauf von IT-Produkten, Dienstleistungen und Systemlösungen im Bereich Informatik tätig, zum anderen nutzt es die neuen Technologien zur Unterstützung der firmeninternen und -übergreifenden Prozesse. Informatik und E-Business nehmen für MTF Micomp daher einen zentralen Stellenwert ein.

Mittelfristig soll der Anteil des elektronischen Kanals 10 bis 15 % des Gesamtumsatzes der MTF Micomp ausmachen. In einem beratungsintensiven Umfeld, in dem der Kundenkontakt eine zentrale Stellung einnimmt, stellt der Verkauf von standardisierten IT-Produkten nur ein ergänzendes Geschäftsfeld dar. Sobald grössere Firmen verbreitet auf integrierte Beschaffungslösungen und die elektronische Rechnungsabwicklung umsteigen, dürfte der Anteil des online getätigten Geschäfts über den genannten 10 bis 15 % zu liegen kommen.

## 5.2    Der Auslöser des Projekts

### 5.2.1    Ausgangslage und Anstoss für das Projekt

Ein durchgängiges Zusammenspiel zwischen den Systemlandschaften von Distributoren, Kunden und MTF Micomp war vor der Einführung der vorgestellten Lösung nicht vorhanden. Zudem verfügte die MTF Micomp weder verkaufsseitig über einen E-Shop (E-Commerce) noch über eine Möglichkeit, selbst elektronische Bestellungen an ihre Lieferanten einzugeben (E-Procurement). Beim Eintreffen von Telefon- oder Fax-Bestellungen musste manuell bei den Distributoren das geeignete Angebot – Verfügbarkeit und Preis – nachgefragt, die Angebote verglichen, die individuelle Preisberechnung durchgeführt und die Bestellung beim entsprechenden Distributor ausgelöst werden. Je nach Umfang der Bestellung war dies mit grossem Aufwand verbunden.

Auslöser für das hier vorgestellte Projekt war das Ziel, die manuellen, administrativen Prozesse bei der Bestellung von Standardprodukten zu minimieren und mehr Zeit für die Beratung der Kunden zu gewinnen. Aufgrund der Marktsituation sah und sieht sich MTF Micomp gezwungen, Rationalisierungspotenziale konsequent auszuschöpfen. Moderne Informations- und Kommunikationstechnologien sind für das Unternehmen dabei ein Hilfsmittel zur Optimierung von Abläufen und zur Koordination der abteilungs- und unternehmensübergreifenden Prozesse.

### 5.2.2   Vorstellung der Geschäftspartner

Zu den Geschäftspartnern der MTF Micomp zählen insbesondere die anderen Unternehmen der MTF Gruppe sowie Distributoren und Firmenkunden. Wichtigster Partner bei der Umsetzung und beim Betrieb der vorgestellten Lösung ist die io-market AG, die im Folgenden vorgestellt wird:

io-market ist ein junges, innovatives IT-Dienstleistungsunternehmen. Die Firma wurde im Juni 2000 in Triesen, Liechtenstein, gegründet. Die Kernkompetenzen liegen in der Entwicklung von Business Software rund um den Beschaffungsprozess und in Schnittstellenlösungen. Das von io-market betriebene io-network weist einen Stamm von über 2'500 Firmen auf, die aktiv in verschiedene Geschäftsprozesse eingebunden sind. Das io-network ist dabei die zentrale Drehscheibe, an der die IT-Systeme der Kunden angeschlossen werden, um mit den Geschäftpartnern auf effiziente Weise Daten und Dokumente auszutauschen. Das io-network ist Teil der io-procurement Lösung, die über Module für Auftrags-, Katalog-, Shop-, VMI-, Ausschreibungs- und EBPP-Management verfügt.

## 5.3   Integration der Beschaffungskette mittels Sell-Side-Lösung

Auf den folgenden Seiten wird die Lösung aus der Geschäftssicht, der Prozesssicht, der Anwendungssicht sowie der technischen Sicht betrachtet. Der Fokus liegt dabei auf den Abläufen rund um die Bestellung von Standardprodukten. Das Beratungs- und Dienstleistungsgeschäft, das bei der MTF Micomp einen grossen Teil der Tätigkeiten ausmacht, wird ausgeklammert.

## 5.3.1 Geschäftssicht

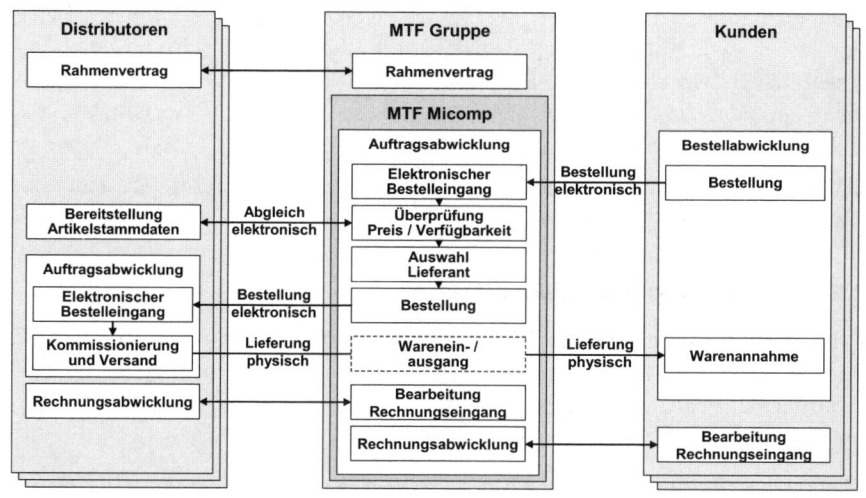

Abb. 5.1: Business Szenario: Auftragsabwicklung bei MTF Micomp

Die MTF Micomp steht als Teil der MTF Gruppe im Zentrum der Geschäftssicht (Abb. 5.1). Die Grundlage für den Handel mit IT-Produkten stellen die Rahmenverträge mit den Distributoren dar, die, um bessere Konditionen zu erwirken, auf Ebene der MTF Gruppe abgeschlossen werden. Gegenüber den Kunden baut MTF Micomp anstelle von Rahmenverträgen auf einen ausgezeichneten Service, gegenseitiges Vertrauen und eine gute langfristige Zusammenarbeit. Abb. 5.1 veranschaulicht das Zusammenspiel zwischen MTF Gruppe, MTF Micomp sowie den Distributoren und Kunden und skizziert die wichtigsten Prozesse. An der geschäftlichen Beziehung zwischen den involvierten Partnern hat sich durch die neue Lösung kaum etwas geändert. Allerdings bewirkt die durchgängige elektronische Unterstützung der Prozesse eine Reduktion der Durchlaufzeit und der manuellen Tätigkeiten bei der Abwicklung von Bestellungen. Aus Sicht der Kunden bietet sich neben der telefonischen und schriftlichen Bestellung neu zusätzlich die Möglichkeit, die Produktbestellung über die E-Commerce-Plattform abzusetzen. Sobald die Bestellung im System von MTF Micomp erfasst wurde (entweder direkt elektronisch oder manuell, falls Bestellung per Telefon oder Fax), ist dieses nun in der Lage, automatisch die besten Angebote über einen Abgleich der Artikeldaten zu identifizieren und die Bestellung beim entsprechenden Distributor auszulösen. Die elektronische Unterstützung der Rechnungsabwicklungsprozesse ist technisch bereits vorbereitet und wird in naher Zukunft eingeführt werden.

## 5.3.2 Prozesssicht

Nachdem in Abb. 5.1 aufgezeigt wird, an welchen Punkten die Integration durch die elektronische Unterstützung der Geschäftsprozesse ansetzt, werden bei der Prozesssicht zwei Abläufe herausgegriffen, die durch die Einführung der Lösung massgeblich erleichtert werden. Es sind dies der Prozess zum Import der aktuellen Artikelstammdaten über das io-network (Abb. 5.2) sowie der Bestellprozess des Kunden über die neue Sell-Side-Lösung (Abb. 5.3).

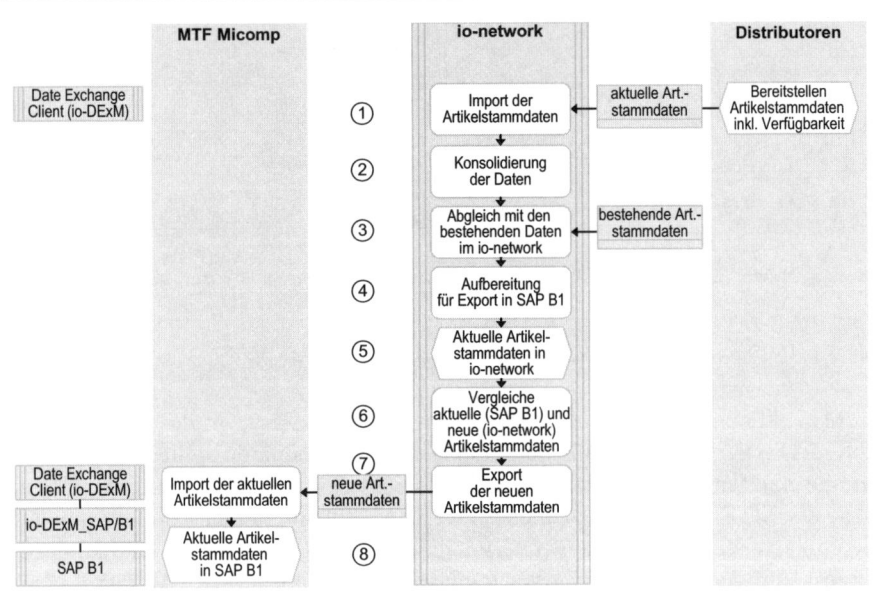

Abb. 5.2: Import der aktuellen Artikelstammdaten über das io-network

Bei der automatisierten Übernahme der Artikelstammdaten aus den Systemen der Distributoren (Abb. 5.2) ist insbesondere das Zusammenführen der Daten (2), die zentrale Datenhaltung im io-network (1 bis 7) und der bedarfsgerechte Abgleich der Daten (7) mit dem ERP-System bei MTF Micomp zu beachte. Es wurde darauf Wert gelegt, dass mit möglichst geringem Datentransfer die Aktualität des Datenstamms gewährleistet wird. Das heisst, dass bei der Synchronisation nur die Daten übernommen werden, die sich seit der letzten Aktualisierung tatsächlich geändert haben. Bemerkenswert ist, dass alle Prozesse, vom Import der Daten aus den Systemen der Distributoren über den Abgleich mit den vorhandenen Daten bis zur Aufbereitung und Bereitstellung derselben, im io-network automatisch ablaufen (1 bis 7). Wie die Zusammenführung und Vereinheitlichung zu geschehen hat, wird vorgängig über den Regelassistenten definiert. Sind diese Einstellungen gemacht, wird der Prozess jeweils am frühen Morgen automatisch gestartet. Die Information, welche Daten im ERP-System (SAP Business One) aktuell gespeichert sind, ist im io-network bereits hinterlegt. Daher kann in Schritt 6 (Abb. 5.2) der Abgleich ohne Datenaustausch zwischen MTF Micomp und dem io-network durchgeführt werden. Schritt 7 wird automatisch gestartet und so die neuen Artikelstammdaten ins ERP-System übernommen (8). Der zentrale Datenspeicher ist die io-network-Datenbank, die auch die Daten für die E-Commerce-Plattform bereitstellt.

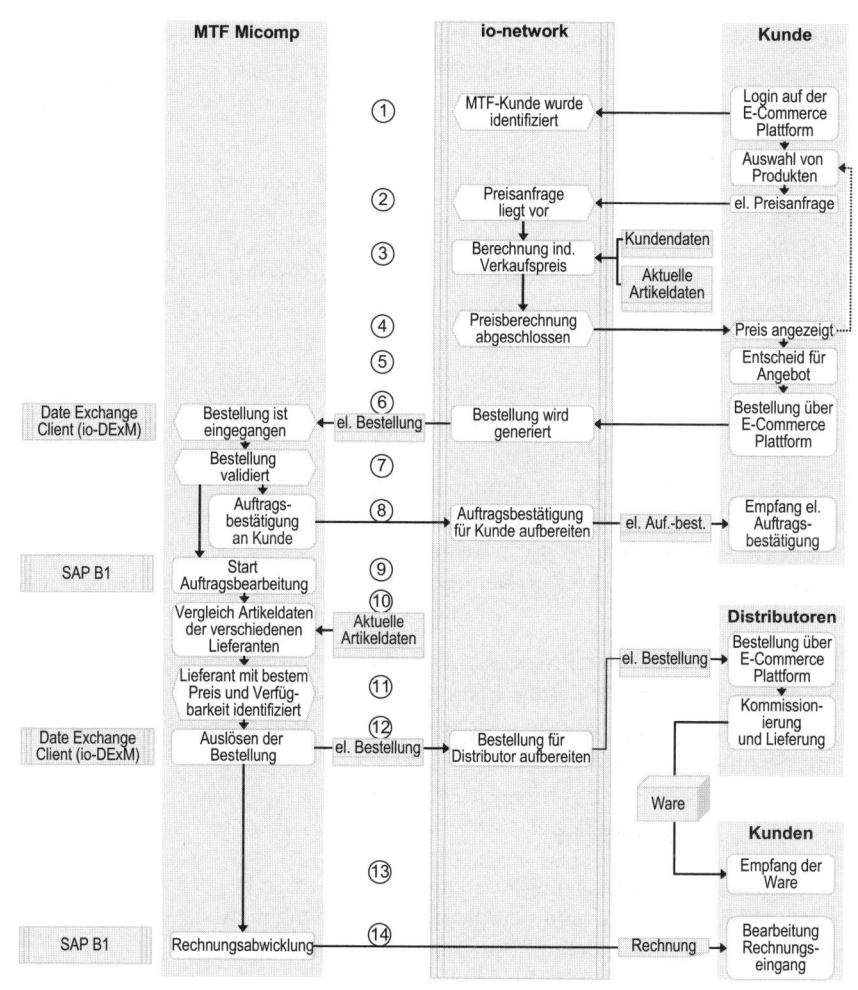

Abb. 5.3: Bestellprozess und Abläufe auf Seiten der MTF Micomp

Abb. 5.3 zeigt den Bestellprozess der Kunden über die neue E-Commerce-Plattform und die ineinander greifenden Prozesse der Auftragsabwicklung bei MTF Micomp und io-market. Am Anfang der Bestellung (1) steht das Login des Kunden, um in den personalisierten Bereich der E-Commerce-Plattform zu gelangen. Hier kann das gesamte Produktsortiment durchsucht und Produkte in der Detailansicht angesehen werden. Öffnet ein Kunde die Detailansicht, wird automatisch die Preisanfrage an den Server gestellt (2). Basierend auf den Kundendaten (vereinbarte Konditionen, Kundenwert usw.) und den aktuellen Artikeldaten wird die Berechnung des Verkaufspreises für den eingeloggten Kunden gestartet (3). Das Preisfindungsmodell berücksichtigt Rabatte, Netto- oder Bruttogewinn-Marge sowie Spezial- und Individualpreise. Dabei werden die Preismodelle so kombiniert, dass dem Kunden das bestmögliche Angebot angezeigt wird. Der aktuell berechnete, individuelle Verkaufspreis wird zusammen mit der Detailansicht des Produkts angezeigt.

Nachdem eine Bestellung vom Kunden aufgegeben wurde (6), wird diese über das io-network und den Data Exchange Client (io-DExM) ins ERP-System bei MTF Micomp eingespielt. Nach der Validierung der Bestellung (7) wird die Auftragsbestätigung mit den in Schritt 3 berechneten Verkaufspreisen elektronisch an den Kunden übertragen (8). Nach der Validierung der Bestellung wird zudem die Auftragsbearbeitung von einem Mitarbeitenden gestartet (9).

Basierend auf den aktuellen Artikeldaten (Preis, Verfügbarkeit) wählt das System den Distributor mit der optimalen Kombination von Einkaufspreis und Verfügbarkeit (10, 11) und löst die Bestellung aus (12). Je nach Integrationslevel des Distributors wird die Bestellung dort ebenfalls automatisch weitergeleitet. In der Regel wird die Ware vom Distributor im Namen der MTF Micomp an den Kunden ausgeliefert (13). Schliesslich wird die Rechnungsabwicklung für die Rechnungsstellung bei den Kunden im ERP-System gestartet (14). Diese erfolgt heute noch in Papierform.

Bemerkenswert ist aus der Prozesssicht der hohe Automatisierungsgrad, der mit der neuen Lösung erreicht werden konnte. Die meisten manuellen Tätigkeiten wie das Nachschlagen von Preis und Verfügbarkeit (vgl. 5.2.1) werden heute vom System erledigt.

### 5.3.3 Anwendungssicht

Die Ablösung und Unterstützung der manuellen Prozesse bei der Auftragsabwicklung von MTF Micomp wurde bereits mehrmals erwähnt. Abb. 5.3 zeigt die Anwendungen, die die vorgestellte Lösung ermöglichen.

Bei MTF Micomp wird im Wesentlichen mit dem in der ganzen MTF Gruppe eingeführten ERP-System SAP Business One gearbeitet. Für die Integration des ERP-Systems mit dem io-network wird auf den speziell entwickelten io-network

Connector (io-DExM_SAP/B1) zurückgegriffen, der das io-network über den SAP DI Server (nicht in der Abbildung) mit dem ERP-System verbindet. Über diese Verbindung zum io-network werden alle Daten für die Stammdatenpflege und die Auftragsbearbeitung ausgetauscht. Sobald die elektronische Rechnungsabwicklung eingeführt ist, werden diese Informationen ebenfalls über diesen Kanal laufen. Für den direkten Zugriff auf das io-network (bspw. zur Administration der Sell-Side-Lösung oder zur Änderung der Einstellungen im Regelassistent) greift MTF Micomp per Webbrowser auf die Module im io-network zu.

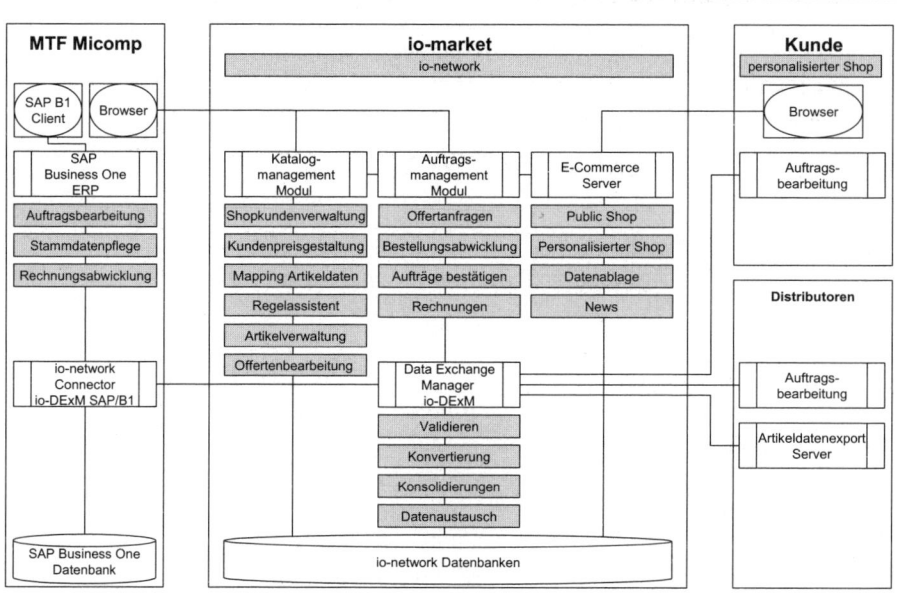

Abb. 5.4: Anwendungsübersicht MTF Micomp

Im Zentrum von Abb. 5.4 steht das io-network, das bei io-market gehostet und für die Netzwerk-Partner als ASP-Lösung betrieben wird. ASP steht für Application Service Providing und bezeichnet Computeranwendungen, die ein Dienstleister über das Internet zur Verfügung stellt. Als zentrale Schnittstelle zur Daten-Kommunikation mit dem io-network dient der Data Exchange Manager (io-DExM). Neben der Validierung, Konvertierung und Konsolidierung der Daten besteht die Aufgabe des io-DExM vor allem im Datenaustausch innerhalb und ausserhalb des io-networks.

Der E-Commerce-Server im io-network dient der Interaktion mit den Kunden. Hier können sich die Kunden über einen Browser einloggen und im personalisierten Shop Bestellungen aufgeben. Da im personalisierten Bereich auch Dokumente wie beispielsweise die individuellen Wartungsverträge einsehbar sind, dient der E-Commerce-Server auch als Datenablage. Für Kunden, die sich nicht im Shop registriert haben und sich demzufolge nicht einloggen können (meist Privatkunden), steht der E-Shop als öffentliche (public) Variante zur Verfügung.

Ist die Bestellung abgesendet, werden die Daten in das Auftragsmanagement-Modul im io-network übertragen. Dort werden sie für die Kommunikation (Schnittstelle, Fax, E-Mail etc.) aufbereitet und je nach Art der Integration übermittelt. Erfolgt nun auf diese Bestellung hin eine Auftragsbestätigung (im SAP Business One generiert), so wird diese wiederum über das Auftragsmanagement-Modul im io-network in Empfang genommen, mit der Bestellung validiert und entsprechend der Integrationsart an den Distributor übergeben. Das gleiche gilt in Zukunft auch für die Rechnung. Zusätzlich dient das Auftragsmanagement-Modul als Kontrollsystem für Besteller und Lieferant sowie auch als Archiv.

Das Katalogmanagement-Modul dient zur Administration der Sell-Side-Lösung und beinhaltet Module zur Shopkundenverwaltung, zur Festlegung der individuellen Kundenpreisberechnung, die Informationen zum Mapping der Artikeldaten, den weiter oben erwähnten Regelassistenten, die gesamte Artikelverwaltung und die Offertenbearbeitung. Je nach Anforderungen der Kunden kann der Bestellprozess hier so angepasst werden, dass definierte Workflows – bspw. Kontierung vor dem Absenden der Bestellung – hinterlegt werden.

Auf Seiten der Kunden wird ein Webbrowser verwendet, um auf die Sell-Side-Lösung zuzugreifen und Bestellungen auszulösen. Zudem besteht für Firmenkunden die Möglichkeit, die Auftragsbearbeitung des ERP-Systems so an das io-network anzubinden, dass bei einer Bestellung die eigene Auftragsbearbeitung in Gang gesetzt und die Auftragsnummer inkl. Freigabe an MTF Micomp gesendet wird. Die elektronische Auftragsbestätigung erfolgt dann auf dem gleichen Weg aber in umgekehrter Richtung.

Die Distributoren sind ebenfalls zweifach an das io-network angebunden. Zum Einen durch die Bereitstellung der Artikelstammdaten für die Übernahme derselben in die io-network-Datenbank, zum Anderen im Rahmen der Auftragsbearbeitung. Die Integration der Auftragsbearbeitung der Distributoren dient dazu, die Bestellungen direkt und ohne Medienbruch übertragen zu können.

### 5.3.4   Technische Sicht

Abb. 5.5 zeigt die technische Sicht bei MTF Micomp, io-market und den involvierten Partnern. Hervorzuheben sind dabei die schlanken Anforderungen an die Systemlandschaft bei MTF Micomp, den Kunden und Distributoren. Der überwiegende Teil der Systeme, die für den Betrieb der Lösung notwendig sind, wird von io-market gehostet und betrieben.

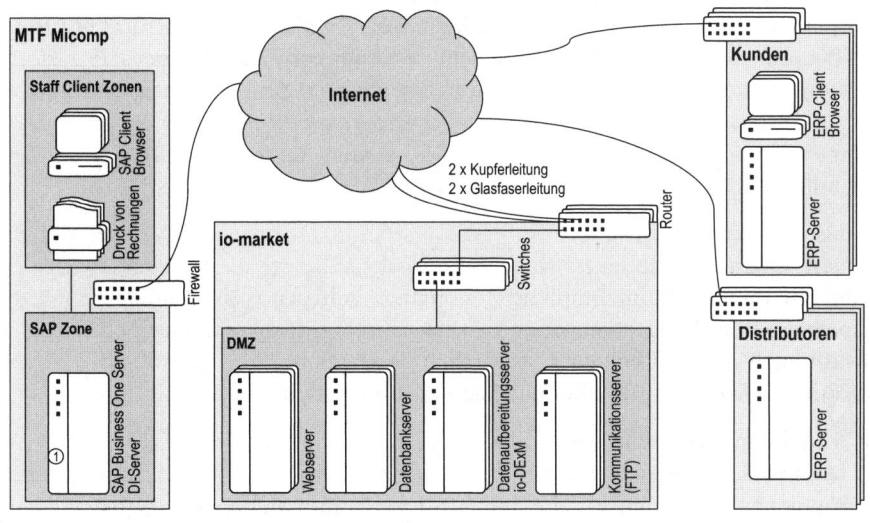

Abb. 5.5: Technische Sicht MTF Micomp

Tab. 5.2 zeigt die Spezifikationen des SAP Business One Servers bei MTF Micomp auf dem auch der SAP DI Server läuft, der für die Kommunikation mit dem io-network verwendet wird. Der direkte Zugriff auf das io-network erfolgt wie in Abb. 5.5 gezeigt via Standard-PC und Webbrowser.

Tab. 5.2: Spezifikationen und Merkmale

| Server | Hardware | Software |
|---|---|---|
| ① SAP Business One Server | CPU: AMD Opteron, 2.6 GHz DC<br>RAM: 4 GB<br>HD: 6 x 72 GB | BS: Windows 2003<br>AW: SAP Business One<br>AW: SQL 2000 |

## 5.4 Projektabwicklung und Betrieb

### 5.4.1 Projektmanagement und Changemanagement

Als im August 2004 die ersten Gespräche zwischen MTF Micomp und io-market stattfanden, waren die Ziele von MTF Micomp bereits klar gesteckt. Es ging darum, einen Partner zu finden, der den definierten Anforderungen gerecht werden und den Betrieb der neuen Applikation als ASP anbieten konnte.

Die erste Version der neuen E-Commerce-Plattform war auf November 2004 geplant, musste dann aber auf Februar 2005 verschoben werden. Hauptgrund für die Verzögerung war der Entscheid, die neue MTF Lösung auf dem neusten Release des io-networks aufzubauen, das jedoch zu diesem Zeitpunkt noch nicht ganz fertig war. Seither wurden zahlreiche Verbesserungen und Anpassungen vorgenommen, wie beispielsweise die Neuentwicklungen des komplexen, dynamischen Preisbildungssystems und des Regelassistenten.

Da das Projekt Auswirkungen auf die Interaktion mit den Kunden und auf die internen Arbeitsabläufe hatte, war eine Berücksichtigung der Bedürfnisse der involvierten Personen äusserst wichtig. Um die Applikation von Anfang an auf die Bedürfnisse der Kunden auszurichten, wurden mit einigen wichtigen B2B-Kunden Workshops durchgeführt. Um möglichen Vorbehalten bei den Mitarbeitenden entgegenzuwirken, wurde das Projekt breit abgestützt und das Ziel, die frei werdenden Kapazitäten für die Kundenpflege einzusetzen, klar kommuniziert.

Der IT-Partner wurde aufgrund der Kompetenzen beim Aufbau und der Pflege von integrierten E-Commerce-Plattformen ausgewählt. io-market konnte mit den bisher realisierten Projekten unterstreichen, dass die Projektziele erreicht und der Betrieb der Lösung im io-network innert nützlicher Frist aufgenommen werden kann. Die räumliche Nähe war bei der Vergabe des Projekts kein Kriterium, auch wenn sich diese im Nachhinein positiv ausgewirkt hat.

### 5.4.2 Entstehung und Roll-out der Softwarelösung

Die Applikation setzt auf dem seit dem Jahre 2000 entwickelten io-network der Firma io-market auf. Vieles war im io-network bereits vorhanden und konnte für die MTF-Lösung genutzt werden. Anpassungen waren insbesondere für die Übernahme der Daten von den Distributoren und bei der Integration des dynamischen Preisfindungsmodells notwendig. Aufgrund des modularen Aufbaus des io-networks konnten diese Änderungen und Erweiterungen ohne grössere Probleme vorgenommen werden. Auch wenn ein Netzwerk wie das io-network zahlreiche Vorteile nicht nur in Bezug auf die Skaleneffekte mit sich bringt, muss bei Anpassungen jeweils sehr genau darauf geachtet werden, dass der Betrieb der produktiven Module nicht beeinträchtigt wird.

### 5.4.3 Laufender Unterhalt

Das io-network und damit die gesamte E-Commerce-Plattform werden als ASP-Lösung betrieben. Somit fallen die Pflege und der Unterhalt von Hard- und Software in den Aufgabenbereich von io-market. Abstimmungen und notwendige Anpassungen werden zwischen MTF Micomp und io-market besprochen und nach Erteilung eines entsprechenden Auftrags von io-market umgesetzt.

## 5.5 Erfahrungen

### 5.5.1 Nutzerakzeptanz

Die Akzeptanz bei den regelmässigen Nutzern ist sehr hoch. Es hat sich gezeigt, dass, nachdem die Nutzer – hauptsächlich die Einkäufer und IT-Mitarbeitenden bei den Geschäftskunden – an die neue Lösung herangeführt wurden, die Reaktion durchwegs positiv war. Es musste jedoch festgestellt werden, dass die Einführung einer Sell-Side-Lösung die Nutzer nicht „von selbst" dazu bringt, auch wirklich auf diesem Weg zu bestellen. Die Trägheit beim Umstieg von der Fax-Bestellung auf die Bestellung über die E-Commerce-Plattform wurde zu Beginn unterschätzt.

### 5.5.2 Zielerreichung und bewirkte Veränderungen

Als im August 2004 das Projekt in Angriff genommen wurde, war in der MTF Gruppe noch keine integrierte Sell-Side-Lösung in Betrieb. Die MTF Micomp in Triesen setzte sich zum Ziel, eine Lösung einzuführen, die die Bedürfnisse der Kunden in den Mittelpunkt stellt und gleichzeitig die Integration der Distributoren und Kunden beinhalten sollte. Heute kann festgehalten werden, dass die Ziele, die sich MTF Micomp damals gesetzt hatte, erreicht wurden. Darunter sind auch Funktionalitäten, wie das dynamische Preisfindungsmodell, die von Anfang an als komplex eingestuft wurden.

Neben den bereits beschriebenen Aspekten sind heute insbesondere ein höherer Grad an Kundenorientierung bei MTF Micomp sowie eine höhere Kundenzufriedenheit zu beobachten. Durch die Inbetriebnahme der neuen Lösung hat MTF Micomp gezeigt, dass dem Unternehmen die Optimierung der Prozesse sowohl innerhalb des Unternehmens als auch im Zusammenspiel mit den Geschäftspartnern ein wichtiges Anliegen ist.

### 5.5.3 Investitionen, Rentabilität und Kennzahlen

Bereits zu Beginn des Projekts war man sich bewusst, dass der ROI erst nach frühestens drei Jahren positiv sein würde. Nichtsdestotrotz wollte man die Lösung so rasch wie möglich einführen, da man von den zukünftigen Vorteilen überzeugt war. Die Abgrenzung der Kennzahlen und des Nutzens des Projekts gestaltet sich bei MTF Micomp schwierig, da gleichzeitig einige andere Umstellungen (z.B. Einführung von SAP Business One) anstanden, die Kosten verursachten, von denen man sich aber in Zukunft positive Effekte auf der Prozessebene verspricht. Dennoch betont MTF Micomp, dass die Sell-Side-Lösung auch aus heutiger Sicht im gleichen Umfang und mit demselben Partner umgesetzt werden würde.

## 5.6     Erfolgsfaktoren

Die zentralen Erfolgsfaktoren der Lösung sind die Integration und die Automatisierung. Die Integration bezieht sich dabei auf die elektronische Einbindung der Distributoren und der Firmenkunden über io-network als zentrale Drehscheibe. Die Automatisierung ist das Ergebnis dieser Integration, da erst die einheitlichen und bereinigten Daten einen automatisierten Ablauf der Prozesse ermöglichen.

Als herausragende Spezialitäten der Lösung sind die zentrale Datenhaltung bei io-market, die sich daraus ergebenden Vorteile bei MTF Micomp (ASP-Betrieb), der einfache und zielgerichtete Aufbau der E-Commerce-Plattform (user-seitig), die Abbildung des dynamischen Preisfindungsmodells und die vereinfachte Einbindung von Kunden und Distributoren der MTF Micomp zu nennen. Für die überwiegende Anzahl der Firmenkunden bieten insbesondere die personalisierte E-Commerce-Plattform (spezifisches Kundensortiment), die Informationen zu den Verträgen zwischen dem Kunden und der MTF Micomp und die individuellen Preise einen erheblichen Mehrwert. Standardprodukte können so effizienter verkauft und beschafft werden.

### 5.6.1     Reflexion der „Prozessexzellenz"

Die Exzellenz der Prozesse findet sich bei dieser Lösung in einem äusserst hohen Automatisierungsgrad und der Möglichkeit, die Systeme vom Firmenkunden bis zum Distributor vollständig zu integrieren. Somit werden zahlreiche Aktivitäten, die früher zwischen den involvierten Partnern manuell erledigt wurden, vom System übernommen. Die Lösung reduziert den Prozessaufwand zur Beschaffung von Standardprodukten damit auf ein absolutes Minimum.

### 5.6.2     Lessons Learned

Eine zentrale Erfahrung, die die MTF Micomp bei der Umsetzung dieser Lösung machen musste, hat weniger mit der Umsetzung als vielmehr mit der Akzeptanz der Kunden zu tun. Es ist nach wie vor schwierig, Firmenkunden von der traditionellen Bestellung per Fax oder Telefon abzubringen und sie von den Vorteilen einer elektronischen Bestellung zu überzeugen. Es reicht nicht, eine E-Commerce Plattform wie die hier gezeigte zur Verfügung zu stellen, ohne die gewünschten Benutzer damit vertraut zu machen. Es ist zu erwarten, dass der steigende Druck, Prozesskosten einzusparen und die Einführung der elektronischen Rechnungsabwicklung dazu führen werden, dass die Sell-Side-Lösung verstärkt in Anspruch genommen wird. MTF Micomp verspricht sich von der Lösung eine höhere Kundenbindung und Wettbewerbsvorteile. So können die Kunden beim Optimieren von Prozessen proaktiv unterstützt werden.

# 6 e + h Services AG: E-Business-Integration mit zentralem ERP-System

*Kristin Wende und Philipp Osl*

Das Handelsunternehmen e + h Services AG spricht seine Kundengruppen (Detailhandel, Grosskunden, Handelsunternehmen) über verschiedene E-Business-Kanäle an. Die Kunden können Aufträge beispielsweise über den Webshop, einen elektronischen Marktplatz oder eine Barcode-Erfassung elektronisch an e+h übermitteln. Voraussetzung für die rentable Umsetzung dieser Multi-Kanal-Strategie ist ein integriertes ERP-System. Diese Fallstudie beschreibt, wie die Einführung des ERP-Systems Microsoft Dynamics AX (vormals Axapta) dem Unternehmen ermöglichte, den Prozess der Auftragsabwicklung effizient zu gestalten und auf zukünftige Anforderungen von Kunden und Geschäftspartnern hinsichtlich elektronischer Integration und Automatisierung flexibel reagieren zu können.

Folgende Personen waren an der Bearbeitung dieser Fallstudie beteiligt:

Tab. 6.1: Mitarbeitende der Fallstudie

| Ansprechpartner | Funktion | Unternehmen | Rolle |
|---|---|---|---|
| Roger Busch | Leiter Qualitätsmanagement | e + h Services AG | Betreiber der Lösung |
| Willie Hayoz | Bereichsleiter Business Solutions | APOS Informatik AG | IT-Partner |
| Philipp Osl | Wissenschaftlicher Mitarbeiter | Universität St. Gallen | Koautor |
| Kristin Wende | Wissenschaftliche Mitarbeiterin | Universität St. Gallen | Autorin |

Die Lösung ist unter www.eh-services.ch und www.nexmart.ch zugänglich.

## 6.1   Das Unternehmen

Die e + h Services AG (e+h) ist das führende Handelsunternehmen der Schweiz für Markenartikel aus den Bereichen Haushalt und Werkzeug. e+h sieht sich an der Schnittstelle zwischen Produzent und Detailhandel.

### 6.1.1   Hintergrund, Branche, Produkt und Zielgruppe

Der Ursprung von e+h geht auf das Jahr 1931 zurück, als die EDE-Einkaufsgenossenschaft, eine Selbsthilfeorganisation des Schweizerischen Eisenwarenhandels, in Zürich gegründet wurde. Nach einer wechselvollen Geschichte führte Ende der 1990er Jahre ein Management Buy-Out zur Gründung der e + h Services AG. In den letzten Jahren wurde die Marktposition des in Däniken ansässigen Unternehmens durch den Ausbau des Leistungsangebots und durch strategische Partnerschaften gestärkt.

Als Handelsunternehmen für Markenprodukte aus den Bereichen Haushalt/Geschenke/Gartenmöbel sowie Werkzeug/Beschläge/Gartentechnik liegen die Kernleistungen der e+h in Produktmanagement, Logistik und Marketing. Der Fokus dieser Fallstudie liegt im Produktmanagement, besonders in der Bearbeitung von Kundenaufträgen und der Disposition.

Für über 800 Lieferanten und Markenproduzenten ist e+h als Generalvertretung oder Vertriebspartner für die Schweiz tätig. Beispiele für Partner im Bereich Haushalt sind blomus, LANDERT und RÖSLE; im Bereich Werkzeug können hierfür Alba, Huber und PB Baumann genannt werden. Die Kundenstruktur der e+h ist heterogen. Kundengruppen sind Detailhändler (z.B. Haushaltswarengeschäfte, Eisenwarenhändler, Möbelhäuser), Grosskunden (z.B. Coop, Migros, Jumbo) und andere Handelsunternehmen. Im Endkundengeschäft ist e+h nicht aktiv.

Die 155 Mitarbeitenden der e+h sind meist schon länger als 10 Jahre im Unternehmen tätig. Knapp die Hälfte der Mitarbeitenden arbeitet in der Logistik, die andere Hälfte ist in der Verwaltung tätig. Im Jahr 2005 hat e+h einen Umsatz von 170 Mio. CHF erwirtschaftet. Im Lager der e+h befinden sich durchschnittlich 40'000 Artikel.

Die Herausforderungen im Wettbewerb der e+h ähneln denen des Lebensmittelhandels [vgl. Lüthy 2005]. Globalisierung und zunehmende Konkurrenz aus dem Ausland verschärfen den Wettbewerb. Sinkende Margen sind die Folge. Ziel der Handelsunternehmen ist es, den steigenden Anforderungen der Kunden an eine effiziente und effektive Abwicklung der Bestell- und Logistikprozesse gerecht zu werden. In den Bereichen Haushalt und Werkzeug macht sich für e+h ausserdem die zunehmende Orientierung vieler Konsumenten hin zu Billigprodukten bemerkbar. Der Handel ist geprägt von kürzeren Produktinnovations-Zyklen und immer differenzierteren Produkten.

e+h begegnet diesen Herausforderungen durch eine konsequente Orientierung auf Marken und Qualitätsprodukte und will sich so bewusst von Billiganbietern abgrenzen. Durch ihr breites Sortiment kann e+h dem Wunsch der Kunden nach Konzentration auf wenige Lieferanten entgegenkommen. e+h unterstützt die Prozesse ihrer Kunden mit vielfältigen Services wie z.b. kundenindividuellen Logistikdienstleistungen, Erstellung von Medien (z.b. Kataloge, Prospekte) für Fachhändler und Unterstützung bei der Präsentation der Produkte im Geschäft.

### 6.1.2 Unternehmensvision

Die e + h Services AG setzt bewusst auf eine Markenstrategie und hat sich das Ziel der Qualitätsführerschaft gesetzt. Für das Unternehmen stehen Markenprodukte für Qualität und Nachhaltigkeit und unterstützen daher Vertrauen und Loyalität der Endkunden. e+h legt grossen Wert auf ihre Partner, was sich auch in den Leitgedanken widerspiegelt:

---

Der Name e+h steht als Gütesiegel zwischen Produktion und Handel und bietet Gewähr für Qualität, Verlässlichkeit und Professionalität. Wir handeln ausschliesslich Markenprodukte und übernehmen für unsere Partner die Beschaffung, logistische Abwicklung und das professionelle Marketing. Unsere Ziele sind Wirtschaftlichkeit, neue Märkte und Handlungsfelder.

---

### 6.1.3 Stellenwert von Informatik und E-Business

IT und E-Business haben einen sehr hohen Stellenwert bei e+h. Ohne IT-Unterstützung würde das Unternehmen schlichtweg nicht mehr funktionieren. (Informations-)Technologie hilft, Arbeitsabläufe effizienter zu gestalten. Ende der 1990er Jahre erkannte e+h, dass die Bedeutung der elektronischen Anbindung von Geschäftspartnern zukünftig steigen würde und begann die IT darauf vorzubereiten. Heute ist die Vision Realität und E-Business notwendig, um auf die Anforderungen von Kunden und Lieferanten nach mehr Automatisierung und Integration reagieren zu können. Zukünftig möchte e+h Lieferanten und Kunden auch aktiv auf die Möglichkeit der elektronischen Kooperation aufmerksam machen.

## 6.2 Der Auslöser des Projekts

### 6.2.1 Ausgangslage und Anstoss für das Projekt

Die bei e+h eingesetzten, selbst entwickelten IT-Anwendungen für Buchhaltung, Disposition, Logistik und Warenwirtschaft deckten die Anforderungen der Nutzer zu fast 100 % ab. Wenn eine neue Funktionalität benötigt wurde, implementierten die internen Programmierer diese. Zunehmend wurden jedoch die Nachteile der Individualsoftware augenscheinlich, vor allem im Hinblick auf fehlende Unterstützung der E-Business-Aktivitäten und mangelnde Flexibilität in Bezug auf neue Marktanforderungen. Die auf AS/400 basierte Lösung war technologisch veraltet, die einzelnen Module untereinander nicht integriert. Prozessineffizienzen, wie z.B. durch Medienbrüche verursachte lange Durchlaufzeiten, Fehleranfälligkeit und unnötige Doppelarbeiten, ein hoher Koordinationsaufwand sowie eine umständliche Informationsbeschaffung waren die Folge.

Die Geschäftsleitung entschied daher, ein neues, integriertes ERP-System einzuführen. Das Unternehmen erstellte einen Anforderungskatalog und evaluierte verschiedene Lösungen. Nach der Entscheidung für Microsoft Dynamics AX (das Produkt hiess bis Anfang 2006 Microsoft Axapta) vom Anbieter Microsoft Business Solutions wurden Ressourcen und Mittel für ein Implementierungsprojekt bereitgestellt.

### 6.2.2 Vorstellung der Geschäftspartner

Das Einführungsprojekt des ERP-Systems Microsoft Dynamics AX wurde in enger Zusammenarbeit mit der APOS Informatik AG durchgeführt.

*APOS Informatik AG, Implementierungspartner*

Die APOS Informatik AG (Däniken, Schweiz) ist Microsoft Business Solutions Certified Partner und realisiert auf Basis von Microsoft Dynamics AX (vormals Axapta) massgeschneiderte, betriebswirtschaftliche Informatiklösungen für mittelständische Unternehmen. APOS wurde 1981 gegründet. Die mehr als 150 Kunden werden von 20 zertifizierten Beratern und Softwareentwicklern betreut. Das hier vorgestellte Projekt wurde im Geschäftsfeld Business Solutions realisiert, welches sämtliche Dienstleistungen rund um die Implementierung und Betreuung von Microsoft Dynamics AX anbietet. APOS hat für e+h bereits vor dem Projekt Dienstleistungen im Bereich Hardwaresupport erbracht.

## 6.3 Abwicklung von Kundenaufträgen mit Microsoft Dynamics AX

Die e + h Services AG agiert als Intermediär zwischen Produzent und Detailhandel. Nachfolgend werden primär die kundenseitigen Geschäftsbeziehungen beleuchtet.

### 6.3.1 Geschäftssicht und Ziele

Mit einem Grossteil ihrer Kunden schliesst e+h Rahmenverträge ab. Spätere Verhandlungen beziehen sich auf Änderungen des Sortiments, Sonderaktionen oder Saisonware. Die Kunden können ihre Bestellungen über verschiedene Kanäle übermitteln. Kleinere Kunden wählen den Weg der Faxbestellung oder rufen das Call Center an (ca. 60 % der Bestellungen). 40 % der Bestellungen (enthalten ca. 80 % der Bestellpositionen) gehen über einen der drei elektronischen Kanäle ein:

Der eigene *Webshop eh-live* wird von kleinen und mittleren Kunden genutzt. e+h bietet hier hauptsächlich Haushaltsartikel an.

*nexMart* ist ein Online-Marktplatz für den Fachhandel in den Bereichen Eisenwaren, Werkzeuge, Beschläge und Baustoffe. Vor allem Eisenwarenhändler nutzen nexMart zur Auftragsvergabe. Neben e+h bieten noch andere Handelsunternehmen und Markenlieferanten Produkte über nexMart an.

*Barcode-Erfassung.* Mit DENSO-Lesegeräten lesen Fachhandelskunden den Barcode der zu bestellenden Ware ein, ergänzen die Bestellmenge und übermittelt die Aufträge elektronisch an e+h.

Elektronisch eingegangene Aufträge werden maschinell und die anderen manuell im ERP-System erfasst. Rund 600 Bestellungen gehen pro Tag bei e+h ein. Sind die Aufträge fehlerfrei, so wird eine Lagerbestandsprüfung durchgeführt. Dem Kunden wird der voraussichtliche Liefertermin in der Bestellbestätigung mitgeteilt. Ist die Ware am Lager, so wird sie für den Kunden reserviert. Andernfalls wird im Rahmen der Disposition eine Bestellung beim Produzenten ausgelöst.

Die meisten Kunden werden regelmässig bis zu zweimal pro Woche beliefert. Am Vortag der Lieferung wird die Ware im Lager kommissioniert und zu Sendungen zusammengestellt. Die eigentliche Auslieferung übernimmt in der Regel ein Logistikdienstleister. Bei dringenden oder ausserplanmässigen Bestellungen erfolgt der Versand auch über einen Paketdienst (ca. 150 Pakete pro Tag). Grosskunden werden entsprechend ihren speziellen Wünschen beliefert. Rechnungen an Kunden werden per Post versandt, auch Eingangsrechnungen sind immer papierbasiert.

Parallel zum Prozess der Auftragsabwicklung führt der Produktmanager die Bedarfsplanung durch. Nach dem Vergleich von Auftragsdaten, Reservationen und Lagerbestand und löst er ggf. Bestellungen aus. Diese werden überwiegend per Fax übermittelt. 20 % der Bestellungen (enthalten 70-80 % der Rechnungspositionen) gehen per E-Mail in proprietären Datenformaten an die Lieferanten.

Die folgenden Ausführungen beschreiben die elektronische Unterstützung des Prozesses zur Kundenauftragsabwicklung. Abb. 6.1 zeigt den Ablauf „typischer" Geschäftsbeziehungen mit Detailhandelskunden.

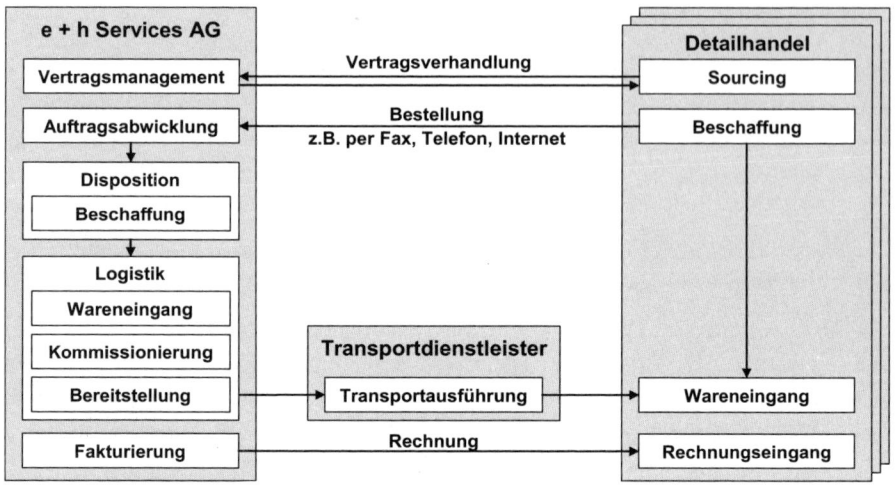

Abb. 6.1: Abwicklung eines typischen Kundenauftrags

Angesichts immer kleiner werdender Margen stand bei e+h die Effizienz interner Geschäftsprozesse bei der Einführung von Microsoft Dynamics AX im Mittelpunkt. Daneben sollte eine moderne Plattform zur Unterstützung der E-Business-Aktivitäten geschaffen werden. Eine integrierte Abwicklung von Auftragsbearbeitung, Buchhaltung, Lagerbewirtschaftung und Logistik war das Ziel. Die Funktionalität des alten Systems sollte dabei so weit wie möglich erhalten bleiben. Für den Bereich der Lagerbewirtschaftung wurden zwei Add-On-Lösungen der Firma Inform eingeführt: add*ONE ist eine Applikation zur Disposition und Bestelloptimierung, INVENT rationalisiert die Inventur durch Stichprobenverfahren.

### 6.3.2 Prozesssicht

Der Prozess der Kundenauftragsbearbeitung wird in Abb. 6.2 vorgestellt. Er zeigt auf, wie die neue ERP-Lösung e+h dabei unterstützt, möglichst viele Kunden elektronisch anzubinden und die internen Prozessabläufe effizient zu gestalten.

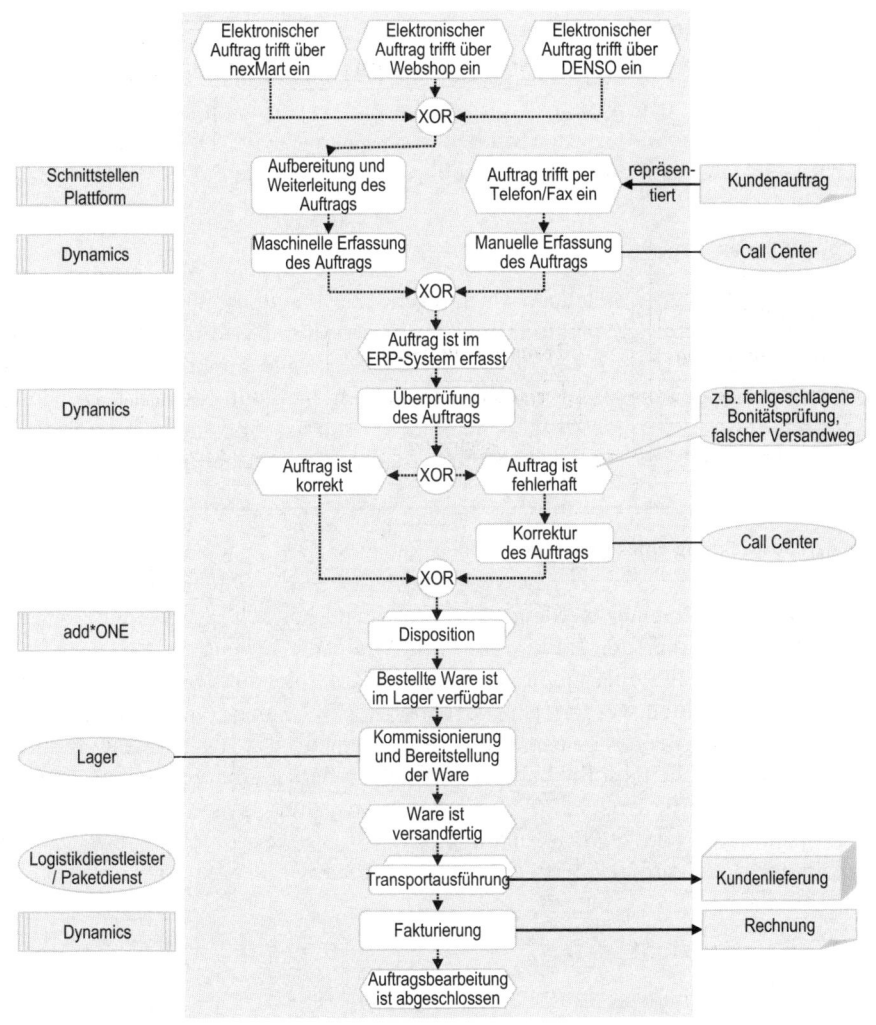

Abb. 6.2: Prozess Kundenauftragsbearbeitung bei e+h

Die elektronisch eingehenden Aufträge werden zunächst an eine Schnittstellen-plattform bei e+h gesendet. Die Schnittstellenplattform konvertiert die heterogenen Auftragsformate in ein von Microsoft Dynamics AX verarbeitbares Datenformat und sendet sie realtime an das ERP-System. Dort werden sie automatisch erfasst. Alle anderen Aufträge (Fax, Telefon) werden im Call Center manuell erfasst. Microsoft Dynamics AX nimmt eine Prüfung der Aufträge vor und bucht fehler-freie Aufträge ein. Bei ca. 5 bis 10 % der Aufträge ist aufgrund von Unstimmigkeiten ein manueller Eingriff erforderlich (z.B. wegen fehlgeschlagener Bonitätsprüfung oder falsch gewähltem Versandweg).

Der Produktmanager führt die Disposition mit add*ONE durch. Im Bedarfsfall löst er eine Bestellung beim Produzenten aus. Ist die Ware am Lager verfügbar, wird sie kommissioniert und zu Lieferungen zusammengestellt. Der Versand erfolgt durch einen Transportdienstleister. Anschliessend erfolgt die Fakturierung.

### 6.3.3 Anwendungssicht

Eine Vielzahl von Anwendungen ist aufgrund der bereitgestellten elektronischen Kanäle an der Auftragsabwicklung beteiligt (vgl. Abb. 6.3). Im Mittelpunkt steht das ERP-System Microsoft Dynamics AX. Es deckt alle Funktionen ab, die e+h zur Auftragsbearbeitung, Logistik und Buchhaltung benötigt. Microsoft Dynamics AX ist das Basissystem für Artikel-, Kunden-, Auftrags- und Lagerbestandsdaten. Auch die verschiedenen externen Schnittstellen werden darüber gesteuert.

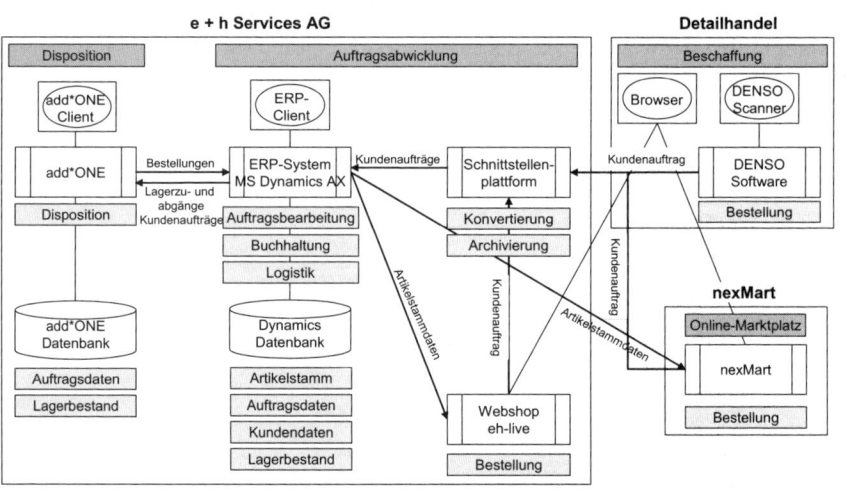

Abb. 6.3: Anwendungslandschaft der e+h zur Unterstützung der Kundenauftragsbearbeitung

Kunden, die ihre Bestellungen über die Barcode-Erfassung aufgeben, verfügen über DENSO-Lesegeräte. Die im Lesegerät gespeicherten Informationen (Codes und Bestellmengen) werden am PC in eine spezielle Software eingelesen. Anschliessend überträgt der Benutzer die Bestelldaten über eine Modem-Modem-Verbindung an die Schnittstellenplattform bei e+h.

Der Webshop eh-live wird von einem Dienstleister betrieben. Wöchentlich werden die Artikelstammdaten aktualisiert, indem neue und veränderte Daten aus Microsoft Dynamics AX extrahiert und über eine Internetschnittstelle an den Webshop übermittelt werden. Die von den Kunden aufgegebenen Bestellungen werden per E-Mail realtime an die Schnittstellenplattform übertragen. Ähnlich funktioniert die Integration mit nexMart. Artikelstammdaten werden regelmässig an nexMart übertragen; die Bestellungen werden von der Schnittstellenplattform empfangen.

Bei der Schnittstellenplattform handelt es sich um eine von e+h auf Basis von Commerce Gateway entwickelte Anwendung. Sie ermöglicht, die verschiedenen Datenformate der eingehenden Kundenaufträge in ein einheitliches Format zu konvertieren. Die Aufträge werden in diesem Datenformat an Microsoft Dynamics AX gesendet und können dort weiterverarbeitet werden. Die Schnittstellenplattform dient ausserdem der Archivierung elektronischer Kundenaufträge.

Die Disposition wird in add*ONE durchgeführt. Basis für die Bedarfsplanung sind Kundenaufträge und andere relevante Bewegungsdaten, z.B. Lagerbewegungen, die jede Nacht von Microsoft Dynamics AX an add*ONE übertragen werden. Die Lieferantenbestellungen werden in add*ONE erstellt und an Microsoft Dynamics AX übermittelt, von wo die Bestellungen bei den Lieferanten ausgelöst werden.

### 6.3.4 Technische Sicht

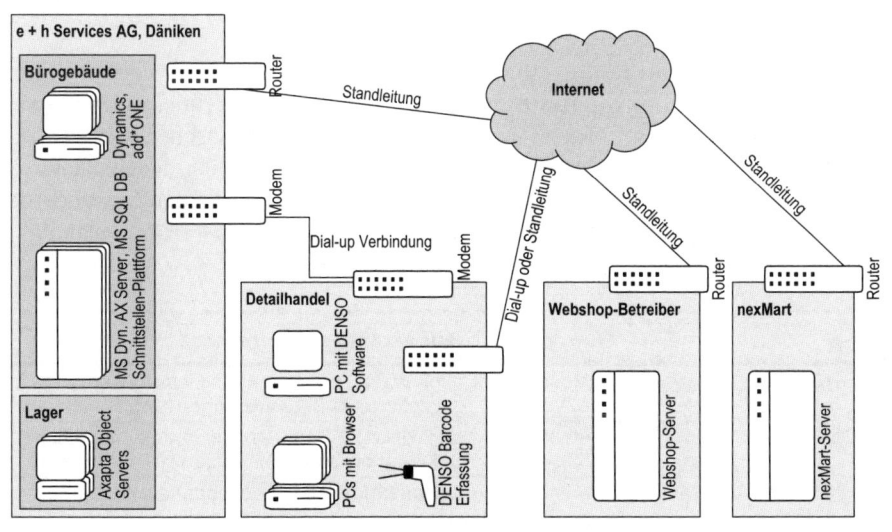

Abb. 6.4: Technische Sicht auf die Auftragsbearbeitung

Bei e+h sind die am Szenario beteiligten Systeme fast ausschliesslich über das Internet miteinander verbunden (vgl. Abb. 6.4). Über das Internet kommuniziert e+h mit dem Webshop und nexMart. Die Kunden greifen mit Hilfe eines Webbrowsers auf den Webshop und nexMart zu. DENSO-Kunden hingegen nutzen Modems zur Herstellung einer Dial-up Verbindung zu e+h.

Die Microsoft Dynamics AX-Umgebung ist sowohl als 2-Tier als auch als 3-Tier-Client-Server Umgebung implementiert. Mitarbeitende, die nicht im Bürogebäude der e+h arbeiten (z.B. Lagermitarbeitende), greifen über so genannte Axapta Object Server (AOS) über einen Browser auf Microsoft Dynamics AX zu (3-Tier-Lösung). Alle anderen Mitarbeitenden greifen direkt über ihre PCs mit einem installierten Client auf die Businesslogik von Microsoft Dynamics AX zu.

## 6.4 Projektabwicklung und Betrieb

### 6.4.1 Projektmanagement und Changemanagement

Das Projekt zur Einführung einer integrierten ERP-Lösung wurde von der Geschäftsführung bei e+h initiiert. Am Projekt waren insgesamt ca. 15 Personen beteiligt. Die Verantwortung trugen je ein Projektleiter auf Seiten von APOS und e+h. Daneben waren IT-Mitarbeitende von e+h und APOS sowie pro Fachbereich (Finanzen, Vertrieb, Lager/Logistik und Einkauf) je ein „Key User" von e+h und ein Modulexperte von APOS in das Projekt involviert.

Das Projekt begann im Januar 2003 und endete im Juni 2004 mit dem erfolgreichen Produktivstart von Microsoft Dynamics AX. Einen Überblick über die einzelnen Projektphasen gibt Tab. 6.2. Die Aufgaben waren zwischen den Projektmitgliedern von APOS und e+h aufgeteilt. APOS hat z.B. in der ersten Phase die Key User bei e+h geschult. Diese waren dann für die Erstellung der Anwenderdokumentation, die Schulungen in ihrem Fachbereich und einzelne Tests zuständig.

Tab. 6.2: Überblick Projektphasen und Ergebnisse

| Phase | Dauer | Meilensteine / Ergebnisse |
|-------|-------|---------------------------|
| Organisation und Konzeption | 4 Monate | Fachkonzept, Konzept für Berichtswesen, Schnittstellen und Berechtigungen, e+h Prototyp |
| Detaillierung und Realisierung | 9 Monate | Prozess-, DV- und Anwenderdokumentation, Migrationsprogramme, getestetes System |
| Produktionsvorbereitung | 4 Monate | Einsatzbereite Mitarbeitende, einsatzbereites System |

*Partnerwahl*

e+h suchte mit Hilfe eines Anforderungskatalogs nach einer geeigneten ERP-Lösung und einem Partner, der die Implementierung unterstützen sollte. Das Unternehmen entschied sich für die APOS Informatik AG aufgrund deren Spezialisierung auf Logistik und Handel, sowie guter Erfahrungen mit den bisher erbrachten Dienstleistungen, enger persönlicher Beziehungen und der räumlichen Nähe.

## 6.4.2 Entstehung und Roll-out der Softwarelösung

Die APOS Informatik AG empfahl die Lösung Microsoft Dynamics AX. Die Hauptaufgabe des Projektteams bestand in der Anpassung und im Customizing der Standardsoftware, so dass die im Pflichtenheft definierten Anforderungen im ERP-System abgedeckt wurden. Nicht in Microsoft Dynamics AX verfügbare Funktionalität wurde von APOS programmiert.

Die Notwendigkeit einer Integration von Microsoft Dynamics AX in eine bestehende Applikationslandschaft bestand nicht, da das ERP-System das zentrale System bei e+h ist. Neue Applikationen wurden erst nach Projektende integriert, z.B. nexMart. Dafür wurde die Schnittstellenplattform geschaffen.

Der eigentliche Produktivstart war als „Big Bang" konzipiert, d.h. alle Funktionen mit Wertschöpfungscharakter wurden auf einmal eingeführt, bei gleichzeitigem Abschalten der alten Systeme. Für die Migration der Altdaten (Stammdaten, Stichtagsinformation) wurden Migrationsprogramme geschrieben. Langfristige Aufträge wurden schon vor Produktivstart im neuen System eingepflegt. Bewegungsdaten (offene Posten) mussten von den Mitarbeitenden manuell eingepflegt werden.

## 6.4.3 Laufender Unterhalt

Der laufende Betrieb der Infrastruktur inkl. Wartung, Support und Sicherheit wird durch den IT-Dienstleister Netree sichergestellt. Aufgrund der hohen Bedeutung von Microsoft Dynamics AX für die betrieblichen Abläufe bei e+h wurden Vorkehrungen getroffen, um eine durchgängige Verfügbarkeit der Lösung zu gewährleisten. Tritt z.B. ein Problem auf, so wird automatisch eine SMS an die Verantwortlichen bei e+h und Netree versendet.

Im Bedarfsfall können neue Funktionalitäten in Zusammenarbeit mit APOS realisiert werden, ohne den Standardcode von Microsoft Dynamics AX zu verändern. Aktuell laufende Projekte beziehen sich z.B. auf die Realisierung des EDI-Datenaustauschs mit Grosskunden und Lieferanten und der direkten Integration von Microsoft Dynamics AX mit nexMart, um Kunden eine Echtzeit-Verfügbarkeitsprüfung pro Artikel zu ermöglichen. Für derartige Projekte steht in Microsoft Dynamics AX eine Entwicklungs- und Testumgebung zur Verfügung.

## 6.5　Erfahrungen

### 6.5.1　Nutzerakzeptanz

Microsoft Dynamics AX ist seit zwei Jahren erfolgreich bei e+h im Einsatz. Die Zufriedenheit der Nutzer (ca. die Hälfte der Belegschaft) ist nach einer kurzen Eingewöhnungsphase sehr hoch. Anfängliche Performanceprobleme konnten durch Modifikationen der Software schnell verbessert werden. Dispositionen werden nun in add*ONE durchgeführt, welches die gesamte bei e+h benötigte Funktionalität abdeckt.

Bei der alten Lösung wurden alle Anforderungen der Nutzer berücksichtigt und implementiert. Um einen erneuten Wildwuchs und eine Entfernung vom Standard zu vermeiden, wird bei Microsoft Dynamics AX bewusst nicht so verfahren. Daran mussten sich die Nutzer erst gewöhnen und so wurde die Lösung anfangs in ihren Augen teilweise auch als „Rückschritt" betrachtet. Dafür besteht nun die Möglichkeit, Abfragen und Auswertungen auf die Datenbestände in Microsoft Dynamics AX ohne Programmierkenntnisse schnell und einfach selbständig zu realisieren.

### 6.5.2　Zielerreichung und bewirkte Veränderungen

Die Ausgangssituation liess e+h praktisch keine andere Möglichkeit, als ein integriertes ERP-System einzuführen. Die Ziele Effizienzsteigerung interner Prozesse und verbesserte elektronische Integration der Geschäftspartner konnten mit Microsoft Dynamics AX erreicht werden. Die Vorgabe, bisher unterstützte Funktionalität und Prozesse möglichst vollständig auf Microsoft Dynamics AX zu übertragen, wurde nicht realisiert. Ursprünglich sollten auch unrentable, kaum genutzte Funktionen auf das ERP-System übertragen werden, wodurch sich die e+h Implementierung weit vom Standard entfernt hätte. e+h versuchte, die von Microsoft Dynamics AX vorgegebenen Standardprozesse so weit wie möglich umzusetzen und nicht alle Sonderfälle zu implementieren.

*Veränderungen*

Vor allem die Integration der Buchhaltung mit Logistik und Warenwirtschaft hat zur Steigerung der Effizienz beigetragen. Mitarbeitende im Call Center haben die Möglichkeit, noch während des Kundenkontakts aktuelle Lagerbestände abzurufen und so z.B. Auskunft über den wahrscheinlichen Liefertermin zu geben. Die Möglichkeit, ad-hoc-Auswertungen auf Basis aktueller Daten zu erstellen, wird vor allem vom Management geschätzt. Die Verbesserung der Dispositionsfunktion resultiert in einer geringeren Kapitalbindung im Lager und weniger Out-of-Stock-Situationen.

Microsoft Dynamics AX wird e+h den künftigen Ausbau von E-Business-Aktivitäten erleichtern, z.b. EDI-Anbindung, elektronische Rechnungsabwicklung, Erstellung und Austausch von kundenspezifischen Auswertungen und Vendor Managed Inventory (VMI) mit Grosskunden. Auch eher intern gerichtete Projekte wie die Einführung einer Prozesskostenrechnung und eines Data Warehouses für das Management Reporting sowie die Bildung einer medienneutralen Datenbank zur Erstellung von Katalogen werden mit Microsoft Dynamics AX möglich sein.

### 6.5.3 Investitionen, Rentabilität und Kennzahlen

Die Rentabilität im Sinne eines rein monetären Kosten-Nutzen-Vergleichs stand nicht im Vordergrund des Projektes. Zur Ablösung des alten Systems gab es keine Alternative. Die verfolgten Ziele wurden erreicht und die dargestellten Veränderungen rechtfertigen die Investition aus Sicht des Unternehmens.

Aus strategischer Sicht kann als grösster Nutzen die Verbesserung der Wettbewerbsfähigkeit gesehen werden, z.B. indem auf den Wunsch vieler Kunden nach intensiverer elektronischer Kooperation eingegangen werden kann. Ausserdem wurden zeitliche Einsparungen im Prozessablauf sowie Qualitätsverbesserungen erreicht. Eine unkontrolliert gewachsene Individualsoftware mit hohem internen Betreuungs- und Wartungsaufwand konnte durch eine flexible Standardlösung, für deren Support und Wartung viel externes Know-how verfügbar ist, ersetzt werden.

Das Gesamtprojekt hat e+h 1.6 Mio. CHF gekostet. In dieser Summe sind die Kosten für Hardware, Software und Lizenzen sowie die in Anspruch genommenen Dienstleistungen enthalten. Geht man von einer Anzahl von ca. 80 Nutzern aus, so wurden ca. 20'000.- CHF pro Nutzer investiert. Nicht eingerechnet ist die intern aufgewendete Zeit. Das Projektkernteam, bestehend aus fünf Personen, war während der 15 Monate Laufzeit zu fast 100 % mit dem Projekt beschäftigt.

## 6.6 Erfolgsfaktoren

### 6.6.1 Spezialitäten der Lösung

Durch das neue, integrierte ERP-System werden interne Prozesse effizienter abgewickelt. Es befähigt e+h zudem, auf Anforderungen der Geschäftspartner zum elektronischen Geschäftsverkehr reagieren zu können. Die laufenden Projekte zeigen, dass e+h die dargebotenen Möglichkeiten nutzt, ausbaut und die Voraussetzungen für eine langfristige E-Business-Kompetenz geschaffen hat. Der Multi-Kanal-Ansatz wird durch die Standardisierung der internen Prozessabläufe, unabhängig vom Kanal des Auftragseingangs, konsequent unterstützt.

### 6.6.2 Reflexion der „Prozessexzellenz"

Durch die Orientierung am Kundennutzen will sich e+h im Wettbewerb differenzieren. Das Interessante an dem vorgestellten Fall ist die Art und Weise, wie dies mit Hilfe eines IT-Systems realisiert wird. Kagermann und Österle [2006] identifizieren das Angebot umfassender Dienstleistungen für den individuellen Kundenprozess als ein Konzept zur langfristigen Sicherung des Markterfolgs. e+h liefert viele solche Dienstleistungen: die Etikettierung der Ware mit Logo und Preis des Kunden, die Kennzeichnung von Paletten mit SSCC-Etiketten (weltweit eindeutiger Identifikationscode für Transporteinheiten, vgl. Fallstudie MIFA S. 183) und das Erstellen von elektronischen Auswertungen über die Bestellhistorie für die Kunden. Damit tritt e+h nicht nur als reines Handelsunternehmen, sondern als Lösungsanbieter auf. Die Voraussetzung, um diese Dienstleistungen rationell anbieten zu können, besteht in intern durchgängig integrierten Prozessen, wie sie durch das ERP-System ermöglicht werden. Die IT-Unterstützung der Kooperationsprozesse schafft zusätzlichen Wert und hilft, die Kundenbindung zu erhöhen.

Prozessverbesserungen ergaben sich bei e+h durch die Einführung von Microsoft Dynamics AX und den Add-Ons add*ONE und INVENT auch in anderen Bereichen des Supply Chain Managements. Zu nennen ist hier die verbesserte Lagerbewirtschaftung durch die Unterstützung von Disposition und Inventur.

### 6.6.3 Lessons Learned

Mit der Einführung eines integrierten ERP-Systems hat e+h die Voraussetzung geschaffen, auch zukünftig flexibel auf Marktanforderungen zu reagieren. Hervorzuheben ist hierbei die Möglichkeit, für spezifische Anforderungen geeignete Applikationen zu verwenden und diese einfach in die bestehende Systemlandschaft zu integrieren, ohne erneut Inseln zu schaffen. Dies gilt auch im Hinblick auf die Integration externer Anwendungen von Geschäftspartnern.

Die Einführung einer zentralisierten Datenhaltung in Form von einem integrierten ERP-System wird häufig zum Anlass genommen, bestehende Prozesse zu hinterfragen und im Sinne eines Business Process Reengineering (BPR) neu zu gestalten [vgl. Alt 2004]. Diese Chance hat e+h anfänglich nicht genutzt, da der Fokus des Projektes zu stark auf das IT-System gerichtet war. In zukünftigen Projekten kann der Mehraufwand für ein nachträgliches Prozess-Redesign durch einen umfassenderen Ansatz [vgl. Business Engineering, Österle 1995] vermieden werden.

Als Erfolgsfaktor für derartige Projekte werden die frühzeitige Einbindung der Benutzer aus den Fachbereichen und die transparente Kommunikation des Nutzens angesehen. Dadurch kann späteren Problemen mit der Nutzerakzeptanz vorgebeugt werden. Die Wahl des IT-Dienstleisters APOS ist aufgrund der räumlichen Nähe und der Vertrautheit für das Projekt von Vorteil gewesen.

# 7 Schlussbetrachtung: B2B-Integration

*Petra Schubert und Patrick Rauber*

Das Kapitel zur B2B-Integration betrachtet Unternehmen, die überbetriebliche, elektronische Schnittstellen für betriebswirtschaftliche Software zwischen Kunden und Lieferanten implementiert haben. Die B2B-Integration ist seit Jahren ein zentrales Thema der eXperience-Fallstudien und war als solches im Jahr 2004 schon einmal ein Fokusthema [Schubert et al. 2004]. Auch in diesem Buch beschäftigen sich vier Fallstudien schwerpunktmässig damit. Die drei Unternehmen im Kapitel B2B-Integration haben sich mit den Systemen ihren Kunden verbunden, um deren Aufträge über Netzwerke elektronisch zu erhalten (AbaNet, VIAM, io-network, nexMart). Dabei werden diverse Informationen und Dokumente, wie z.B. Artikelstammdaten, Offertanfragen, Serviceaufträge, Bestellungen, Auftragsbestätigungen und Rechnungen elektronisch ausgetauscht.

Bei der *Wyser AG* läuft die unternehmensübergreifende Abwicklung des Auftragsprozesses mit der Immobilienverwaltung graf.riedi AG über zwei E-Business-Netzwerke ab. Wyser setzt AbaNet ein, einen Netzwerkservice, der vom Hersteller ihrer ERP-Software ABACUS integriert angeboten wird. Kundenseitig nimmt das AbaNet die Dokumente vom VIAM-Netzwerk entgegen. Der Austausch umfasst den Prozess von der Übertragung der Störungsmeldung als Auftragsauslöser bis hin zur Übermittlung der Rechnung. Für Wyser ergeben sich durch die elektronische Anbindung des Kunden eine erhöhte Wettbewerbsfähigkeit sowie ein Imagegewinn. Dem Metcalfeschen Gesetz folgend, kann der Nutzen der Lösung künftig noch gesteigert werden, wenn sich weitere Lieferanten und Kunden an die Netzwerke anschliessen und damit positive Skaleneffekte erzielt werden.

Die *MTF Micomp AG* setzt im Verkauf an B2B-Kunden eine Sell-Side-Lösung von io-market ein. Diese arbeitet mit Artikelstammdaten, die nach den Regeln von MTF Micomp automatisch von den Distributoren bezogen und abgelegt werden. Für die Auftragsabwicklung erfolgt über das io-network ein Transfer der Kundenbestellungen an das integrierte ERP-System der MTF. Die Sell-Side-Lösung ermöglicht einen sehr hohen Automatisierungsgrad und die durchgängige Integration der Systeme vom Firmenkunden bis zum Distributor. Somit werden zahlreiche Aktivitäten, die früher zwischen den involvierten Partnern manuell erledigt wurden, von der Software übernommen. Dadurch erzielte man eine Optimierung der Geschäftsprozesse und eine Kostenreduktion bei der Auftragsabwicklung.

*e + h Services AG* spricht ihre Kunden über verschiedene E-Business-Kanäle an. Das Unternehmen fährt eine Mehrkanalstrategie und bietet Kunden die Möglichkeit, Aufträge über einen Webshop, einen elektronischen Marktplatz oder eine Barcode-Erfassung elektronisch an e+h zu übermitteln. Dafür kommt ein ERP-System zum Einsatz, mit dem der Auftragsabwicklungsprozess effizient gestaltet wurde und mit dem auf zukünftige Anforderungen von Kunden und Geschäftspartnern hinsichtlich IT-Integration und Automatisierung flexibel reagiert werden kann.

Ein Hauptziel der Integration von Business Software Systemen ist die Schaffung eines *geschlossenen Informationskreislaufs*. Vor 12 Jahren wurden bei der *Firma Büro-Fürrer* (heute *Lyreco*) alle Informationen noch schriftlich oder verbal übermittelt. Dies hatte zur Folge, dass die gleiche Information bis zu acht Mal von Mitarbeitenden notiert oder in einem Informationssystem erfasst wurde. Ein gutes Beispiel dafür ist die Artikelnummer, die den folgenden Prozess durchläuft: 1. Eröffnung Artikelstamm, 2. Erstellung Produktkatalog, 3. Eingabe ins Bestellsystem beim Kunden, 4. Bestellung an Lieferanten, 5. Eingabe Kundenauftrag beim Lieferanten, 6. Wareneingang beim Kunden, 7. Rechnungserzeugung beim Lieferanten, 8. Rechnungseingang beim Kunden. Heute bietet Lyreco aus ihrer E-Business-Software heraus mehrere Schnittstellenlösungen an (z.B. zu SAP-EBP), bei denen die Artikelnummern ohne Medienbruch den ganzen Beschaffungskreislauf durchlaufen. Nach der Erfassung eines neuen Artikels wird dieser automatisch in den Onlineshop und in den Katalog kopiert. Der Bestellende wählt die Artikelnummer über seine SAP-Lösung und muss diese nicht mehr erfassen. Über dieselbe E-Business-Schnittstelle wird die Artikelnummer übermittelt und in einen SAP-Auftrag kopiert. Am Ende des Auftrages wird die Artikelnummer in die elektronische Rechnung übernommen. Mit Hilfe der elektronischen Rechnung (XML, Exceldatei) kann der Kunde die gleiche Artikelnummer direkt in sein System einlesen.

Was bei der Artikelnummer der Fall ist, passiert zudem bei vielen weiteren Informationsobjekten wie Bestellmenge, Artikeltext, Kostenstelle, Lieferadresse, etc. Mit dem geschlossenen Kreislauf wird eine Information mehrere Male ohne Medienbruch verwendet. Das beschleunigt den Informationsfluss und reduziert die Fehlerquellen. Gerade bei grossen Transaktionsvolumen entstehen dadurch Potenziale für Prozessoptimierungen. Der komplette Kreislauf wird letztlich erst mit der elektronischen Rechnung geschlossen werden. Es zeichnet sich ab, dass vor allem die elektronische Rechnung in den nächsten Jahren ein Treiber für den elektronischen Datenaustausch zwischen Unternehmen sein wird.

# 8 Kundenbindung durch Prozessexzellenz

*Ralf Wölfle und Thomas Rogler*

Der mit der Liberalisierung der nationalen Märkte verschärfte Wettbewerb ist hart, vor allem für die Anbieter aus Hochlohnländern. Fast täglich melden die Wirtschaftsnachrichten neue Beispiele von Verlagerungen insbesondere arbeitsintensiver Wertschöpfungstätigkeiten in Länder mit niedrigeren Löhnen – so genanntes Offshoring. Welche Chance haben die Anbieter der Hochlohnländer überhaupt noch, wo ihre Produkte im Ausland so schnell nachgeahmt werden und von überall in der Welt immer leichter beschafft werden können?

Indirekt geht es auch um diese Frage, wenn das Thema Kundenbindung beleuchtet werden soll. Der Begriff Kundenbindung ist zwiespältig. Warum sollte ein Kunde gebunden werden? Wer als Anbieter das beste Angebot hat, muss seine Kunden doch nicht binden – in einem freien und transparenten Markt kommen diese von alleine. Oder sollen Kunden an Anbieter gebunden werden, die in Wirklichkeit kein gutes Angebot haben und denen die Kunden ohne Bindung weglaufen würden? Ist mit Kundenbindung der günstige Drucker gemeint, zu dem nur die speziellen, besonders teuren Druckerpatronen passen, oder das geschenkte Handy mit dem zweijährigen Abonnement mit Mindestumsatz? Kagermann/Österle spechen gar von Kundenbesitz: „Unternehmen kämpfen um den Kundenbesitz, also um das Wissen über den Kunden und den Zugang zum Kunden." [Kagermann/Österle 2006, S. 21]

Hier soll Kundenbindung so verstanden werden, dass die Bindung an einen Anbieter vom Kunden gewählt wird, weil er auf diese Weise die für ihn beste Gesamtleistung erhält. Trotzdem wird sie vom Anbieter gestaltet:

---

Kundenbindung ist das Ergebnis aus der Gestaltung eines Angebots, das dem Kunden für die Dauer des Lebenszyklus eines Bedürfnisses einen dauerhaften Nutzen bringt und dadurch eine über einen einmaligen Kaufentscheid hinausgehende wirtschaftliche Beziehung zwischen Anbieter und Kunde begründet.

---

Einen Kunden kann man nicht besitzen. Aber man kann sich ein hervorragendes Wissen über den Kunden aneignen und daraus einen exzellenten Zugang zu ihm haben. Im Folgenden sollen verschiedene Formen dieses Zugangs unterschieden werden. Für jede Form wird der Stellenwert von Geschäftsprozessen und deren Unterstützbarkeit durch Business Software beleuchtet. Die Kundenbindung durch Alleinstellungsmerkmale eines Produktes im engeren Sinn wird nicht behandelt.

## 8.1 Kundenbindung durch persönliche Bindung

Die Kundenbindung durch persönliche Bindung ist die älteste Form der Kundenbindung. Sie hat für Unternehmen ein grosses Potenzial und ist gleichzeitig problematisch. Das liegt an der Natur dieser Bindung, die an eine Person und nicht an eine Organisation geknüpft ist. Ein Mensch hat – insbesondere kurzfristig – ein viel grösseres Vertrauenspotenzial als eine Organisation. Das heisst nicht, dass eine Person Vertrauen immer leicht herstellen kann, das hängt von ihrer individuellen Persönlichkeit ab. Die Fähigkeit zur Vertrauensbildung ist nur bedingt erlernbar, Vertrauen ist nicht übertragbar und damit auch nicht multiplizierbar. So ist auch Kundenbindung durch persönliche Bindung nur in kleinem Massstab realisierbar. Bei der grossen Zahl von Kleinst- und Kleinunternehmen spielt sie eine sehr wichtige Rolle, wobei das Vertrauen meist dem oder den Inhabern oder langjährigen Mitarbeitenden entgegengebracht wird und dann eine Unique Selling Proposition USP darstellt. Der Preis des Vertrauens ist eine zeitintensive persönliche Betreuung der Kunden. Diese Betreuung erfolgt meist intuitiv und erfahrungsgesteuert, ihre Kernvorgänge haben keine feste Struktur. Definierten Geschäftsprozessen kommt in diesem Umfeld die Bedeutung zu,

- den Vertrauensträgern die jeweils erforderlichen Informationen bereitzustellen (z.B. Kundenhistorie, Rentabilitätsauswertungen zu Angeboten und Kunden),

- ihnen den zeitlichen Freiraum für die Kundenbindung zu sichern und

- dafür zu sorgen, dass die Zusagen der Vertrauensträger zuverlässig und effizient erfüllt werden können.

In den Fallstudien Felix Martin (S. 169) und MGM (S. 247) lag genau darin das Motiv für die Investition in Business Software: interne Standardprozesse, Administration und das Bereitstellen von Managementinformationen wurden durch professionelle Lösungen so weit wie möglich automatisiert. Dadurch können sich die Vertrauensträger ganz dem Kunden und der Angebotsgestaltung widmen.

## 8.2 Kundenbindung durch verknüpfte operative Prozesse

Während interpersonelle Prozesse in aller Regel unstrukturiert sind, ist die Verknüpfung operativer Prozesse immer strukturiert. Gemeint sind operative Prozesse mit hohem Wiederholungsgrad, vorwiegend in den Leistungserstellungsprozessen, z.B. Prozesse der Distributionslogistik. Das Potenzial für diese Form der Kundenbindung erwächst aus der zunehmenden Arbeitsteilung und Spezialisierung der Unternehmen einerseits und aus den Möglichkeiten der vernetzten Informationstechnologien anderseits. Mit der Verknüpfung operativer Prozesse ist gemeint, dass ein Unternehmen bei einem anderen nicht nur Ressourcen im Sinne von Rohstoffen für die eigene Wertschöpfung beschafft. Vielmehr überträgt das auftraggebende Unternehmen dem Lieferanten die verantwortliche Durchführung von Teilprozessen aus der ursprünglich eigenen Wertschöpfung. Damit wachsen Kunde und Lieferant zu einer Wertschöpfungsgemeinschaft zusammen (vgl. Kapitel 1.7 auf S. 16). Diese hat nur Erfolg, wenn die Teilleistungen in der Summe den Leistungen der Wettbewerber überlegen sind. Um das zu erreichen, müssen die Partner die gemeinsame Leistung kontinuierlich optimieren, was mit einem intensiven Dialog und dem Zugang zu sonst schwer beschaffbaren oder gar vertraulichen Informationen verbunden ist. So entsteht auf der Lieferantenseite mit der Zeit ein hervorragendes Wissen über den Kunden. Es ist nicht kurzfristig durch einen Wettbewerber imitierbar und schafft deshalb einen exzellenten Zugang zum Kunden.

Wie dies konkret aussehen kann, zeigt eine ganze Reihe von Fallstudien in diesem Buch: Serto für die Kanban-Bewirtschaftung von C-Artikeln für die Produktion (S. 89), Lyreco für die Versorgung mit Büromaterialien über verschiedene elektronische Bestellwege (S. 115), MTF Micomp für eine integrierte Beschaffungskette für IT-Produkte (S. 53), Wyser für die Abwicklung von Serviceaufträgen im Immobilienunterhalt (S. 39), Lagerhäuser Aarau für die nationale Distribution von Lebensmitteln (S. 233) und e+h für die nationale Distribution von Hartwaren-Markenartikeln (S. 67).

Kundenbindung durch verknüpfte operative Prozesse stellt hohe Anforderungen an einen Lieferanten. Erste Voraussetzung und in vielen Fällen bereits unüberwindbare Hürde ist die Fähigkeit des Anbieters, auf der Kundenseite genügend Vertrauen zu gewinnen. Häufig kennen sich Unternehmen schon, bevor sie ihre Prozesse operativ miteinander verknüpfen. Eine weitere, unabdingbare Voraussetzung, insbesondere auf Seiten des Anbieters, ist die Fähigkeit zur systematischen Prozessgestaltung und –führung. Da es sich hier meist um grosse Transaktionszahlen handelt, ist eine effiziente und zuverlässige Abwicklung oberstes Gebot.

Das setzt immer auch geeignete IT-Infrastrukturen voraus. Diese müssen sich zunächst einmal dadurch auszeichnen, dass die Prozesse entsprechend den Bedürfnissen des Kunden abbildbar sind. Dazu sind häufig Ergänzungen bei Daten und Funktionen sowie Möglichkeiten zur flexiblen Gestaltung von Abläufen oder

Workflows erforderlich. Die Anforderungen unterschiedlicher Kunden sind meist ebenfalls unterschiedlich, was bedeutet, dass diese Einstellungen auf Kundenebene vorgenommen werden müssen. Zudem ist eine geeignete Kommunikationsinfrastruktur erforderlich. Sie schafft Zugänge zum eigenen System – möglichst auf verschiedenen Kanälen – und kommuniziert mit den Partnersystemen. Als dritter Anforderungsblock ist die Messung und Dokumentation der Geschäftätigkeit zu nennen. Sie ist die Grundlage für eine vollständige Abrechnung der erbrachten Leistungen und stellt die für die Performancemessung und –optimierung erforderlichen Managementinformationen zur Verfügung. Last but not least muss auf eine ausreichende Verfügbarkeit der IT-Infrastruktur hingewiesen werden. Ein Ausfall könnte das operative Geschäft erheblich stören und grosse Schäden nach sich ziehen.

## 8.3 Kundenbindung durch Sicherung von Ressourcen

Einen semistrukturierten Charakter haben Leistungen, die den Kunden nicht direkt bei der operativen Auftragsabwicklung, sondern beim Betrieb und Unterhalt seiner Infrastruktur entlasten. Meistens geht es um Maschinen, Anlagen, Gebäude oder anderweitig komplexe Ressourcen wie z.B. Datenbestände und Funktionen, die ein Unternehmen zwar braucht, deren Unterhalt aber nicht zu seinen Kernkompetenzen zählt. Im Lebenszyklus dieser Ressourcen gibt es diverse Stadien und Ereignisse, die teils planbare, teils unplanbare Material- und Servicebedarfe nach sich ziehen. Eine Reihe von Fallstudien zu diesem Thema findet sich in der Sektion „Integrierte Serviceprozesse im Maschinen- und Anlagenbau" im Buch „Integrierte Geschäftsprozesse mit Business Software [Wölfle/Schubert 2005]. Legner greift darin das Motiv des produzierenden Dienstleisters [Schuh et al. 2004] auf und beschreibt verschiedene Arten von Serviceprozessen [Legner 2005].

In der Fallstudie Aebi in diesem Buch (S. 101) wird eine Kundenbindung beschrieben, die durch zur Verfügung stellen von Know-how bewirkt wird. Die etwa 600 Händler als weltweite Vertriebspartner von Aebi können ihren Kunden die Einsatzbereitschaft der Spezialfahrzeuge nur erhalten, wenn Aebi ihnen als Servicestelle das notwendige Handlungsvermögen vermittelt. In diesem Fall geschieht dies durch eine Wissensdatenbank, die von den Händlern selbst mitgepflegt wird. So erfährt auch Aebi laufend von den Erfahrungen, Problemen und Lösungen ihrer Handelspartner und kann seine eigenen Leistungen gezielt weiterentwickeln. Die Fallstudien Lyreco (S. 115) und MTF (S. 53) können auch in diesem Kontext als Beispiel angeführt werden, da beide Unternehmen für ihre Kunden spezifische Beschaffungskataloge pflegen und geeignete Bestellapplikationen vorhalten.

Da in diesem Kontext meist sehr unterschiedliche Geschäftsvorfälle durch unterschiedliche Personen abgedeckt werden müssen, sind rollenbasierte Browserapplikationen mit Personalisierungsfunktionen das Mittel der Wahl. Dabei spiegeln die

Rollen in erster Linie die Berechtigungen des Nutzers wider, während die Personalisierungsprofile dem Nutzer einen leichteren und auf seine Bedürfnisse zugeschnittenen Zugang zu den Informationen und Services ermöglichen sollen. Die Applikation ermöglicht den Kunden im Idealfall, über einen Customer Self Service zeit- und ortsunabhängig eine personenübergreifend kompetente Auskunft zu genau ihrer Maschine/Anlage in ihrer Sprache zu erhalten. Der Prozess wird dann durchgängig unterstützt, wenn der Interessent z.B. nach einer Lösungsrecherche gleich eine Bestellmöglichkeit für die vorgeschlagenen Angebote erhält und so seinen Prozess ohne Unterbruch fortsetzen kann.

## 8.4 Stellenwert von Business Software für die Kundenbindung

Die Erörterung der verschiedenen Formen zur Erzeugung von Kundenbindung hat deutlich gemacht, dass es unstrukturierte und personenorientierte, semistrukturierte sowie stark strukturierte und IT-orientierte Prozesse gibt. Dementsprechend hat Business Software eine sehr unterschiedliche Bedeutung.

Zur Erreichung von Prozessexzellenz ist eine kontinuierliche Prozessführung erforderlich (vgl. Kapitel „Prozessexzellenz" auf S. 13). Diese muss die Qualität des Prozesses und der Zielerreichung durch laufende Beobachtung und Reflexion der aktuellen Performance sicherstellen. Eine solche Prozessführung ist ohne eine systematische Datenerhebung nicht möglich. Business Software kann solche Daten aufnehmen und zu Management Informationen verdichtet bereitstellen. Voraussetzung dafür ist, dass auch für Prozesse, die ohne Unterstützung durch Business Software ablaufen, gewisse Zustände als Messpunkte festgehalten werden.

Abb. 8.1 verdeutlicht dies an einem Vergleich zweier Prozessvarianten (S. 88). Die linke Variante zeigt einen durchgängig durch ein ERP-System unterstützten Prozess zur Materialbewirtschaftung. Der Prozess durchläuft verschiedene Zustände, die alle im System festgehalten werden und somit für Auswertungen herangezogen werden können. Die rechte Spalte stellt einen Prozess mit dem gleichen Zweck nach dem in der Serto-Fallstudie beschriebenen Kanban-Verfahren vor (S. 89). Er läuft weitgehend ohne IT-Unterstützung ab, knüpft am Ende aber an einen regulären Prozesszustand der Materialwirtschaft an. Diese Verknüpfung stellt sicher, dass alle erforderlichen Daten für die spätere Zahlungsabwicklung sowie die Controlling-Auswertungen zur Warenwirtschaft lückenlos verfügbar sind.

IT-Infrastrukturen sind auch der Kern von Lösungen im Supply Chain Management. SCM unterstützt dabei sowohl strukturierte als auch semistrukturierte Vorgänge. Zu den strukturierten gehören die gemeinsame Disposition sowie Transaktionen zur Steuerung und Verrechnung von Warenflüssen. Bei den semistrukturierten Vorgängen geht es meist um den gegenseitigen Zugang zu Wissensressourcen.

Auf der Lieferantenseite könnten das Informationen zu Anwendungsmöglichkeiten der angebotenen Produkte sein. Auf der Kundenseite sind besonders Daten von Interesse, die Auskunft über die geplante künftige Geschäftsentwicklung geben können.

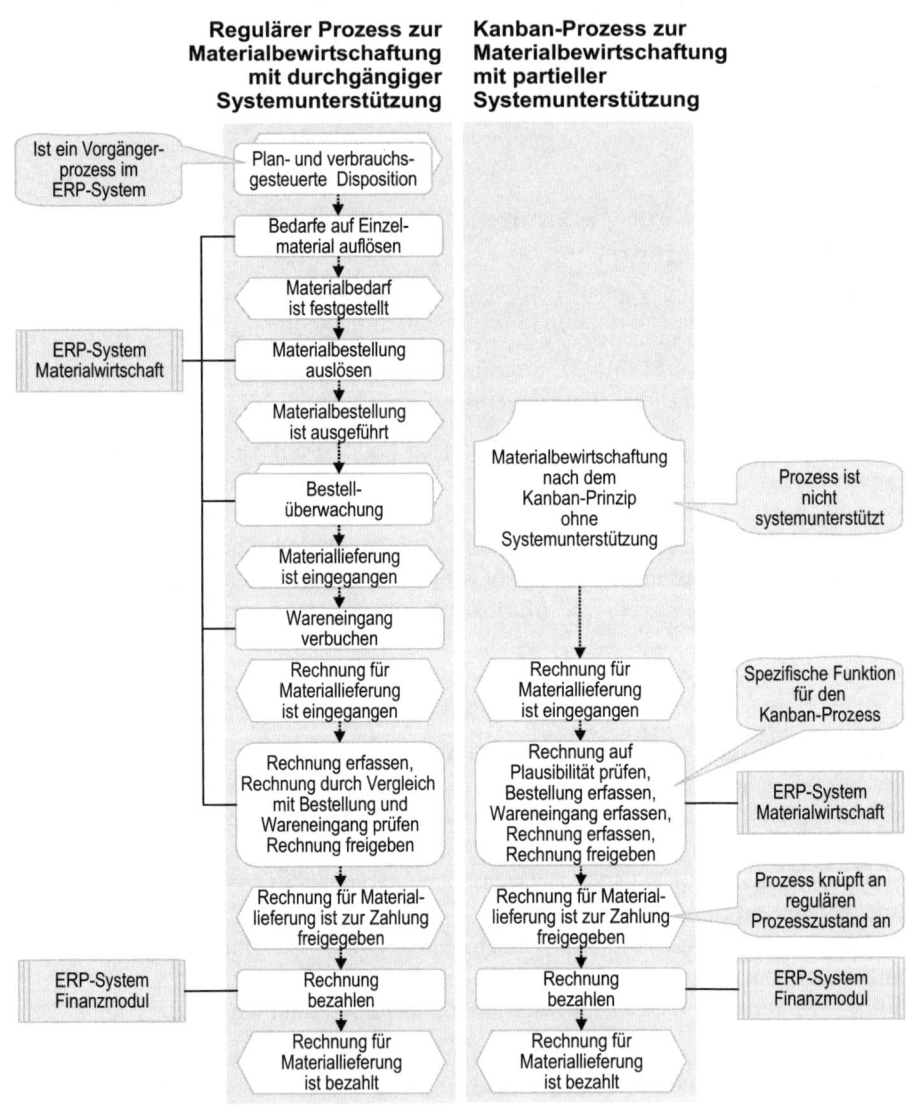

Abb. 8.1: Anbindung eines systemexternen Prozesses am Beispiel von Kanban

# 9 Serto AG: Kanban-Lösung als Wettbewerbsvorteil

*Ute Klotz und André J. Rogger*

Es ist durchaus möglich, einen komplexen Geschäftsprozess, der über die Unternehmensgrenzen hinausgeht, einfach abzubilden. Die Implementierungsstrategie lautet dann *Reduce-to-the-max*. In dieser Fallstudie wird ein solcher Prozess dargestellt, der mit einfachen Mitteln umgesetzt wurde und beträchtliche Einsparungen sowohl auf Kunden- als auch auf Unternehmensseite erbringt. Es handelt sich dabei um einen traditionellen Kanban-Prozess, der mit wenigen, technischen Hilfsmitteln und einigen organisatorischen Massnahmen für die lokale Umgebung optimiert wurde. Durch seine Einfachheit und die bewusste Limitierung auf die im ERP-System vorhandenen Standards war es möglich, sehr schnell und rationell grosse Effizienzsteigerungen im bestehenden Auftragsprozess zu realisieren.

Folgende Personen waren an der Bearbeitung dieser Fallstudie beteiligt:

Tab. 9.1: Mitarbeitende der Fallstudie

| Ansprechpartner | Funktion | Unternehmen | Rolle |
|---|---|---|---|
| Stefan Langenauer | Leiter Verkaufs-administration | Serto AG, Aadorf | Projektleiter Kanban |
| Ute Klotz | Leiterin Informa-tionsmanagement, Institut für Wirtschaftsinformatik | Hochschule für Wirtschaft, FHZ | Autorin |
| André J. Rogger | Dozent, Institut für Wirtschaftsinformatik | Hochschule für Wirtschaft, FHZ | Autor |

## 9.1 Das Unternehmen

### 9.1.1 Hintergrund

Die Serto AG, die am 1. Januar 2002 aus der Muttergesellschaft Gressel AG hervorgegangen ist, bietet einzigartige, radial montier- und demontierbare Rohrverbindungen an. Dieses Hauptprodukt wurde im Verlauf der Zeit ständig weiterentwickelt und durch weitere Produkte im Bereich der Rohrverbindungstechnik ergänzt.

Der Hauptsitz der Serto Gruppe ist Aadorf, wo rund 70 Mitarbeitende beschäftigt werden. Daneben existieren eigenständige Tochtergesellschaften in Deutschland, Frankreich, Grossbritannien und Italien. Europaweit ist die Serto AG mit über 30 Generalvertretungen repräsentiert.

### 9.1.2 Branche, Produkt und Zielgruppe

1952 begann die Geschichte der Serto AG mit der Erfindung einer Klemmringverschraubung. Diese erlaubt es, Rohrverbindungen radial zu montieren und zu demontieren. Damit wird eine sehr kompakte Bauweise möglich, die insbesondere bei Geräten mit engen Platzverhältnissen, wie z.B. Kaffeemaschinen, ideal geeignet ist. Um diese Entwicklung ist im Verlauf der Zeit ein komplettes System von Rohrverbindungselementen, Ventilen, Rohren und Montagezubehör entwickelt worden. Neben den Standardprodukten produziert Serto auch kundenspezifische Anfertigungen in Gross- und Kleinserien. Die konsequente Kundenorientierung führte auch zur Entwicklung von ergänzenden Dienstleistungen. Eine davon ist die Auftrags- und Logistiksteuerung nach dem Kanban-Prinzip mit Kaffeemaschinenherstellern.

### 9.1.3 Unternehmensvision

Als unabhängiges Unternehmen hat Serto die Möglichkeit, strategisch nachhaltig zu agieren und so den langfristigen Bestand des Unternehmens zu sichern. Durch ständige Innovationen bei Produkten und Dienstleistungen sowie durch gelebte Nähe zu Kunden und Märkten trägt Serto dieser Strategie Rechnung.

## 9.2 Der Auslöser des Projekts

### 9.2.1 Ausgangslage und Anstoss für das Projekt

Die Forderung, den konventionellen Bestellprozess zu optimieren, kam von der M. Schaerer AG in Moosseedorf. Bei diesem Kunden lag folgende Bestellsituation vor: Jährlich wurden 190 verschiedene Artikel im Wert von 800'000.- CHF bei Serto in Aadorf bestellt. Das Bestellvolumen wurde mit 743 Bestellungen ausgelöst, von denen jede einen durchschnittlich Aufwand von 100.- CHF verursachte. Hinzu kam eine relativ hohe Kapitalbindung durch den Kunden-Lagerbestand. Diese Situation war für den Kunden völlig unbefriedigend. Man wollte zukünftig die Bestellkosten und den durchschnittlichen Lagerbestand senken und die Bestellungen in einem geringeren Umfang, aber mit einem höheren Bestellvolumen automatisch auslösen.

Die Serto AG hatte zu diesem Zeitpunkt bereits erste Erfahrungen mit einer Kundenanbindung mit Kanban sammeln können. Dieser Prozess war aber für weit kleinere Bestellvolumina ausgelegt und kam ohne technische Schnittstellen aus.

### *SAP Schweiz AG (Anbieter des ERP-Systems)*

Die SAP Schweiz AG ist eine Ländergesellschaft der SAP AG in Walldorf (DE). Diese wurde 1972 gegründet, beschäftigt weltweit mehr als 36'000 Mitarbeitende und bedient mehr als 33'000 Kunden. Das Unternehmensziel ist es, umfassende Lösungen im Bereich Geschäftsprozesse anzubieten. Diese Softwarelösungen sollen helfen, Kosten zu reduzieren, die unternehmenseigene Performance zu verbessern und flexibel auf Geschäftsbedürfnisse zu reagieren. In dieser Fallstudie wird sowohl auf Kunden- wie auch auf Lieferantenseite ein SAP R/3 System eingesetzt. Die Implementierung des SAP-Systems bei Serto erfolgte durch die Schweizer TDS Multivision AG.

### *M. Schaerer AG (Kunde)*

Bei der M. Schaerer AG handelt es sich um ein im Jahr 1892 gegründetes Unternehmen aus Bern, das ursprünglich Artikel für den Arzt- und Spitalbedarf produzierte. Die erste Kaffeemaschine wurde im Jahr 1957 hergestellt und macht heute das Kerngeschäft aus. Im Jahr 2006 wurde das Unternehmen durch die WMF AG in Geislingen (DE) übernommen. Die Übernahme entstand aus einer anfänglichen Kooperation im Jahr 2003. Die M. Schaerer AG bleibt weiterhin ein eigenständiges Unternehmen und beschäftigt heute 220 Mitarbeitende am Stammsitz in Moosseedorf.

## 9.3   Kundenanbindung mit Kanban

Um seinem Kunden Schaerer eine effiziente Bewirtschaftung der von Serto bezogenen Artikel zu ermöglichen, führten die beiden Unternehmen eine Kanban-Lösung ein. Kanban heisst eigentlich Schild oder Karte und ist eine in den 70er Jahren entwickelte Nachschubmethode für die Produktion nach dem Pull-Prinzip [Ohno 1988]. Die angeforderte und zu liefernde Menge orientiert sich ausschliesslich am Verbrauch in der Produktion. Damit will man die Lagerbestände sowohl auf Endprodukt- als auch auf Zulieferteilebene reduzieren. Mit einer Verringerung der Lagerbestände geht eine Senkung der Kapitalbindung sowie der Durchlaufzeiten und Losgrössen einher. Die Kanban-Fertigung eignet sich für Produkte mit hohem Wert (A- oder B-Teile), geringen Nachfrageschwankungen und wenig Sonderwünschen.

Die hier vorgestellte Kanban-Lösung von Schaerer und Serto sieht folgendermassen aus: Einerseits werden mit dem von Serto und Schaerer implementierten Prozess Teile, die eher dem C-Teile-Bereich zuzurechnen sind, geliefert. Andererseits konnte hier die Losanzahl drastisch reduziert werden, obwohl die Lagerbestände beim Kunden abgebaut wurden. Auch ist die Kanban-Lösung der 70er Jahre eher für die Optimierung innerbetrieblicher Prozesse ausgelegt. Hier wird sie zwischen zwei unabhängigen Unternehmen eingesetzt, was ein grosses Vertrauensverhältnis zwischen Kunden und Lieferanten voraussetzt.

Im Folgenden wird die Lösung in unterschiedlichen Sichten beschrieben: der Geschäftssicht, der Prozesssicht und der Anwendungssicht.

### 9.3.1   Geschäftssicht und Ziele

Bei Kundenanbindungen gibt es immer zwei Seiten, nämlich die des Kunden und die des Lieferanten, und damit verbunden unterschiedliche strategische und operative Ziele (vgl. Abb. 9.1). Während der Kunde Versorgungssicherheit bei möglichst geringen Kosten anstrebt, gibt es auf Lieferantenseite strategisch vor allem ein Hauptargument, nämlich das der Kundenbindung. Beide Unternehmen hatten schon mit anderen Partnern Kanban-Lösungen realisiert und kannten die strategischen Vorteile dieses Verfahrens. Für Serto hat Kanban zudem noch operative Vorteile in Form von regelmässigen Lieferungen, einer vereinfachten Administration, einfachen, einheitlichen Geschäftsprozessen und einer besseren Planbarkeit. Auf Seiten des Kunden kommt es zu einer Reduzierung der Lagerbestände und damit zu einem geringeren Kapitalbedarf sowie einem geringeren administrativen Aufwand im Bestellwesen. Wareneingangs- und Qualitätskontrollen entfallen.

Der Kanban-Prozess ist auf Seiten Serto mit zusätzlichen Dienstleistungen verbunden. Dazu gehören die wöchentliche Anfahrt zum Kunden mit dem eigenen Transporter und das Austauschen der leeren Kanban-Behälter gegen gefüllte im Werk des Kunden. Diese Logistikkosten werden dem Kunden separat berechnet.

Wenn es bei Schaerer aufgrund von Nachfrageschwankungen zu Out-of-stock-Situationen (OOS) kommt, dann können die benötigten Artikel kurzfristig und telefonisch als Sonderbestellung bei Serto aufgegeben werden. Serto verfügt zu diesem Zweck über einen Pufferbestand der Zulieferteile.

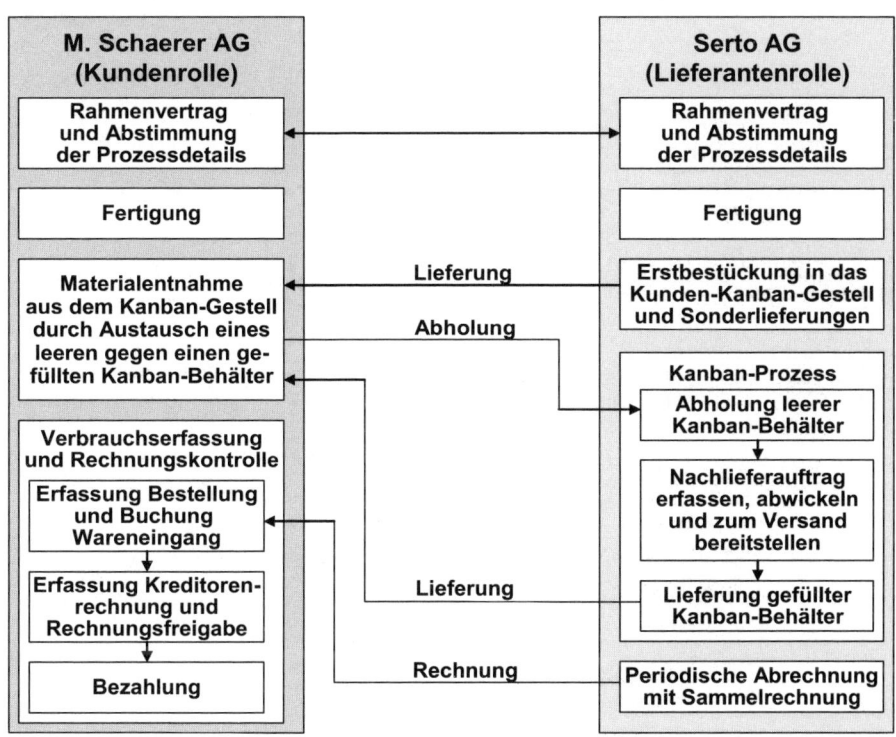

Abb. 9.1: Der Kanban-Prozess als Dienstleistung der Serto AG

### 9.3.2   Prozesssicht

Bei Serto unterscheidet man zwischen einem internen und einem externen Kanban. Das interne Kanban wird benutzt, um die internen Insellager (Produktionslager) vom Hochregallager (Zentrallager) mit Einzelteilen zu versorgen. Das externe Kanban wird für die Belieferung von Kunden benutzt. In der Fallstudie wird lediglich das externe Kanban beschrieben.

Für jeden Artikel, der im Kanban-System geführt wird, sind zwei Behälter vorgesehen. Die Behälter sind beim Kunden in einem Gestell hintereinander gelagert.

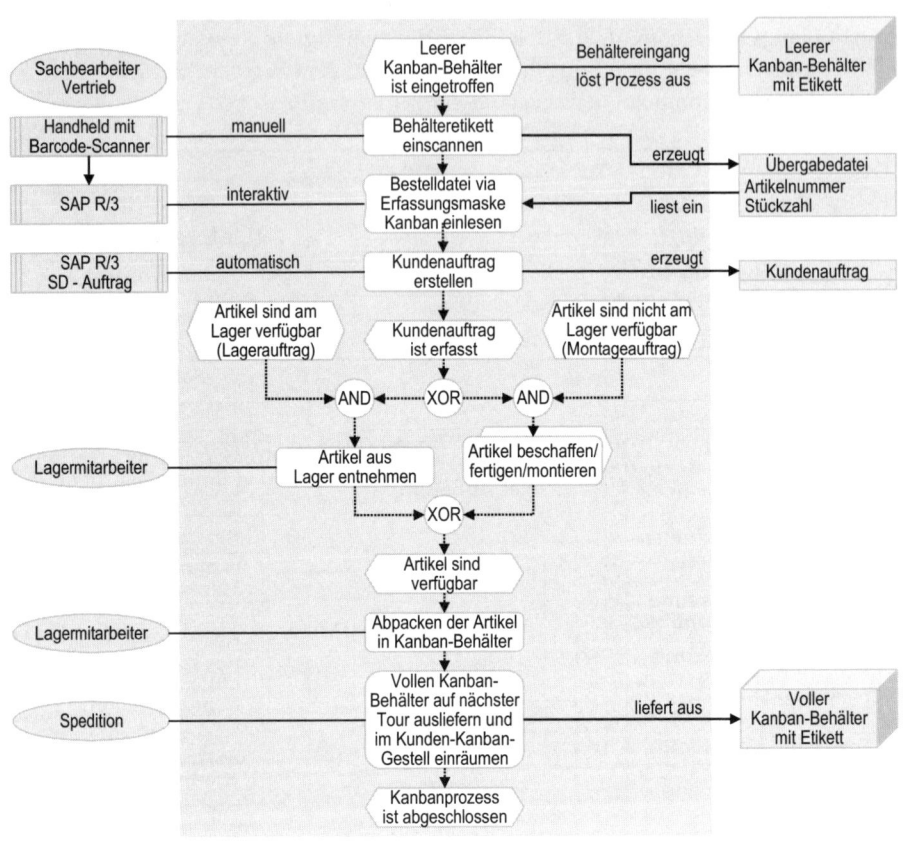

Abb. 9.2: Der Kanban-Prozess bei Serto

Jeweils donnerstags werden die Kanban-Behälter bei Schaerer ausgetauscht: ein leerer Behälter wird mitgenommen und ein aufgefüllter Behälter wird angeliefert. Beim Wareneingang der leeren, beschrifteten Behälter bei Serto werden die Barcodes auf den Etiketten mit einem mobilen Gerät für die Datenerfassung (MDE-Gerät) gelesen. Bei den Angaben auf der Etikette handelt es sich um Material- und Mengenangaben zum jeweiligen Behälter. Es wird eine Übergabedatei erzeugt, die manuell über eine so genannte *Erfassungsmaske Kanban* in das SAP R/3 System erfasst wird und dort einen SD-Kundenauftrag erzeugt. Für die Produktion bzw. das Lager wird ein Montageauftrag für Standardteile oder ein Lagerauftrag für Sonderteile erstellt. Die Einzelteile werden abgepackt, bereitgestellt und in die Behälter verladen. Die Auslieferung erfolgt wieder donnerstags und die gefüllten Boxen werden beim Kunden in das Kanban-Gestell eingeräumt. Wareneingangs- und Qualitätskontrollen entfallen. Der Prozess ist in Abb. 9.2 grafisch dargestellt.

Die jeweilige Behältermenge muss so definiert sein, dass diese nicht verbraucht wird, so lange der andere, leere Behälter im Umlauf ist. Serto erstellt eine monatliche Sammelrechnung für die ausgelieferte Ware, wobei pro Kanban-Behälter eine Auftrags- und Rechnungsposition erzeugt wird. Bei Schaerer wird aufgrund dieser Sammelrechnung manuell eine Bestellung für den internen Gebrauch in deren SAP R/3 System angelegt. Es werden automatisch der Wareneingang gebucht und die Kreditorenrechnung erfasst. Durch die Freigabe der Kreditorenrechnung wird eine Zahlung an Serto ausgelöst.

### 9.3.3 Anwendungssicht

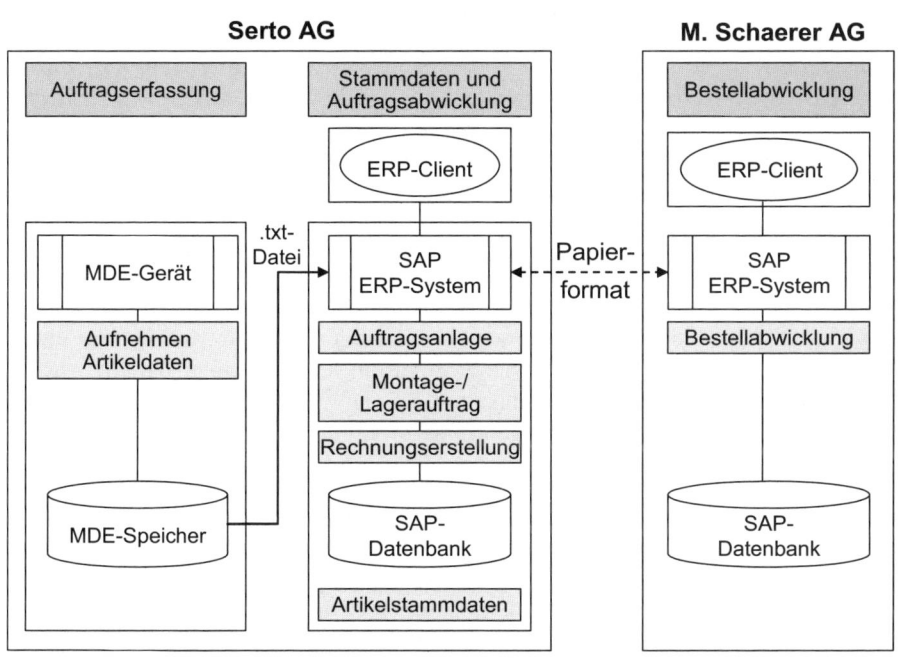

Abb. 9.3: Anwendungsübersicht und Integrationsschema

Der Informationsaustausch zwischen den beiden Unternehmen erfolgt in der einen Richtung über die Kanban-Etiketten, in der anderen Richtung über die Sammelrechnung (Abb. 9.3). Innerhalb der Serto ist eine halbautomatische Lösung zur Auftragserfassung vorhanden. Die Übermittlung der Artikeldaten vom MDE-Gerät an das SAP R/3 System erfolgt mit einem strukturierten Textfile, das lediglich die SAP-Artikelnummer und die Stückzahl enthält.

Das Überzeugende der Kanban-Lösung der Serto AG ist deren frappierende technische Einfachheit. Nach anfänglichen Bemühungen in Eigenerweiterungen der eingesetzten ERP-Lösung hat sich die Serto AG konsequent auf die Standardlösung zurückbesonnen. Für die dargestellte Lösung wird deshalb das bestehende, traditionelle SAP-System eingesetzt, das einzig um die Einleseroutine der MDE-Daten erweitert wurde.

## 9.4 Projektabwicklung und Betrieb

### 9.4.1 Projektmanagement und Changemanagement

Zu Beginn wurde eine Prozessanalyse durchgeführt, um dem Kunden eine massgeschneiderte Kanban-Lösung bieten zu können. Der Prozess wurde in vier Schritte unterteilt: Bedarfsermittlung, Bestellvorgang, Produktion und Verpackung sowie Lieferung. Es gab folgende Möglichkeiten der Bedarfsermittlung: einen automatischen Bestellvorschlag im ERP-System, eine visuelle Überwachung, sowie eine Kanban-Karte. Auch beim Bestellvorgang gab es verschiedene Möglichkeiten, die sich vor allem im Automatisierungsgrad unterschieden. Im Laufe der Verhandlungen hat man sich dann für die jetzt realisierte Lösung entschieden.

Schaerer hat sich schlussendlich für die Kanban-Lösung entschieden, deren Prozessschritte folgendermassen aussehen: Die Bedarfsermittlung erfolgt mit einem Zwei-Kisten-System, als Bestellauslöser dient ein leerer Kanban-Behälter, in der Produktion wird ein Sicherheitslager nur für Sonderteile geführt, als Verpackung dient der Kundenbehälter und die Lieferung erfolgt durch Serto.

Das Projekt wurde innerhalb von drei Monaten umgesetzt. Bei der Serto AG waren drei Mitarbeitende am Projekt beteiligt. Es gab eine Restriktion, die schon bei der SAP-Einführung berücksichtigt wurde, nämlich zu versuchen, den SAP-Standard beizubehalten und von kundenindividuellen Erweiterungen abzusehen. Durch die sehr pragmatische Lösung wurde das manuelle Erfassen der Bestellung im SAP durch eine automatische Bestellanlage ersetzt. Es entstand ein einmaliger Aufwand zum Programmieren und Testen der Schnittstelle zum MDE-Gerät. Hinzu kam ein wöchentlicher Logistikaufwand für das Ausliefern und Tauschen der Kanban-Behälter und das Auslösen der Bestellung durch ein MDE-Gerät.

### 9.4.2 Entstehung und Roll-out der Softwarelösung

Der IT-Partner TDS Multivision hat die Schnittstelle (Upload der Übergabedatei vom MDE-Gerät ins SAP R/3) mit einem Aufwand von einem halben Personentag realisiert. Grundsätzlich wurden keine kundenindividuellen Anpassungen gemacht, sondern, wie strategisch definiert, der SAP-Standard genutzt.

### 9.4.3 Laufender Unterhalt

Bei der realisierten Lösung müssen keine spezifischen Aspekte der Verfügbarkeit berücksichtigt werden. Die Auslieferung der Ware kann auch für eine gewisse Zeit unabhängig vom SAP R/3 System erfolgen.

## 9.5 Erfahrungen

### 9.5.1 Nutzerakzeptanz

Die Nutzerakzeptanz ist auf Kunden- wie auf Lieferantenseite sehr gross. Bei Serto entfällt durch die Einführung der Kanban-Lösung der zeitaufwändige Bestellprozess (manuelles Erfassen der Bestellungen), sehr zur Freude der Mitarbeitenden aus der Verkaufsabteilung.

Aufgrund der jahrelangen guten Zusammenarbeit und der sehr pflichtbewussten Auftragsabwicklung durch Serto konnte man sich mit dem Gedanken einer nur noch stichprobenartigen Wareneingangs- und Qualitätskontrolle bei Schaerer gut anfreunden. Die Mitarbeitenden aus dem Controlling, die anfangs noch Bedenken hatten, wurden durch den reibungslosen Ablauf überzeugt. So findet die Rechnungskontrolle immer anhand der Lieferscheine statt, während die Wareneingangskontrolle nur stichprobenweise durchgeführt wird. Für die Montagemitarbeiter war das Zwei-Kisten-Prinzip gewöhnungsbedürftig. Es musste nämlich die Regel eingehalten werden, dass nur aus der vorderen Kiste gerüstet werden durfte. Aber auch das wurde nach einer Anlaufphase zur Routine.

### 9.5.2 Zielerreichung und bewirkte Veränderungen

Die gesetzten Ziele wurden auf Kunden- und Lieferantenseite erreicht, und die Prozesse sind akzeptiert. Das Volumen der Bestellungen, die aus der Kanban-Lösung mit Schaerer entsteht, beträgt ca. acht Prozent des gesamten Bestellvolumens. Da der Prozess im SAP-Standard realisiert wurde, sind keine prozessspezifischen Kosten angefallen. Lediglich die Transportkosten fallen zusätzlich an und werden dem Kunden separat verrechnet.

Aus Sicht von Serto konnte durch die enge Verknüpfung des Prozesses mit Schaerer die Kundenbeziehung intensiviert werden – eines der Hauptziele wurde damit erreicht. Der bessere Einblick in die Kundenprozesse und der wöchentliche Einblick in dessen Fabrikation im Zusammenhang mit der Belieferung des Kanban-Gestells hat es erlaubt, das System auf weitere Produkte auszubauen, teilweise zu Lasten von anderen Herstellern.

### 9.5.3   Investitionen, Rentabilität und Kennzahlen

Um festzustellen, ob sich die Umstellung auf Kanban gelohnt hat, wurden die Kosten den zusätzlichen Erträgen gegenübergestellt. Es sind folgende Kosten angefallen: Fahrzeug- und Lohnkosten für die Abholung/Auslieferung der Kanban-Behälter, einige Transportgitterwagen, einen höheren Lagerbestand (Sicherheitsbestand) sowie die Programmierung der Schnittstelle. Das MDE-Gerät musste nicht neu angeschafft werden, da es schon im Inventurprozess verwendet wurde. Dem gegenüber stehen nahezu eine Verdoppelung des Umsatzes und niedrigere Bestellkosten.

## 9.6   Erfolgsfaktoren

Das Interessante an dieser Fallstudie ist der pragmatische Ansatz bei der Realisierung und die regionalen Ausbreitungsmöglichkeiten. Beeindruckend ist auch die kurze Zeit, die benötigt wurde, um eine Kundenidee zu prüfen und umzusetzen.

Zu den wichtigsten Erfolgsfaktoren einer solchen Lösung gehören die enge Zusammenarbeit und das grosse Vertrauen zwischen Kunde und Lieferant. Wenn diese Grundvoraussetzung gegeben ist, kann der administrative Aufwand auf beiden Seiten drastisch reduziert werden und es kommt zu einer Win-Win-Situation.

### 9.6.1   Reflexion der „Prozessexzellenz"

Aus dem pragmatischen Ansatz bei der Realisierung folgt eine Lösung, die wirkungsvoll, einfach und zugleich überschaubar und bedienerfreundlich ist. Ihre Einführung beanspruchte nur eine geringe Investition in die Infrastruktur und ermöglicht Serto die Flexibilität, sich auch weiterhin an geänderte Situationen anzupassen. Die Lösung ist ausbaubar, sei es auf andere Kunden, sei es auf eine Anwendung in anderen Ländergesellschaften.

Ein Nischenanbieter aus dem Hochlohnland Schweiz kann seine Kundenbeziehungen ausbauen und festigen, indem er neben einem hervorragenden Produkt eine enge Verzahnung mit den Logistikprozessen seiner Kunden anbietet. Die Serviceorientierung und Anpassungsbereitschaft wird honoriert durch stabile Kundenbeziehungen und ein kalkulierbares Auftragsvolumen.

Interessant ist auch der Umgang mit den ERP-Systemen. Beide Unternehmen setzen SAP R/3 ein, um Material- und Werteflüsse lückenlos und genau zu erfassen. Vor und zwischen definierten Prozesszuständen werden dabei auch manuelle Vorgänge eingewoben, wenn das Kosten-Nutzen-Flexibilitäts-Verhältnis dies als beste Lösung ausweist.

Der hier aufgezeigte externe Kanban-Prozess hat weitere Entwicklungs- bzw. Ausbaumöglichkeiten. Bei einer Erhöhung des Automatisierungsgrades könnten z.B. die Ausgangsrechnungen von Serto als Datei an Schaerer übermittelt und dort mit einem Programm verbucht werden. Damit wäre eine manuelle Erfassung der einzelnen Rechnungspositionen als Bestellung nicht mehr nötig. Gleichzeitig könnte der Prozess auch auf die Lieferantenseite der Serto AG ausgedehnt werden. In der Prozessintegration wäre man damit einen Schritt weiter.

## 9.6.2 Lessons Learned

Bei der Serto AG möchte man weiterhin Kundenideen aufnehmen und prüfen und den pragmatischen Ansatz bei der Realisierung beibehalten. Für die Optimierung und Anpassung von Geschäftsprozessen gilt das Motto *Reduce-to-the-max*.

# 10 Aebi & Co. AG: Webbasiertes CRM

*Rolf Gasenzer*

Die Aebi & Co. AG in Burgdorf im Kanton Bern ist ein traditioneller Schweizer Maschinenbauer, mit einer starken Marktstellung im Segment landwirtschaftlicher Mehrzweckmaschinen und Kommunalfahrzeuge. Die Produktion ist durch eine grosse Fertigungstiefe geprägt. Die globale Vertriebs- und Servicestruktur ist komplex. Die Produkte sind äusserst dauerhaft, was zu einem langen Kundenlebenszyklus führt. Dies alles stellt hohe Ansprüche an den Kundendienst für die Betreuung nach dem Kauf. Die Kundendienstprozesse wurden bis anhin mit selbstentwickelten After-Sales-Lösungen unterstützt. Nun erfolgte im Zuge einer grösseren Umstellung der IT-Infrastruktur die Einführung einer integrierten und vollständig webbasierten CRM-Lösung, welche mächtige Funktionalitäten zur Betreuung bestehender Kunden für eine breite Anwenderschaft unter Einschluss des Aebi-Händlernetzes bereitstellt.

Folgende Personen waren an der Bearbeitung dieser Fallstudie beteiligt:

Tab. 10.1: Mitarbeitende der Fallstudie

| Ansprech-partner | Funktion | Unternehmen | Rolle |
|---|---|---|---|
| Dominic Meier | Leiter Kundendienst | Aebi & Co. AG | Lösungs-betreiber |
| Michel Henlin | Partner, Leiter Entwicklung | Actricity AG | IT-Partner |
| Rolf Gasenzer | Professor für Wirtschaftsinformatik | Berner Fachhochschule Technik und Informatik | Autor |

## 10.1 Das Unternehmen

Die Geschichte des Familienunternehmens Aebi als Maschinenfabrik begann 1883 mit der fabrikmässigen Produktion erster Landmaschinen in Burgdorf. Im April des Jahres 2006 wurde die Aebi-Holding an eine Unternehmergruppe rund um Peter Spuhler, Inhaber des Schienenfahrzeugherstellers Stadler Rail Group, verkauft.

### 10.1.1 Hintergrund, Branche, Produkt und Zielgruppe

Die Produktion der bekannten geländegängigen Mehrzwecktransporter wurde 1964 aufgenommen. Heute wird dazu ergänzend ein Produktionsprogramm geführt, das neben Motormähern auch aus Geräteträgern für schwieriges Gelände, Strassenkehrmaschinen und Mehrzweck-Kommunalfahrzeugen besteht.

Die Gruppe beschäftigt im Jahr 2006 rund 450 Mitarbeitende und erzielt einen Umsatz in der Grössenordnung von 130 Mio. CHF. Rund 350 Beschäftigte arbeiten im Stammhaus in Burgdorf und Oberburg, die übrigen in den Gruppengesellschaften. Die Aebi-Produkte werden weltweit über unabhängige Händler an die Endkunden vertrieben.

Im Hause Aebi geht man davon aus, dass weltweit deutlich über 300'000 Maschinen im Einsatz sind. Auf dem Gebiet der hangtauglichen Geräteträger für schwieriges Gelände sieht sich Aebi selbst als weltgrösster Hersteller.

Das Marktumfeld ist sowohl im Landwirtschaftssektor wie auch im Kommunalfahrzeugbereich weltweit von Überkapazitäten gekennzeichnet. Entsprechend hart wird der Kampf um Marktanteile geführt. Ist der Investitionsentscheid gefällt, erwarten die Kunden von Aebi und ihren Vertriebspartnern eine exzellente Betreuung nach dem Kauf.

### 10.1.2 Stellenwert von Informatik und E-Business

Der Bedeutung von Informationen als Produktionsfaktor mit Produktivitätspotenzialen durch Einsatz von Informatikmitteln wurde bei Aebi bereits 1962 mit der Installation eines IBM Systems 3/620 Rechung getragen. Die Aufschaltung der Website www.aebi.com erfolgte 1996. Damit verbunden ergaben sich Überlegungen zu der Fragestellung, wie vorab das Händlernetz (also die eigentlichen Kunden von Aebi) und darauf aufbauend auch die Endkunden als Anwender der Aebi-Maschinen durch elektronische Plattformen und E-Business-Instrumente besser an das Unternehmen gebunden werden könnten.

In der Folge konkretisierte sich eine Vision für das elektronisch gestützte CRM:

Die CRM-Lösung soll für eine breite Anwenderschaft mit verschiedenen Rollen alle notwendigen Funktionalitäten browsergestützt über das Web bereitstellen (Intranet-, Extranet- und Internet-Funktionalitäten). Jede Stelle mit Kundenkontakt (d.h. auch jeder Händler mit Endkundenkontakt) soll ohne weitere Installation einen rollenbasierten Zugriff auf CRM-Funktionalitäten erhalten. Alle Kontakte und Informationen zu Händlern und Endkunden sollen im System möglichst in *einem* integrierten „Tool" abgebildet werden, das dann als Basis für Analysen (im Sinne von Knowledge Management und Business Intelligence) auch auf Stufe Geschäftsleitung dem Leistungs- und Finanzmanagement dienen kann. Alle für die strategische Führung und den operativen Betrieb notwendigen Informationen über die Händler als Aebi-Kunden und die Endkunden als Nutzer der Produkte sollen zeitnah zur Verfügung stehen.

## 10.2  Der Auslöser des Projekts

### 10.2.1  Ausgangslage und Anstoss für das Projekt

Parallel zur Arrondierung der Aebi-Gruppe zu einem hochspezialisierten Maschinenindustriekonglomerat wurde nach einem Anbieter einer integrierten Informatik-Gesamtlösung für alle Gruppengesellschaften gesucht. Im Laufe der Ablösung der eigenentwickelten ERP-Softwaresystemumgebung erfolgte zu Beginn des Jahres 2002 nach einem gezielten Evaluationsverfahren der Entscheid zur Migration auf das Standardsoftwarepaket proAlpha der Firma Codex Information Systems & Consulting AG, Münchenstein. Damit konnten die Anforderungen hinsichtlich der engeren ERP-Belange gruppenweit abgedeckt werden.

Die Kundendienstprozesse wurden bis zu diesem Zeitpunkt von einer selbstentwickelten Lösung mit dem Namen PISA – Produkte-Informations-System Aebi – unterstützt. Es stellte sich die Frage, inwieweit auch die bisherige, nur vom engeren Kreis der Kundendienstmitarbeiter in der Zentrale (rund 10 Anwender) genutzte, After-Sales-Lösung weiter in eine stärker integrierte und für einen breiteren Kreis von Anwendern gruppenweit nutzbare CRM-Lösung überführt werden kann. Damit sollte auch erreicht werden, dass das Kunden-, Produkte- und Prozesswissen von einzelnen Know-how-Trägern auf einen breiteren Sachbearbeiterkreis, der jeweiligen Rolle entsprechend, ausgebreitet werden kann. In der Folge wurde für die Ablösung von PISA durch ein umfassendes CRM-System die Actrictiv AG, eine auf CRM-Fragestellungen spezialisierte Tochtergesellschaft der Codex AG, hinzugezogen.

## 10.2.2 Vorstellung der Geschäftspartner

### *Die Actricity AG als Anbieter und Implementierungspartner der CRM-Lösung*

Die Aktivitäten von Actricity gründen auf der Überzeugung, dass gerade im CRM-Bereich konsequent Webbrowser-gestützte Lösungen effizientere Formen der Kundenbetreuung ermöglichen. Für die Realisierung dieser Vision wurde die CRM-Standardlösung „Actricity-CRM-Portal" entwickelt. Mit der Verschiebung von der Produkt- hin zur Kundenorientierung ist der Kunde nicht mehr nur ein Datenobjekt in einer Verkaufsdatenbank, sondern ein aktiv integrierter Partner in einem gemeinsamen Portal. Dies verbindet ihn mit allen im Kundenkontakt stehenden Stellen der Lieferantenkette. Das Portal führt zu einem *interaktiven* Customer Relationship Management bereits in der Pre-Sales-Phase. Das Actricity-CRM-Portal bildet alle kundenrelevanten Informationen ab. Die rollenbasierte Zugriffssteuerung erlaubt dabei die genaue Parametrisierung der Zugriffsrechte, der sichtbaren Datensätze und der individuellen Bildschirmmasken für die unterschiedlichen Anwendertypen. Diese Rollenunterscheidung ermöglicht die Abbildung komplexer Vertriebs- und Servicestrukturen

## 10.3 CRM im internationalen Vertrieb der Aebi-Maschinen

Aufgrund des kleinen Binnenmarktes ist Aebi – wie viele andere Schweizer Anbieter – vor die Herausforderung gestellt, mit seinen Produkten auch auf den Weltmärkten bestehen zu können. Der Unterhalt eines schlagkräftigen internationalen Vertriebsnetzes ist für ein Unternehmen dieser Grösse nicht ohne weiteres zu bewältigen. Mit einer geschickten Virtualisierung geeigneter Aktivitäten (Kundendienst) und der Integration der Vertriebspartner in das CRM-System bietet sich aber die Chance, Grössennachteile gegenüber mächtigen und global tätigen Konkurrenten mit einer höheren Agilität auszugleichen.

### 10.3.1 Geschäftssicht und Ziele

Dreh- und Angelpunkt im Geschäftsmodell von Aebi ist die Zusammenarbeit mit Händlern (vgl. Abb. 10.1). Im Händlernetz widerspiegelt sich der Abdeckungsgrad in den Zielgruppengebieten. Über ein gut betreutes Händlernetz will Aebi einen kohärenten Verkaufsdruck flächendeckend erzeugen. Im Weiteren bilden die Händler die erste Anlaufstelle für die Endkunden im Falle von Reparatur- und Serviceanfragen. Weltweit sind rund 600 Händler für Aebi aktiv. Sie betreuen rund 60'000 Endkunden (davon 20'000 in der Schweiz) und über 300'000 eingesetzte Maschinen. Den Händlern stehen Verkaufsberater aus dem Hause Aebi zur Seite. Für die 370 in der Schweiz tätigen Händler sind sieben Verkaufsberater aktiv, davon vier für Landmaschinen. Die drei auf dem Gebiet der Kommunalfahrzeuge tätigen Verkaufsberater leisten auch Direktverkaufsaktivitäten an Endkunden, typischerweise in Fällen grösserer Submissionen und komplexer kundenspezifischer Produktanforderungen. Bei diesen potenziellen Konflikten in den Absatzkanälen wird darauf geachtet, dass die Händler auch bei Direktverkaufsaktivitäten wenn immer möglich in geeigneter Form in die Wertschöpfung eingebunden und kulant über Rabattierung und Kommissionen honoriert werden. Dies nicht zuletzt mit dem Ziel, hier eine nachhaltige Bindung an das Haus Aebi sowohl auf Händler- als auch auf Endkundenstufe sicherzustellen. Die dabei ablaufenden Prozesse sind vielfältig und häufig komplex.

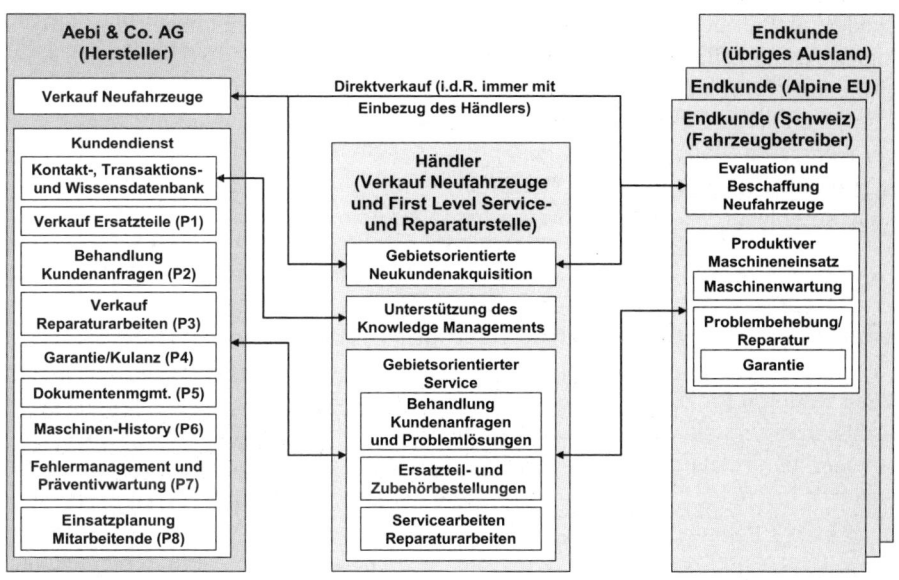

Abb. 10.1: Business Szenario: Vertrieb und Service für Aebi-Mehrzweckmaschinen

Bei der Einführung der CRM-Lösung wurde deshalb auf strategischer Ebene auch das Ziel verfolgt, durch die Einbindung der ersten Kundenstufe Händler in ein gemeinsam genutztes Kundenbetreuungs- und Wissensportal eine partnerschaftliche Beziehung und eine hohe Kunden-Lieferantenbindung zu erreichen. Auf operativer Ebene liegen die Ziele in schnellen und unterbruchsfreien Prozessen für die Kundenbetreuung unter Einbezug der Händler. Das CRM-System soll das Tagesgeschäft vereinfachen und die gemeinsame Wissensbasis fortlaufend erweitern. Betroffen ist ein Mengengerüst von rund 25'000 Ersatzteilsendungen im Jahr (dies entspricht durchschnittlich etwa 100 Ersatzteilsendungen pro Werktag mit saisonalen Spitzen bis zu 200 Sendungen) und rund 5'000 Anfragen zu technischen Auskünften, Reparatur- oder Garantiebegehren (dies entspricht durchschnittlich etwa

20 komplexen Sachbearbeitungen pro Werktag). Die Prozessunterstützung mit Selbstbedienungselementen wird als Weg gesehen, um die Produktivität in der Kundenbetreuung zu steigern, ohne dass der Kunde eine Qualitätseinbusse in seiner Beziehung zum Lieferant erfährt.

Im Zentrum der CRM-Lösung bei Aebi stehen die Kundendienstprozesse. Abb. 10.1 zeigt dabei die wichtigsten Vorgänge P1 bis P8. Aebi bietet seinen Händlern verschiedene Kontaktkanäle an, wobei ein Rabattsystem die effizienteren Kanäle begünstigt. Erfolgt die Anfrage oder die Bestellung direkt über den in das CRM-Portal integrierten Webshop (bereits 25 % der Fälle), so wirkt dies rabatterhöhend. Persönliche Vorsprache (1 % der Fälle) an den Schaltern des Kundendienstbüros oder die Zusendung eines Telefax (34 % der Fälle) sind rabattneutral, während Anfragen und Bestellungen per Telefon (40 % der Fälle) eine Rabattminderung zur Folge haben. Letzteres soll durch Einführung einer kostenpflichtigen 0900er-Nummer noch verstärkt werden.

### 10.3.2 Prozesssicht

Alle aufgeführten Kundendienstprozesse (P1–P8) werden durch die Funktionalitäten der CRM-Lösung unterstützt, wobei die Ausprägung der Automatisierung in den einzelnen Prozessen unterschiedlich ist. Erfolgt beispielsweise eine Ersatzteilbestellung (P1) durch den Händler über den CRM-Webshop, so ist bis zu den Rüst- und Auslieferungschritten der ganze Prozess medienbruchfrei automatisiert. Einen weiteren Prozess, der zwar systemgestützt aber mit Interventionen durch die Sachbearbeitung abgewickelt wird, zeigt Abb. 10.2. Das Fehlermanagement (P7) ist einer der wichtigsten Prozesse im Aebi-Kundendienst. Hier werden CRM-gestützt Entscheide getroffen und aufgrund der gegebenen Umstände entsprechende Aktionen geplant und vorgenommen. Durch die in den Workflows vorgesehenen Zurückschreibeaktivitäten wird die Wissensdatenbank fortlaufend angereichert.

Die Generierung der Unterlagen für die Sachbearbeitung erfolgt systemgestützt. Aufgrund der Entscheide an den monatlichen Sitzungen des Teams FMR (Fehler-Management-Revision), das sich aus Mitarbeitenden des Kundendienstes sowie der Abteilung Entwicklung und Konstruktion zusammensetzt, werden einzelnen Mitarbeitenden Aufgaben zugewiesen, die über Workflows gesteuert und überwacht werden können.

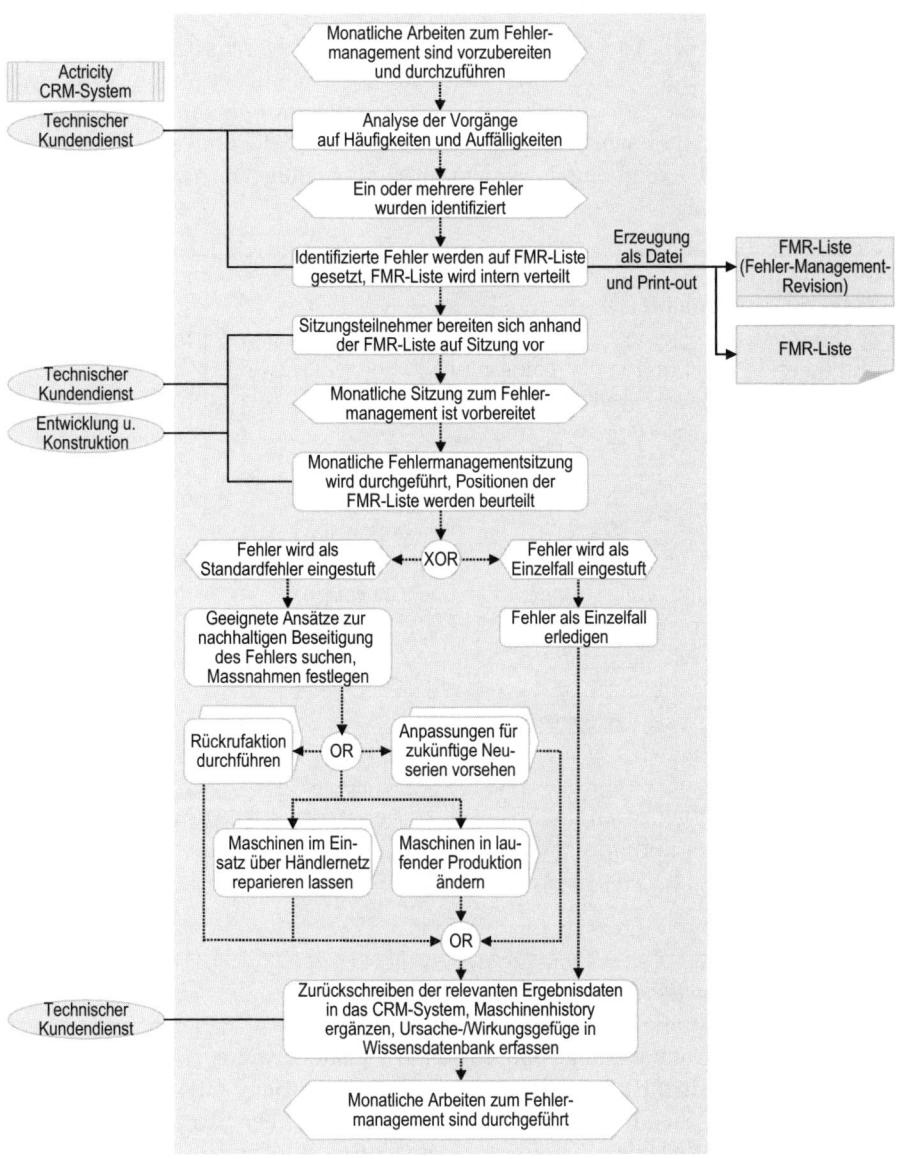

Abb. 10.2: Prozess Fehlermanagement

### 10.3.3  Anwendungssicht

Der aus der Sicht der Anwender wichtigste Punkt ist die Zugriffmöglichkeit auf alle Funktionalitäten des CRM-Portals über einen gewöhnlichen Webbrowser. Das heisst einerseits, dass Anwender keine Zusatzinstallation vornehmen müssen und anderseits, dass auch ortsunabhängig Zugriff auf das CRM-Portal genommen werden kann. Abb. 10.3 zeigt eine Übersicht über die wichtigsten Anwendungen und ihre Verknüpfungen.

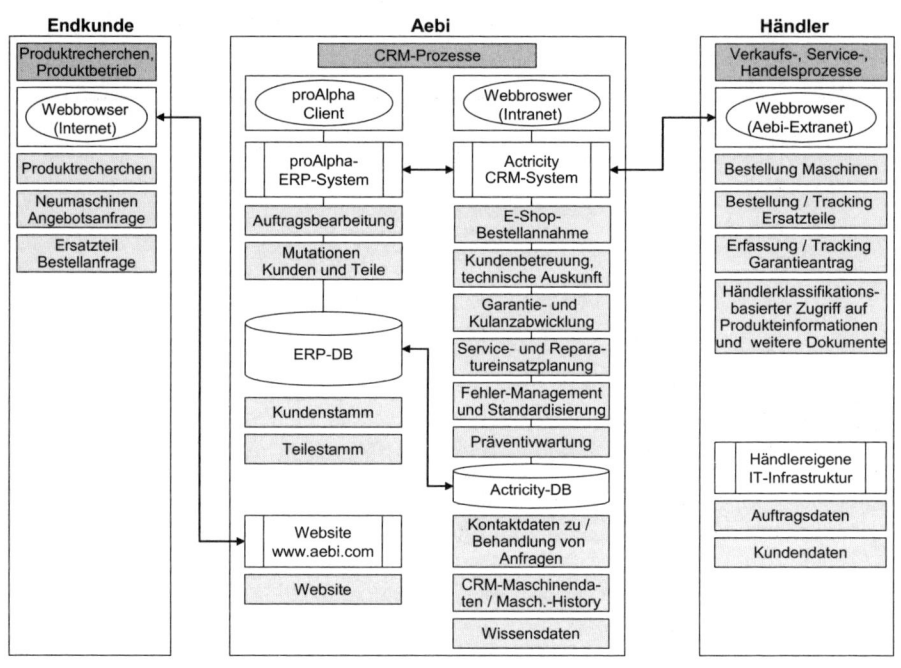

Abb. 10.3: Anwendungsübersicht im Aebi-Vertriebssystem

Hinsichtlich der Datenhaltung sind folgende Punkte erwähnenswert: Der Austausch zwischen den ERP-Stammdaten und den Actricity-CRM-Daten erfolgt XML-basiert. Der „Lead" bei der Datenhaltung liegt bei der ERP-Datenbank. Die Actricity-CRM-Datenbank übernimmt Stammdaten zu Kunden, Maschinen (im Zustand nach der Endmontage), Ersatzteilen und weitere in einem über Nacht erfolgenden Datenabgleich. Das Actricity-CRM-System seinerseits spielt im Viertelstundentakt Daten zu Transaktionen wie Ersatzteilbestellungen (der Webshop ist ja in Actricity integriert) oder gesprochene Garantien verbunden mit entsprechenden Gutschriften in das ERP System zurück.

Den Endkunden steht unter der Adresse www.aebi.com ein Informationsabfrage-
und -austausch-Portal zur Verfügung, das allerdings nur einen freiformatierten,
nicht integrierten Meldungsaustausch ermöglicht.

### 10.3.4 Technische Sicht

Die Aebi-Gruppe hat ihre unterschiedlichen Standorte über Internet mit einer
VPN-Logik vernetzt. Einzig der Standort Hochdorf wurde aus Performancegrün-
den über eine Standleitung angebunden (vgl. Abb. 10.4). Die Händler haben über
das Aebi-Extranet Zugang zu allen für sie relevanten Transaktionen des CRM-
Systems.

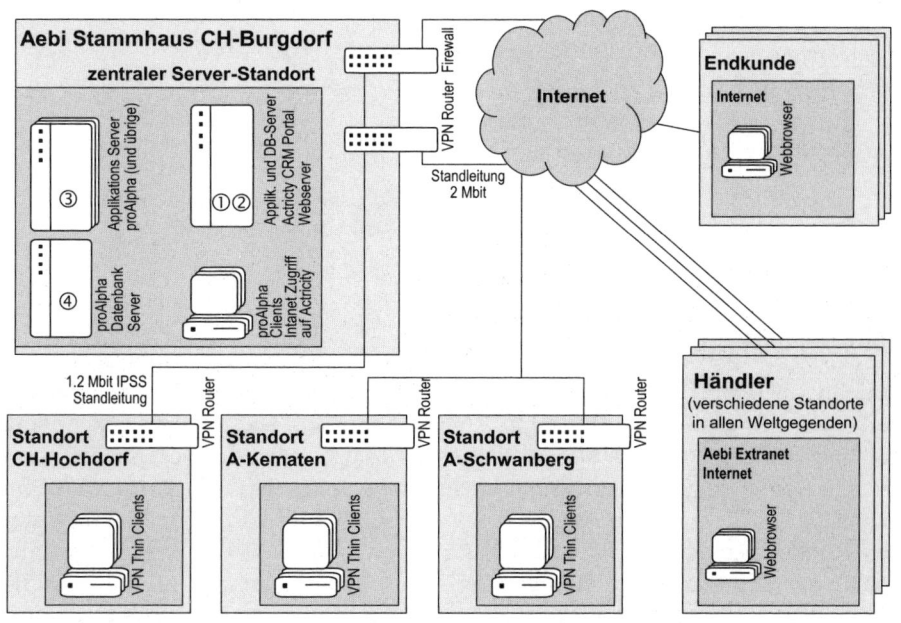

Abb. 10.4: Einbindung aller Gruppengesellschaften und Händler in das Aebi-CRM-System

Die hard- und softwarseitige Ausstattung der einzelnen Systeme ist aus der nachfolgenden Tabelle ersichtlich. Das proAlpha-ERP-System ist auf rund 200 Benutzer und das Actricity-CRM-System auf rund 500 Benutzer ausgelegt.

Tab. 10.2: Spezifikationen und Merkmale der Aebi-Systemumgebung

| Server | Hardware | Software |
|---|---|---|
| ① Webserver | CPU:IBM xSeries 330<br>Intel Pentium 4 mit 1.2 GHz<br>RAM: 1024 MB<br>HD: 36GB mit RAID1 | BS: Suse Linux 8.0<br>AW: Apache 1.3.26 |
| ② Actrictity CRM-<br>Applikations- und<br>Datenbank-Server | CPU: IBM p 520 2-way 1.5 GHz<br>RAM: 8 GB<br>HD: 4 x 36 GB mit RAID5 | BS: AIX 5.3<br>DB: MySQL und DB/2<br>AW: Actricity CRM Rel. 2.0 |
| ③ proAlpha<br>ERP-Applikations-<br>Server | CPU-Cluster: xSeries 330<br>8 x Intel Dual Pentium 3 mit 1.2<br>GHz<br>RAM: Je 2 GB<br>HD: 36GB mit RAID1 | BS: Windows 2000 SP 4<br>MW: Citrix Metaframe XP<br>AW: proAlpha 4,1 C |
| ④ proAlpha Da-<br>tenbank-Server | CPU: IBM RS/6000 p 640 B80,<br>2-way 375 MHz<br>RAM: 4 GB MB<br>HD: 36GB mit RAID1<br>HD: 216 GB mit RAID5 | BS: AIX 5.3<br>DB: Progres 9,1 E |

CPU: Prozessor, RAM: Arbeitsspeicher, HD: Festplattenspeicher, BS: Betriebssystem, AW: Anwendungssoftware, MW: Middleware, DB: Datenbanksoftware

## 10.4 Projektabwicklung und Betrieb

Eine breite Gruppe künftiger Anwender wurde bereits in das Evaluationsverfahren der neuen ERP-Standardsoftware proAlpha einbezogen. Diese wurde von Anfang 2002 bis Anfang 2004 über alle Standorte der Gruppe in der Schweiz und in Österreich in Betrieb genommen. Der Entscheid für das Actrictiy-CRM-Portal wurde im September 2002 getroffen. Als Ende des Jahres 2002 die Migration von der eigenen Kundendienstlösung PISA auf das Actricity CRM-Portal konzipiert wurde, konnte auf umfassende Erfahrungen der Kundendienstabteilung mit den in PISA abgebildeten Prozessen zurückgegriffen werden. Dabei wurden Verbesserungsmöglichkeiten identifiziert und vorgesehen. Bis März 2003 waren die Konzeption und die Parametrisierung des neuen CRM-Systems zusammen mit der Datenübernahme aus der alten Kundendienstlösung abgeschlossen. Die Arbeit mit der Wissensdatenbank und deren fortlaufende Ergänzung waren ab diesem Zeitpunkt browsergestützt in der neuen rollenbasierten Oberfläche möglich. Ein weiterer wichtiger Ausbauschritt wurde im April 2006 vorgenommen, als für die Händler die direkte Bestellmöglichkeit von Ersatzteilen über einen Webshop, der in der gewohnten Oberfläche des CRM-Portals integriert ist, produktiv geschaltet wurde.

Da die beiden neueingeführten Systeme vom gleichen Lösungsanbieter stammen, waren die nötigen Schnittstellen zwischen der ERP- und der CRM-Lösung unter weitgehender Nutzung von Synergien zwischen den in beiden Projektlinien involvierten Personen erstellbar.

Der ganze Betrieb des ERP- und des CRM-Systems wird zusammen mit weiteren IT-Lösungen, die notwendige Spezialfunktionen anderer Bereiche (wie etwa Entwicklung und Konstruktion) abdecken, von einer hauseigenen Informatikabteilung sichergestellt.

## 10.5 Erfahrungen

### 10.5.1 Nutzerakzeptanz

Durch die breite Einbindung der zukünftigen Nutzer in die Evaluationsverfahren sind die neuen Systeme im Alltagsbetrieb gut aufgenommen worden. Bei den Händlern müssen auch Anreize mit monetären Elementen gesetzt werden, damit sie das effektivere CRM-System nutzen. Bemerkenswert ist, dass nach den ersten vier Betriebsmonaten (April bis Juni 2006) der in die CRM-Lösung integrierten Ersatzteilbestellmöglichkeit bereits ein Viertel der Bestellungen online erfolgte.

### 10.5.2 Zielerreichung und bewirkte Veränderungen

Das Zusammenspiel zwischen Aebi als Produzent und den Händlern als Kunden der ersten Marktstufe erfolgt zunehmend über dieses integrierte CRM-Werkzeug. Von der Wissensdatenbank werden Informationen bezogen und auch wieder zurückgeschrieben. Die Wissenserfassung in den diversen internen Prozessen mit Hilfe der im Workflow integrierten Rückschreibeprozeduren auf die Datenbank funktioniert. Für eine abschliessende Beurteilung des Erfolgs bei der angestrebten verstärkten Einbindung der Händler in verbesserte Informations- und Bestellprozesse ist die Zeitdauer seit der Produktivschaltung des Webshops mit vier Monaten noch zu kurz.

### 10.5.3 Investitionen, Rentabilität und Kennzahlen

In den folgenden Aufstellungen für die im Zusammenhang mit einer solchen Lösung erforderlichen Investitionen wird ein in der Komplexität mit der Aebi-Lösung vergleichbarer Standardfall abgebildet. Die Angaben beziehen sich auf die zusätzlich zu einem ERP-System erforderlichen Komponenten für die CRM-Lösung.

Die Investitionen für die Hardware-Infrastruktur (zum Betrieb der Actricity-Applikation und -Datenbank sowie eines Web- und Kommunikationsservers) belaufen sich auf rund 10'000.- CHF.

Infolge der Anbindungsmöglichkeiten des Actricity-CRM-Portals an verschiedene Datenbanksysteme kann auf ein bestehendes System beim Kunden aufgesetzt werden und es werden hierfür keine weiteren Kosten angenommen.

Die Actricity-CRM-Portal Standardsoftwarekosten hängen von den benötigten Funktionsgruppen und der Anzahl der Nutzer in den verschiedenen Kategorien ab. Im vorliegenden Fall ergaben sich in etwa folgende Zahlen:

- Auslegung auf 100 *interne intensive Hauptnutzer*:
  Einmalige Lizenzkosten von 120'000.- CHF.

- Auslegung auf 200 weitere *interne, aber extensive Nebennutzer*:
  Einmalige Lizenzkosten von 70'000.- CHF.

- Auslegung auf 200 *externe Nutzer* (Händler über Extranet):
  Einmalige Lizenzkosten von 50'000.- CHF.

Für die Aktivitäten des IT-Partners im Projekt (Beratung, Projektleitung, individuelle Entwicklungen und Datenübernahmen sowie Schulung) ergab sich ein Aufwandsblock von 120 Arbeitstagen in einem Wert von 180'000.- CHF.

Das gesamte Investitionsvolumen beläuft sich also auf etwa 430'000.- CHF.

Für den laufenden Betrieb ist ein Wartungsvertrag zugrunde gelegt, der das Einspielen von neuen Releases sowie Supportleistungen umfasst („Aufrechterhalten des Betriebs in der Ist-Situation"). Berechnet wird ein Fünftel der Softwareinvestition, was hier mit rund 50'000.- CHF pro Jahr zu Buche schlägt.

Auf der Seite der daraus resultierenden Einsparungen und Produktivitätssteigerung werden in qualitativer Hinsicht vor allem die Erhöhung der Managementeffektivität anhand der nun praktisch in Echtzeit vorliegenden Kennzahlen über das Problemfallmanagement und den daraus ableitbaren Hinweisen für die Produktionsverbesserung angeführt.

Umsatzsteigerungen beim Ersatzteilgeschäft, für das in absehbarer Zeit ein Umsatzanteil von rund einem Fünftel am Gesamtumsatz anzunehmen ist, sind aufgrund der Verbesserung zu erwarten: Kürzere Lieferzeiten im Verbund mit noch zuverlässigeren Teilen sollen auch den Anteil der Drittanbieter von Ersatzteilen für Aebi-Maschinen weiter zurückdrängen.

Ein Kernpunkt bei den Einsparungsmöglichkeiten ist der Umstand, dass das System in der Lage ist, Wissen, das bis anhin oft nur in den Köpfen einzelner langjähriger Mitarbeitender vorhanden war, entpersonalisiert abzubilden. Eine grössere Teilevielfalt und mehr Elektronik in den Aebi-Maschinen erhöhen die Komplexität. Nur dank der verbesserten CRM-Systemunterstützung gelingt es, diese Mehrlast bei gleichbleibendem Personalbestand von rund 30 Mitarbeitenden im Kundendienst zu bewältigen. Dabei wird von einer erhöhten Wissenserschliessungsproduktivität von etwa 10 % ausgegangen.

## 10.6  Erfolgsfaktoren

Ein Maschinenbauer wie Aebi, der in Kleinserien von 100 bis 500 Maschinen zwar hochwertige, aber auch im oberen Preissegment liegende Produkte herstellt, ist in ganz besonderem Masse darauf angewiesen, dass Fehler sofort erkannt und Verbesserungen umgehend vorgenommen werden. Durch die IT-Systemunterstützung kann aus den Alltagsabläufen des Kundendienstes rasch herausgefiltert werden, wo gegebenenfalls Handlungsbedarf auch in Entwicklung und Konstruktion sowie in Produktion und Endmontage besteht. Diese enge Verzahnung von Produktions- und Absatzbereichen führt letztendlich zu einer Marktleistung, die auch auf den internationalen Märkten bestehen kann, und unterstützt die angestrebte verstärkte Kundenbindung.

### 10.6.1  Spezialitäten der Lösung

Da alle verkauften Maschinen zusammen mit allen Komponenten und der Maschinenhistory im CRM-System abgebildet und zusammen mit der Kundenhistory auf Knopfdruck auffindbar sind, ergibt sich für Produzent und Händler eine breite und verlässliche Informationsbasis: die jeweils gewünschte Information kann mit Hilfe des Internets zur richtigen Zeit am richtigen Ort verfügbar gemacht werden und stellt im Erscheinungsbild dem jeweiligen Sachbearbeitungsprozess genau die Datensichten und Funktionalitäten bereit, die für den konkreten Arbeitsschritt benötigt werden. Der browsergestützte Zugriff entschlackt die Einführung auch bei den Händlern von nutzungshemmenden Installations- und Betriebsproblemen. Indem die Lösung alle Händleraktivitäten auf ein und derselben Plattform integriert, können sie erfasst und dabei so abgebildet und abgelegt werden, dass sie den vielfältigen Zwecken der Anwender entsprechend wieder abrufbar sind.

### 10.6.2  Reflexion der „Prozessexzellenz"

Letztendlich ist die zuverlässige Einsatzbereitschaft eines der wichtigsten Nutzenelemente, das die Endkunden aus dem Einsatz der Aebi-Produkte ziehen. Ein Maschinenausfall in den häufig saisonal bedingten Perioden intensiven Einsatzes hat für den Endkunden gravierende Konsequenzen. Dem vorzubeugen ist Aufgabe des Qualitätsverbesserungsprozesses, der – vom Kundendienst angestossen – die Abteilungen Entwicklung und Produktion integriert und zu verbesserten Leistungen bringt. Darauf baut ein erstes wichtiges Element der angestrebten Kundenbindung auf: In den langen Maschinenlebenszyklen sollen die Kunden durch einen hervorragenden Kundendienst (Auskünfte, Wartung, Ersatzteile, Garantie- und Kulanzbehandlung) so an das Unternehmen gebunden werden, dass bei Neuanschaffungen die Wahl des Endkunden wiederum auf ein Produkt von Aebi fällt. Dabei ist zu berücksichtigen, dass im Kommunalbereich die typische Zeitdauer bis zu einer Neuanschaffung rund 5 Jahre beträgt, während sie im Landwirtschaftsbereich über

20 Jahre erreichen kann und damit teilweise auch generationenübergreifend ist. Die Konsequenz dieser Überlegungen ist ein ausgeklügeltes Fehlermanagement. Es umfasst die kontinuierliche Überwachung von häufig auftretenden Fehlern, eine abteilungsübergreifende Diskussion bei der Suche nach Standardfehlern, die Identifikation allenfalls ungenügender Konstruktions-, Montage bzw. Materialmerkmale und deren rasche Beseitigung in der laufenden Produktion. Aebi nimmt gegebenenfalls auch Interventionen an Maschinen vor, die bereits bei den Endkunden produktiv im Einsatz sind, und sieht dies als einen wichtigen Beitrag zur Kundenbindung. Die Raschheit und die Präzision der damit verbundenen Prozesse, nicht nur stammhausintern, sondern auch im Verbund mit den Händlern, stützen sich wesentlich auf Funktionalitäten, die mit der Wissensdatenbank und den ergänzenden CRM-Werkzeugen erst möglich geworden sind.

### 10.6.3 Lessons Learned

Gerade auch im Fall Aebi, bei dem wichtige Teile des Know-hows durch die Mitarbeitenden getragen werden, ist eine sachgerechte „Entpersonalisierung" durch eine geeignete Abbildung wichtiger Wissensdaten ein für die Kontinuität der Marktleistungen wichtiger Faktor. Für den Aufbau und die fortwährende Ergänzung der Datenbausteine in der Wissensdatenbank sind möglichst alle betroffenen Abteilungen im Betrieb einzubeziehen, da diese Ersteingabe- und Aufbauaktivität von ihrem Umfang her nicht zu unterschätzen ist. Nur eine breit angelegte und kontinuierlich mit weiteren Daten angereicherte Wissensdatenbank bringt die relevanten Erkenntnisse für strategische und operative Tätigkeiten.

In diesem Sinne wäre auch wünschenswert, wenn in einer weiteren Ausbauphase ein Weg gefunden würde, sich noch stärker von der Sicht und den Funktionalitäten des abgelösten Legacy-Systems PISA zu lösen und aufbauend auf dem Funktionspotenzial des neuen browsergestützten CRM-Portals bestimmte Abläufe weiter zu überdenken. Dabei ginge es gegebenenfalls auch darum, bisherige betriebliche Zuordnungen (Abteilungen) mit Blick auf eine noch weiter zu stärkende Kundenbindung vorurteilslos zu hinterfragen.

# 11 Lyreco: Convenience durch 1:1-Anbindung von Business Software

*Raphael Hügli und Petra Schubert*

Die Firma Lyreco, ehemals Büro-Fürrer/Proffice, ist in der Schweiz eine der führenden Lieferantinnen für Büromaterial. Der seit Anfang 1999 verfügbare E-Shop zeichnet sich durch einen grossen Funktionsumfang und eine starke Personalisierbarkeit aus. 70 % des Umsatzes werden heute über elektronische Bestellungen generiert. Eine spezifische Stärke von Lyreco ist es, elektronische Schnittstellen zu entwickeln, die auf die individuellen Bedürfnisse der Kunden ausgerichtet sind. Auf dieses Weise werden durch B2B-Integration Beschaffungsprozesse optimiert und ein hoher Grad an Kundenbindung erreicht.

Folgende Personen waren an der Bearbeitung dieser Fallstudie beteiligt:

Tab. 11.1: Mitarbeitende der Fallstudie

| Ansprechpartner | Funktion | Unternehmen | Rolle |
|---|---|---|---|
| Marcel Brandtner | Leiter Kommunikation & E-Commerce | Lyreco | Lösungsbetreiber |
| Patrick Rauber | Leiter Corporate Accounts | Lyreco | Lösungsbetreiber |
| Raphael Hügli | Forschungsassistent | FHNW | Autor |
| Petra Schubert | Institutsleiterin | FHNW | Autorin |

Die beschriebene Lösung ist unter www.lyreco.ch zugänglich.

## 11.1 Das Unternehmen

Die folgenden Abschnitte beschreiben das Unternehmen Lyreco, Branche und Produkte sowie den Stellenwert von E-Business im Unternehmen.

### 11.1.1 Hintergrund, Branche, Produkt und Zielgruppe

Das französische Unternehmen Lyreco wurde 1926 gegründet und vertreibt heute Büromaterial in 28 Ländern. Die Gruppe beschäftigt weltweit ca. 10'000 Mitarbeitende und erzielte im Jahr 2005 einen Umsatz von 1.785 Mrd. EUR. Das seit 119 Jahren tätige Schweizer Unternehmen Büro-Fürrer wurde im Jahr 2005 durch Lyreco übernommen und in die internationale Lyreco-Gruppe aufgenommen. Die folgenden Ausführungen beziehen sich ausschliesslich auf die Schweizer Niederlassung von Lyreco.

Die Stärke von Lyreco ist ein modernes Outsourcing-Beschaffungskonzept für Geschäftskunden (B2B). Der Umsatz im Bereich Office Produkte betrug im Geschäftsjahr 2005 ca. 90 Mio. CHF. Lyreco hat 25'000 aktive Kunden, die pro Tag rund 3'000 Bestellungen tätigen, was einer Anzahl von ca. 12'000 Rüstpositionen entspricht. Die Verkaufsorganisation umfasst 30 Aussendienstmitarbeiter, 7 Corporate Account Manager und 25 Innendienstmitarbeiter.

Der Handel mit Büromaterial ist ein grundsätzlich gesättigter Markt mit zunehmendem Konsolidierungsdruck, wie die Übernahme von Büro-Fürrer durch Lyreco illustriert. Es handelt sich bei Büromaterialeinkauf um MRO-Procurement (Maintenance, Repair and Operations) mit einem Grossteil an Kleinstmengenabwicklung. Die Produktgruppe Büromaterial generiert sehr hohe Transaktionsvolumen bei den Bestellungen und den Rechnungen.

Lyreco hat 7'000 Lagerartikel für Bürobedarf bei einer Lieferbereitschaft von über 99 %. Die Bestellung kann bis 17 Uhr erfolgen, um bereits am nächsten Tag ausgeliefert werden zu können. Als Verpackung werden ökologische, wieder verwendbare Mehrwegboxen genutzt. Das Sortiment umfasst Büromaterial, Papier, IT-Verbrauchsmaterial, Drucksachen und Nespresso Kaffee. Der Hauptkatalog umfasst 500 Seiten. Auf Wunsch werden kundenindividuelle Kataloge angefertigt.

Lyreco zählt zu den ersten weltweiten Verteilern von Büromaterial, die sich auf Geschäftskunden ausgerichtet haben. Zielkunden sind alle Unternehmen mit mehr als drei Büroarbeitsplätzen.

### 11.1.2 Unternehmensvision

Die Lyreco-Gruppe setzt sich zum Ziel „to be the reference that the business community turns to for office supplies solutions." Die grosse Herausforderung in dieser Branche ist die seit über einem Jahrzehnt bestehende kundenseitige Verschiebung von einem zentralen Einkauf zu einer zunehmenden Dezentralisierung, bei der Rahmenverträge aufgesetzt werden und verschiedene Mitarbeitende Kleinstmengen selbst bestellen. Anforderungen durch die Dezentralisierung sind Einfachheit des Bestellvorgangs, hohe Lieferbereitschaft, schnelle Lieferung und ständig verfügbare, aktuelle Daten.

Die sich daraus ergebende Vision des Unternehmens lautet:

Lyreco möchte mit seiner E-Commerce-Applikation dem Kunden die optimale Convenience im Bereich Büromaterialbestellung schaffen.

### 11.1.3  Stellenwert von Informatik und E-Business

Bereits vor dreizehn Jahren wurde ein Punkt-zu-Punkt-System eingeführt mit dessen Hilfe Kunden über eine Terminalemulation auf das AS/400-Bestellsystem zugreifen und dort Bestellungen tätigen konnten.

Vor acht Jahren antizipierte die Geschäftsleitung von Lyreco, dass auf absehbare Zeit das Bedürfnis an E-Commerce-Lösungen im B2B-Geschäft aufkommen würde. Man setzte sich zum Ziel, den Kunden auf dem Entwicklungsprozess in eine stärker Internet-gestützte Transaktionsabwicklung zu begleiten und unterstützend zu wirken. Die bereits im Einsatz befindliche Punkt-zu-Punkt-Verbindung auf Basis der Terminalemulation war aufwändig, da sie individuell vor Ort installiert werden musste. Für den Zugriff auf die Internet-Lösung sollte neu nur ein Standard-Webbrowser nötig sein, der in der Regel am Arbeitsplatz der entsprechenden Mitarbeitenden bereits vorhanden ist. Ziel der E-Commerce-Lösung war die Bestellung durch den Kunden vom Schreibtisch aus [vgl. Schubert 2001]. Damit wurde der Kundenfokus noch stärker ins Zentrum gestellt.

## 11.2  Der Auslöser des Projekts

### 11.2.1  Ausgangslage und Anstoss für das Projekt

Der Grossteil der Kunden, die den elektronischen Bestellkanal nutzen, geben ihre Bestellungen über die Sell-Side-Lösung (den E-Shop) von Lyreco ein. Darüber hinaus gibt es ca. 70 Grosskunden, die spezifische Anforderungen an ihre Beschaffungslösungen haben. Kapitel 11.3 beschreibt das Vorgehen bei einer *individuellen Anbindung* an die E-Commerce-Lösung der Firma Lyreco am Beispiel des SAP Enterprise Buyer Professional (EBP). Diese Integrationsmöglichkeit ist heute bei diversen Lyreco-Kunden im Einsatz.

## 11.2.2 Vorstellung der Geschäftspartner

Die Firma Lyreco verfügt über einen hohen Grad an IT-Know-how. Dadurch kann sehr individuell auf Kundenbedürfnisse eingegangen werden. Lyreco kombiniert die Stärken eines Büromateriallieferanten mit denen eines IT-Service-Anbieters. An der Entwicklung der E-Commerce-Lösung waren neben Lyreco zusätzlich die Firmen Lawson und Novanet beteiligt.

### *ERP-Anbieter/bestehender Informatikpartner*

Im Backend-Bereich setzt Lyreco das ERP-System „Movex" der Firma Lawson ein. Die Movex AG wurde im Januar 1989 in Zug gegründet und später von Intentia Switzerland AG übernommen, die wiederum im Mai 2006 mit Lawson Software fusionierte. Die Schweizer Niederlassung von Lawson hat ihren Hauptsitz in Zug und beschäftigt ca. 100 Mitarbeitende.

### *Internet Agentur*

Die Novanet Internet Consulting AG, Zürich, ist eine Internet Agentur, die sich auf Konzeption und Design von Datenbank gestützten Internetlösungen spezialisiert hat. Ihre Multimediadienstleistungen umfassen das Design und die Entwicklung von interaktiven Websites und E-Business-Systemen. Das Unternehmen verfügt über rund ein Jahrzehnt Erfahrung im Internet Business.

## 11.3 Direktanbindung unterschiedlicher Business Software

### 11.3.1 Geschäftssicht und Ziele

Die Lyreco-Aussendienstmitarbeiter und Corporate Account Manager informieren ihre Kunden in Beratungsgesprächen über die verschiedenen Möglichkeiten der elektronischen Bestellabwicklung, darunter auch die *individuelle* Anbindung von Beschaffungslösungen (Buy-Side-Lösungen) an die E-Commerce-Lösung von Lyreco. Im Vordergrund steht die Optimierung der internen Prozesse des Kunden.

Im Falle der Einführung einer individuellen B2B-Anbindung finden im Vorfeld zunächst einige *einmalige Tätigkeiten* statt (gestrichelter Kasten in Abb. 11.1), wie z.B. die Beratung über die mögliche technische Umsetzung. Die gewünschte Leistung wird gemeinsam definiert. Der Rahmenvertrag enthält die geplanten Bezugsmengen und die individuellen Preise für diesen Kunden. Es ist möglich, im elektronischen Produktkatalog nur bestimmte Ausschnitte aus dem Gesamtproduktkatalog anzuzeigen. Die Berechtigungen der Mitarbeitenden werden im System hinterlegt. Dazu gehört auch die Speicherung der Kostenstellennummern der Bestellenden, was eine einfachere Zuordnung bei der Verrechnung ermöglicht.

Während der *Bestellabwicklung* (Abb. 11.1) zur Büromaterialbeschaffung nutzt der Einkäufer den Katalog auf der Lyreco-Plattform. Dem Bestellenden stehen umfangreiche Suchmöglichkeiten im für den Kunden individualisierten Produktkatalog zur Verfügung. Bei einer Direktanbindung ihrer Business-Software-Systeme erzielen sowohl Lyreco als auch der Kunde einen Nutzen. Lyreco reduziert den Aufwand für die Entgegennahme von Bestellungen, die Auftragsabwicklung und die Rechnungsstellung. Aufgrund des Aufwands für die Anwendung und die gesteigerte Convenience für den Kunden, wird eine hohe Kundenbindung erreicht. Für den Kunden liegen die Vorteile in der einfachen Bestellmöglichkeit über seine eigene, vertraute Umgebung (Buy-Side), wobei durch den dezentralen Zugriff auf die Applikation von Lyreco die Vorteile einer Sell-Side-Lösung (individuelle Preise und Verfügbarkeitsprüfungen) erhalten bleiben.

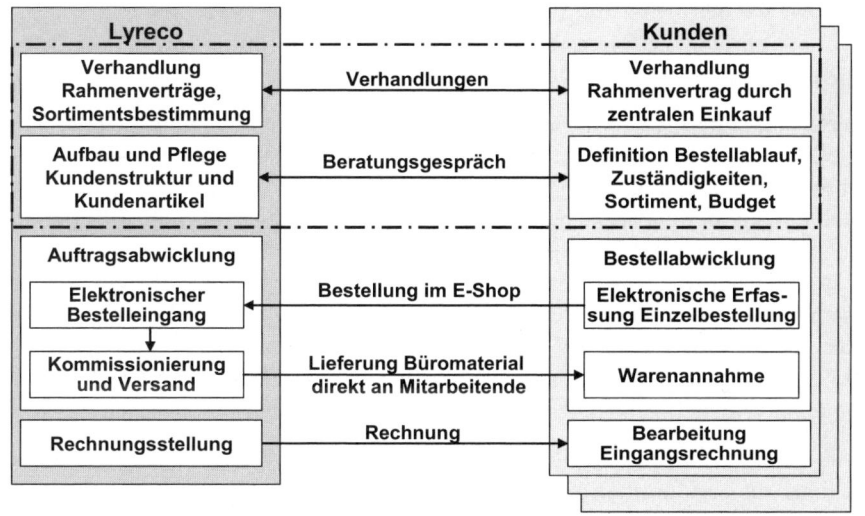

Abb. 11.1: Business Szenario Lyreco

Die Bestellung wird gleichzeitig bei Lyreco und im Kundensystem erfasst, womit die manuellen Erfassungen für spätere Auswertungen und Rechnungsbearbeitungen entfallen.

## 11.3.2 Prozesssicht

Abb. 11.2 zeigt einen exemplarischen Bestellprozess beim Kunden. Dabei wird davon ausgegangen, dass kundenseitig ein SAP-System angebunden wird.

Der Benutzer loggt sich in sein hausinternes SAP ein und wählt den gewünschten Lieferanten aus einer vorgegebenen Liste aus. Via OCI-Schnittstelle gelangt der Besteller ohne zusätzliches Login in den ausgewählten Onlineshop (Single-Sign-On), in diesem Fall in den Lyreco Shop. Das Anlegen des Warenkorbes erfolgt im E-Shop von Lyreco und wird nach Erfassung aller benötigten Artikel wieder ins SAP übernommen. Genehmigung und Kontierung erfolgen im SAP-Modul *Enterprise Buyer Professional (EBP)*. Die Bestellung wird intern im SAP angelegt und als XML-Datei über den Business Connector an Lyreco übermittelt. Die Budgetverantwortung kann damit (bis zu einem zu bestimmenden Einkaufsbetrag) an die Bestellenden dezentralisiert werden. Die Abrechnung erfolg auf die entsprechenden hinterlegten Kostenstellen.

Überschreiten einzelne Bestellungen das eingetragene Betragslimit, wird ein Workflow für die Genehmigung eingeleitet (die Bestellung muss genehmigt oder abgelehnt werden). Erst mit der Genehmigung wird der Bestellprozess angestossen. Diese zusätzliche Barriere dient vor allem der Plausibilitätsprüfung und somit der Möglichkeit von Rückfragen und zur Fehlervermeidung.

Der *Bezahlprozess* wird erst angestossen, wenn die bestellte Ware geliefert, vom Besteller geprüft und im System bestätigt worden ist. Dies ist eine zusätzliche und wichtige Aufgabe, die dem Bedarfsträger (Besteller) zukommt. Entspricht die bestellte Ware dem Wareneingang, wird sie vom Besteller im SAP EPB gebucht. In der Praxis zeigte sich, dass die Wareneingänge vielfach von den Bestellern nicht im System eingegeben wurden, obwohl die Lieferung korrekt erfolgte. Dadurch entstanden grosse Aufwände bei der Rechnungsprüfung und Zahlung. Die Problematik wurde so gelöst, dass bei Lieferungen mit einem Warenwert bis zu 300.- CHF automatisch ein Wareneingang gebucht wird. Somit konnten 90 % aller manuellen Wareneingangsbuchungen automatisiert werden.

Die Rechnungsbuchung erfolgt automatisch durch die Wareneingangsbestätigung und führt zur periodischen Zahlungsfreigabe aller fälligen Rechnungen. Der Kunde kann sich auf der Lyreco-Plattform eine detaillierte Monatsrechnung anzeigen lassen und diese als CSV-Datei (Excel) herunterladen. Die Rechnungen können auch als XML-File elektronisch über die OCI-Schnittstelle direkt ins SAP-System übermittelt werden. So können Wareneingang und Rechnungseingang in SAP R/3 überwacht werden und die Rechnungsprüfung kann sich auf Stichproben beschränken. Lyreco verschickt zusätzlich Papierrechnungen, um die Mehrwertsteuerkonformität zu gewährleisten.

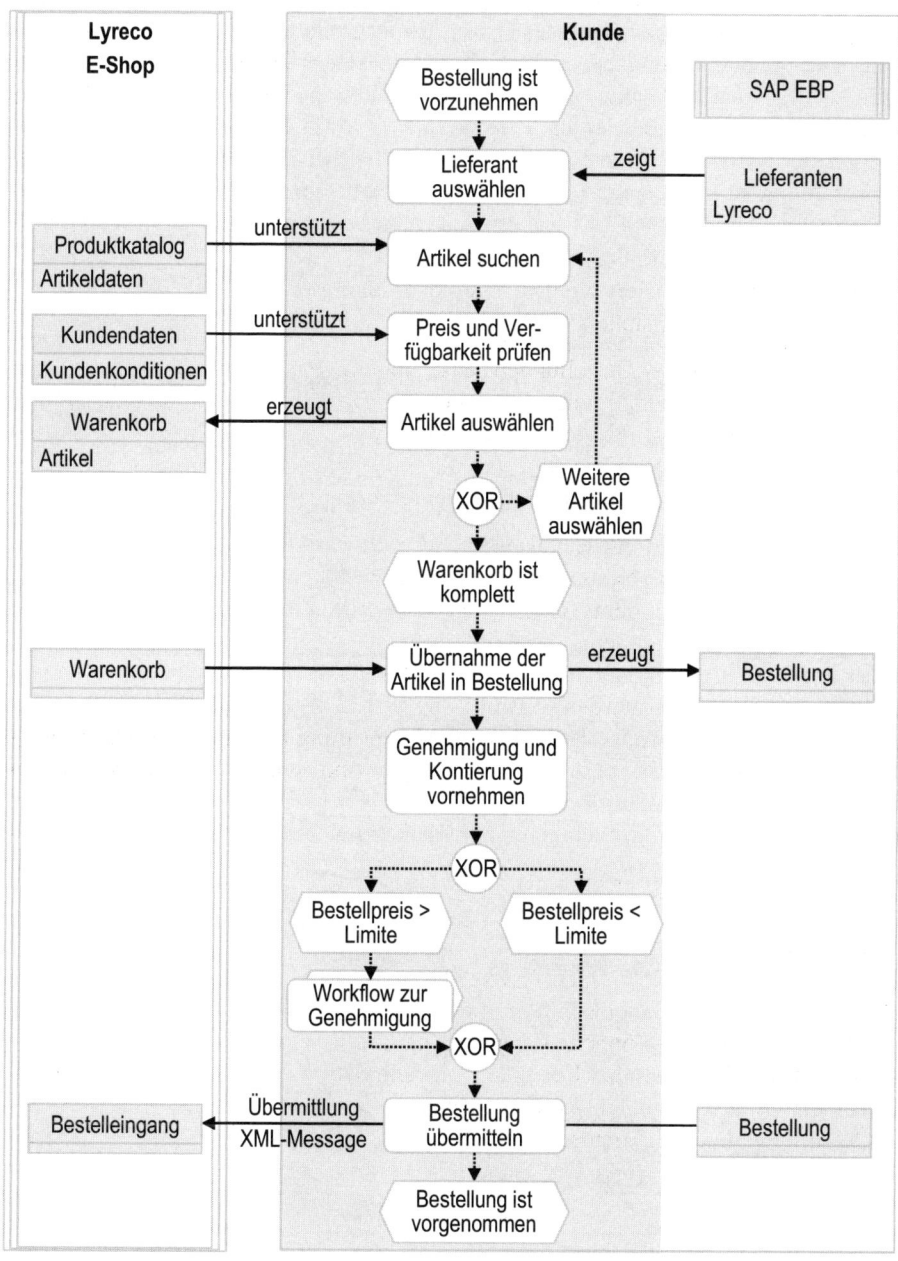

Abb. 11.2: Der Bestellprozess als Kooperation zwischen SAP EBP und dem Lyreco-E-Shop

Im Gegensatz zur reinen Nutzung der Sell-Side-Lösung, findet die Benutzerverwaltung im Fall der Anbindung des Enterprise Buyer Professional nicht bei Lyreco statt. Der Kunde administriert seine Benutzer selbst im eigenen SAP-System. Gleichzeitig wird aber auch der Nachteil von üblichen Buy-Side-Lösungen mit einem beim Kunden abgelegten Produktkatalog vermieden. Der Katalog ist im E-Shop bei Lyreco integriert und wird dort auch laufend aktualisiert. Die Aufgabenverteilung ist klar geregelt: Der Kunde unterhält sein eigenes System und Lyreco sorgt für den Unterhalt des Katalogs. Lyreco hostet und verwaltet den Onlineshop, der die Grundlage für den Produktkatalog ist.

### 11.3.3 Anwendungssicht

Die E-Commerce-Lösung von Lyreco umfasst einen stark individualisierbaren E-Shop (Sell-Side-Lösung). Wie in der Prozesssicht gezeigt, ist es eine besondere Stärke des Shops, dass neben dem Sell-Side-Angebot verschiedene B2B-Integrationen in Buy-Side-Lösungen grosser Kunden möglich sind. Damit integrierte Lyreco Kunden mit Desktop-Purchasing-Lösungen. Über 20 flexible Steuerfunktionen (Sortimentsberechtigung etc.) können individuell pro Mitarbeitendem definiert werden. Informationen über Lagerbestand, individuelle Kundenpreise, Bestellstatus, Umsätze, Adressdaten etc. sind zu jeder Zeit verfügbar (Abb. 11.3).

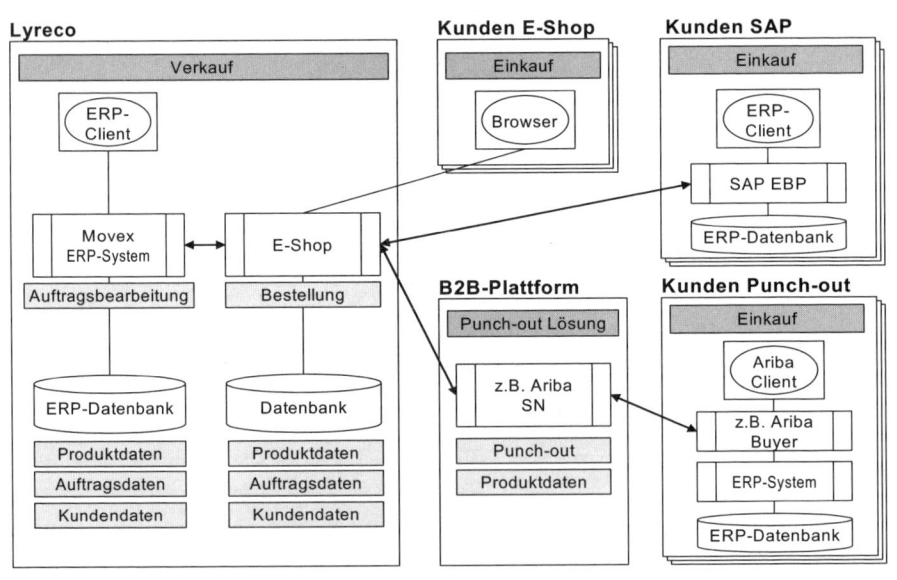

Abb. 11.3: Anwendungsübersicht Lyreco

Kundenlogos und individuelle Informationen als Text oder PDF-Datei können in das Design der Lyreco-Applikation eingebettet werden, so dass es aussieht, als ob es sich um eine kundeneigene Applikation handelt. Geräteabhängiges Zubehör kann gesucht werden (z.B. nur die Tonerkartuschen, die zu einem ausgewählten Drucker passen). Kostenstellen können kundenspezifisch vorgegeben werden. Der Mehrwert für den Kunden besteht häufig in der Reduktion des Angebots und nicht in der Vielfalt. Die Sortimentbreite wird auf Unternehmensebene vorgegeben.

Der Transfer von Bestellungen, Sortiments-Updates, Kundenmutationen etc. zwischen den beiden Lyreco-internen Systemen, dem ERP-System und dem E-Shop, erfolgt vollautomatisiert. Movex wird intern zur Verwaltung und Eingabe von Bestellungen eingesetzt. Daneben gibt es weitere, selbstentwickelte Applikationen, die z.B. Funktionen wie Stammdatenverwaltung sowie Transfer von Stamm und Bewegungsdaten ausführen.

### 11.3.4 Technische Sicht

Als Betriebssystem wird serverseitig OS/400 eingesetzt – sowohl für das ERP als auch für den E-Shop. Die Daten sind in DB2/400-Datenbanken gespeichert.

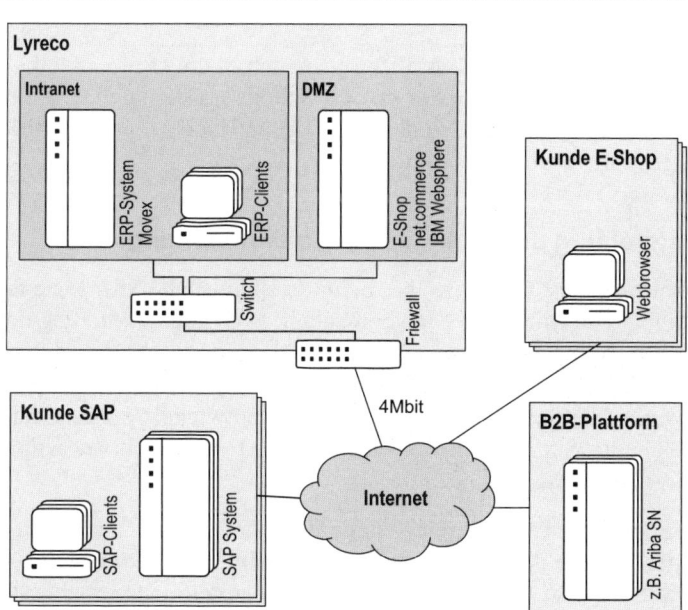

Abb. 11.4: Technische Sicht Lyreco

Neben den ERP-Daten von Movex (MVX-RDBM) wird auf iSeries 820 eine zusätzliche Datenbank verwaltet. In dieser Datenbank sind Bilder und Zusatzinformationen (Langtexte, Kundensortimente, Shop-Steuerungen) für den E-Shop gespeichert. Zwischen den Systemen findet ein regelmässiger Datenaustausch statt. Die im E-Shop eingehenden Bestelldaten werden nicht realtime in das ERP-System gespeichert, sondern fliessen in eine eigens dafür konzipiert Datenbank ein. Diese wird mehrmals stündlich mit dem Movex-System abgeglichen. Es wird keine Applikationslogik des ERP-Systems genutzt. Der E-Shop basiert auf net.data und Apache von IBM. Um die Systemsicherheit zu gewährleisten, befindet sich der E-Shop in einer demilitarisierten Zone (DMZ) und ist vom internen System getrennt (vgl. Abb. 11.4).

## 11.4  Projektabwicklung und Betrieb

Die E-Shop-Lösung ist seit Anfang 1999 operativ. Die folgenden Abschnitte erläutern den Entwicklungsprozess, die Softwarelösung und die Architektur des Gesamtsystems.

### 11.4.1  Projektmanagement und Changemanagement

Zu Beginn des ursprünglichen Internetprojekts gab es ein Dreiecksverhältnis in der Kooperation mit den Partnern. Dies erwies sich als umständlich. Die Projektorganisation wurde später geändert, so dass heute IBM Hauptansprechpartnerin ist und die Leistungen ihrer Partner koordiniert.

### 11.4.2  Entstehung und Roll-out der Softwarelösung

Das Grobkonzept des E-Shops, die Schnittstellen sowie das Datenbankdesign wurden von internen Mitarbeitenden entwickelt. Die Programmierung des E-Shops auf Basis net.data wurde von der Novanet übernommen, die das nötige Internet-Know-how einbrachte. Der E-Shop basiert auf einer offenen Scriptsprache für DB2 (Net.Data). Die Scripts, die für den E-Shop entwickelt wurden, sind betriebssystemunabhängig. Sie sind sowohl unter RS6000, UNIX als auch unter OS/400 und Windows lauffähig.

Als der E-Shop bereits erfolgreich eingeführt war, wurde zusätzlich ein neues ERP-System (Movex) der Firma Lawson eingeführt. Die Schnittstellen zu Movex sind offen definiert, so dass beide Systeme optimal aufeinander abgestimmt werden konnten (vgl. Abb. 11.4). Die Informatikabteilung konzipierte und programmierte die Schnittstellen zwischen Movex und dem E-Shop.

Die sechs Mitarbeiter der Informatikabteilung unterhalten die Systeme und sichern den laufenden Betrieb. Das ERP-System Movex ist eine leicht angepasste Standardapplikation. Der E-Shop ist eine Individualsoftware und wurde speziell für Lyreco programmiert. Alle dazwischenliegenden Schnittstellen wurden von Lyreco selbst konzipiert und programmiert. Die Movex-Datenbanken sind offen beschrieben und können direkt auf Datenbankebene angesprochen werden. Schnittstellenhandling ist eine der Kernaufgaben der Informatik bei Lyreco. Die Visual Basic Applikationen für die Pflege der zusätzlichen Daten für den E-Shop wurden ebenfalls selbst programmiert. Die Batchverarbeitung ist in RPG/Cobol geschrieben.

### 11.4.3 Laufender Unterhalt

Der E-Shop wird von Lyreco selbst gehostet. Der Hardwaresupport wird durch IBM Schweiz gewährleistet. Der E-Shop wird von der Novanet unterstützt und bei Bedarf um zusätzliche Funktionalitäten erweitert. Probleme im laufenden Betrieb aller Systeme werden – soweit möglich – von Lyreco Mitarbeitenden selbst gelöst.

## 11.5 Erfahrungen

### 11.5.1 Nutzerakzeptanz

Die Kunden von Lyreco wünschen neben guten Preisen auch gute Leistung. Ohne einen E-Shop wäre das Geschäft als Vollsortimenter in dieser Branche nicht mehr denkbar. Mitarbeitende wie auch Kunden profitieren von Zeiteinsparungen, die Lyreco in vermehrte Kundenberatung investiert. Die Aussendienstmitarbeitenden ergänzen die technische Umgebung als persönliche Berater vor Ort. Sie erkennen Kundenbedürfnisse, die in die kontinuierlichen Anpassungen einfliessen und dadurch zur erhöhten Benutzerakzeptanz beitragen.

### 11.5.2 Zielerreichung und bewirkte Veränderungen

In den letzten Jahren wurden eine Reihe unterschiedlicher Direktanbindungen an Procurement-Lösung von Kunden vorgenommen. OCI ist in diesen Projekten heute in der Regel die *Standard*schnittstelle. Beispiele für Softwarepakete auf Kundenseite sind der oben genannte SAP EBP, Ariba Punchout, Oracle Punchout und Conextrade. Die Erfahrung zeigt, dass das jeweils erste Implementierungsprojekt für eine solche Software aufwändig ist. Ab der zweiten Einführung kann man auf bereits entwickelte Module zurückgreifen und eine weitere Kundenanbindung ist eigentlich nur noch Customizing.

*Veränderungen*

Lyreco spart heute mindestens drei Tage Arbeit im Monat, da die Rechnungen nicht mehr speziell für die Kunden aufbereitet und auf CD gebrannt werden müssen. Diese interne Aufwandseinsparung wird vom Kunden sogar geschätzt, denn sie bewirkt zugleich erhöhten Kundennutzen (Customer Self Service). Der Kunde hat einen verbesserten Zugang zu Auswertungen und kann Rechnungen selbst einsehen und elektronisch in das eigene System einspielen. Beliebige Informationen zu getätigten Bestellungen können ein Jahr zurück angesehen und lokal gespeichert werden. Lyreco bietet damit in der Schweiz einen in der Branche einzigartigen Service an.

### 11.5.3 Investitionen, Rentabilität und Kennzahlen

Über 70 % des Umsatzes pro Jahr (resp. über 30'000 Bestellungen pro Monat) werden heute über die E-Business Lösung automatisiert abgewickelt. Der Anteil der Einkäufe über Schnittstellen mit Direktanbindungen liegt bei rund 15 %. Für die Entwicklung des E-Shops sind von 1999 bis heute ca. 2.5 Mio. CHF an externen Kosten angefallen. Dieser Betrag beinhaltet Hardware-, Software- und laufende Kosten. Die Verantwortlichen gehen davon aus, dass noch einmal der gleiche Betrag an internen Kosten angefallen ist. Vor allem die Vermarktung war kostenintensiv.

Eine direkte Rentabilitätsrechnung für den Internetkanal ist schwierig. Der E-Shop ist ein Teil des operativen Geschäfts. Er war bei Lyreco in diesem Sinne kein neuer Vertriebskanal, sondern die Ablösung eines bereits bestehenden Punkt-zu-Punkt-Systems. Es wird davon ausgegangen, dass diese moderne Kundenschnittstelle wesentlich dazu beigetragen hat, dass man Kunden binden konnte bzw. sogar neue dazu gewonnen hat. Sowohl bei Lyreco als auch beim Kunden können so Prozesskosten gespart werden. Der E-Shop bildet heute einen wichtigen Teil des operativen Geschäfts und ist in diesem Sinne gar nicht mehr wegzudenken.

## 11.6 Erfolgsfaktoren

Der folgende Abschnitt listet die Faktoren auf, die hauptsächlich für den Erfolg der Internetlösung von Lyreco verantwortlich sind.

### 11.6.1 Spezialitäten der Lösung

Die E-Shop-Lösung wird vom ganzen Unternehmen und nicht nur von einem kleinen Spezialistenteam getragen. Auch die Sachbearbeiter identifizieren sich mit der Internetlösung. Call Center Mitarbeitende arbeiten auch gleichzeitig an der Hotline für die Unterstützung des E-Shops. Die Lösung ist nie eine Bedrohung für existierende Arbeitsplätze gewesen. Der elektronische Kanal ist historisch gewachsen. Auch die interne Informatik steht voll hinter der Internetlösung und war wesentlich an der Entwicklung beteiligt.

Darüber hinaus sind folgende Faktoren für den Erfolg verantwortlich:

- Hoher Grad an Individualisierung für den Kunden

- Verfügbarkeitsprüfung bei Bestelleingabe

- Leistungsstarker Aussendienst, Kundenschulungen vor Ort

- Verbesserte Prozesse: 80 % der Bestellungen laufen nach Abgleich mit den Plausibilitätskontrollen ohne manuellen Eingriff ins System

Eine Spezialität der Lösung ist die Anbindung an SAP EBP, Ariba und IBM Pro Inter. Dadurch werden vor allem Grosskunden optimal mit elektronischen Informationen bedient. Der E-Shop hat hinterlegte Kompatibilitätslisten, mit denen z.b. nur die passenden Accessoires zu einem Drucker angeboten werden. Das ERP-System kann dies nicht.

Darüber hinaus gibt es weitere Spezialitäten:

- Massgeschneiderte Einkaufslisten

- Individueller Shop (individuelle Kundenkataloge, individuelle Preise)

- Aktuelle Übersicht über Verfügbarkeit und Lieferstatus

- Automatisierte elektronische Abrechung (Download Rechnungsdaten)

### 11.6.2 Reflexion der „Prozessexzellenz"

Die USP der E-Commerce-Lösung von Lyreco ist die klare Ausrichtung auf 1:1-Beziehungen zu den Kunden. Die individuellen Bedürfnisse werden vom Aussendienst abgeklärt und dann kundenspezifisch implementiert. So wird durch eine vollständige Ausrichtung auf die Organisations- und Prozessbedürfnisse des Kunden ein hoher Individualisierungsgrad erreicht. Lyreco kombiniert die Leistungen eines Büromaterialanbieters mit denen eines IT-Serviceproviders – und löst damit Kundenprobleme aus einer Hand.

Durch die hohe Individualisierung der B2B-Integrationslösung kann beim Kunden ein durchgängiger, transparenter und systemkonformer Prozess von der Beschaffung bis hin zur Rechnungsprüfung geschaffen werden. Durch die integrierte Bestellabwicklung über das Internet ergibt sich in der Regel eine Reduktion der Durchlaufzeiten. Bei einem exemplarischen Kunden, der Firma Bühler, lag diese Reduktion bei schätzungsweise 30 % [vgl. Möslein/Daxenberger 2002]. Durch die vom System vorgegebene Lieferantenauswahl erfolgt ein interner Bündelungseffekt, der von den einzelnen Bestellern nicht umgangen werden kann. Dieser Bündelungseffekt macht sich in der Regel auch durch höhere Bestellmengen bei Lyreco bemerkbar. Die Produktanzahl kann auf ein speziell ausgewähltes Kundensortiment reduziert werden.

### 11.6.3 Lessons Learned

Die Einführung von E-Commerce in der Form des E-Shops war keine revolutionäre Entwicklung. Das bereits seit Jahren vorhandene Punkt-zu-Punkt-System mit Hilfe von Terminalemulationen ist fliessend in das neue Internetsystem übergegangen.

Das Stellenprofil der Mitarbeiterinnen im Customer Service, die die Bestellungen per Telefon entgegennehmen, hat sich stark verändert. Die meisten Customer Service Mitarbeiterinnen sind ausgebildete Papeteristinnen, die heute über ein zusätzliches Internetwissen verfügen.

Eine Schwierigkeit der hohen Individualisierung ist das Management der Komplexität aufgrund der vielen unterschiedlichen elektronischen Schnittstellen. Auch nimmt der persönliche Kontakt mit dem Kunden bei Bestellungen über den Onlineshop ab. Die stetige Automatisierung hilft aber auf der anderen Seite, die Prozesse effizienter zu gestalten. So bleibt den Mitarbeitenden im Aussendienst und im Customer Service mehr Zeit für den persönlichen Kontakt mit den Kunden. Die Kundennähe bleibt trotz der gestiegenen Technologieabhängigkeit weiterhin der klare Fokus des Unternehmens.

Vorteile sind Aktualität der Informationen, individuelle Preise, Fehlerreduktion, Kostenreduktion und die effiziente Abwicklung des Bestellvorgangs (Outsourcing an den Kunden). Darüber hinaus hat die konsequente strategische Ausrichtung auf neue Technologien zu einer Art Aufbruchstimmung im Unternehmen geführt. Der E-Shop wirkt auf diese Weise als *Motivator im Unternehmen*.

Es hat sich bis heute als richtige Strategie erwiesen, das Informatik-Know-how im eigenen Unternehmen zu halten und nicht fremd zu vergeben. Die Geschäftsleitung sieht dies auch im Nachhinein als grossen Vorteil an, da die internen Mitarbeitenden die Branche und die Bedürfnisse der Kunden kennen.

# 12 Schlussbetrachtung: Kundenbindung

*Ralf Wölfle*

Kundenbindung ist ein zentrales Thema in den Fallstudien dieses Buches. In über der Hälfte aller Cases wird beschrieben, wie sich Unternehmen über das eigentliche Produkt oder die Kernleistung hinaus engagieren, um ihren Kunden einen grösseren oder zusätzlichen Nutzen zu bieten. Dabei werden verschiedene Strategien angewendet und Business Software in sehr unterschiedlichen Rollen eingesetzt.

Die Serto AG ist ein Nischenanbieter für Hochdruck-Rohrleitungssysteme. Serto erleichtert ihren Kunden die Materialbewirtschaftung mit Hilfe des Kanban-Verfahrens. Sie selbst profitieren neben der Effizienzsteigerung durch eine hohe Kundenbindung und einen stetigen Kundenkontakt. So konnten schon einige zusätzliche Aufträge gewonnen werden. Hier gelingt es einem KMU aus dem Hochlohnland Schweiz, seine Kundenbeziehungen im Zeitalter des globalen Wettbewerbs auszubauen und zu festigen. Interessant ist der pragmatische Umgang mit Informatik. Obwohl der Kanban-Prozess selbst ohne IT-Unterstützung auskommt, haben Kunde und Lieferant dafür gesorgt, dass die Kanban-Lieferungen für eine vollständige Abbildung der Material- und Werteflüsse in ihrem jeweiligen ERP-System erfasst werden. Die Kunden profitieren, weil Serto ihnen ganze Arbeitsgänge im Zusammenhang mit der Beschaffung erspart und dabei Versorgungssicherheit ohne grosse Lagerbestände sicherstellt.

Die Aebi & Co. AG ist ein Maschinenbauspezialist im Segment landwirtschaftlicher Mehrzweckmaschinen und Kommunalfahrzeuge. Der weltweite Vertrieb erfolgt zum grössten Teil über lokale Händler. Die Produkte sind sehr dauerhaft, was zu einem langen Maschinenlebenszyklus führt. So entstehen hohe Ansprüche an den Kundendienst für die Betreuung nach dem Kauf. Um den Anforderungen aller Beteiligten gerecht zu werden, führte Aebi eine vollständig webbasierte CRM-Lösung ein. Entsprechend ihrer Rolle, z.B. als regionale Servicestelle, finden die Handelspartner nun weltweit über einen Internetzugang die Funktionen, die sie für ihre Aufgabenerfüllung benötigen, z.B. eine Problemlösungssuche für die individuelle Maschine und Online-Ersatzteilbestellungen. Kundenbindung erfolgt hier durch die Distribution des spezifischen Know-hows von der Zentrale über zehn eigene Niederlassungen an 600 Händler, die wiederum 60'000 Kunden betreuen. Die Kunden profitieren, weil über dieses Know-how die Einsatzbereitschaft ihrer Fahrzeuge dann sichergestellt ist, wenn sie diese am meisten brauchen: im saisonalen Ernteeinsatz, beim Winterdienst und dergleichen.

Der Büromaterialspezialist Lyreco, in der Schweiz noch besser bekannt unter dem Namen Büro-Fürrer, hat eine über zehnjährige Erfahrung bei der IT-unterstützten Prozessintegration mit seinen Kunden. Daraus hat er eine USP entwickelt: die Bereitstellung von elektronischen Schnittstellen, die auf individuelle Kundenbedürfnisse ausgerichtet sind. Multichannel heisst bei Lyreco nicht nur, dass der Kunde zwischen elektronischen und nicht elektronischen Bestellwegen auswählen kann. Selbst im elektronischen Kanal stehen mehrere Standardvarianten zur Auswahl und für etwa 70 Grosskunden wurden darüber hinaus individuelle Anforderungen umgesetzt. Dieser Weg ist erfolgreich, denn 70 % des Umsatzes werden über elektronische Bestellungen generiert. Die Kunden profitieren, weil ihr Beschaffungsprozess durch die Lyreco-Lösung optimal unterstützt wird, weil ein nicht wertschöpfender Prozess schlanker und damit kostensparend ausgeführt werden kann.

Alle drei Unternehmen leisten etwas, das sie in den Augen ihrer Kunden hervorragend – exzellent – macht. Das ist diesen nicht in den Schoss gefallen. Durch einen iterativen Prozess haben sie sichergestellt, dass ihre Performance reflektiert wird, entdeckte Defizite gleich behoben und Chancen genutzt werden. Bei Serto ist das der wöchentliche Besuch beim Kunden im Zusammenhang mit der Belieferung. Da die Kanban-Gestelle in der Fabrikationsfläche des Kunden stehen, erfahren die Mitarbeitenden, wenn etwas nicht rund läuft und sehen, wenn dort Teile verwendet oder verarbeitet werden, bei denen Serto einen Beitrag leiste könnte. Bei Aebi ist es einerseits die regelmässige interne Qualitätssitzung und anderseits die Rückkoppelung von Händlern, durch die sie von Problemen erfahren. Die Abarbeitung der Problemfälle wurde durch genaue Prozessdefinitionen sichergestellt. Lyreco setzt sich intensiv mit den Beschaffungsprozessen seiner Kunden auseinander. Sind diese durch Nutzung der Lyreco-Lösungen einmal automatisiert, könnte die Kundennähe theoretisch abnehmen. Damit das nicht passiert, unterhält Lyreco weiterhin einen starken Aussendienst. Dessen Mitarbeitende nehmen die Kundenbedürfnisse auf und bringen sie in einen kontinuierlichen Verbesserungsprozess ein.

# 13 Prozessoptimierung in der Auftragsabwicklung

*Herbert Ruile*

## 13.1 Einleitung

Zweifellos gehört die Auftragserfüllung zu den kritischen Erfolgsfaktoren eines Unternehmens. Aufgabe der Auftragserfüllung ist es, Produkte und Dienstleistungen zu erstellen und für den Kunden verfügbar zu machen. Der Verbraucher erhält Produkte und Leistungen über eine Kette von Leistungserzeugern, die so organisiert sein muss, dass die geforderten Produkte zur richtigen Zeit, in der richtigen Menge, am richtigen Ort, zum richtigen Preis und in der richtigen Qualität zur Verfügung stehen. Das einzelne Unternehmen kann nur einen begrenzten Anteil der gesamten Wertschöpfung erstellen, und ist für eine erfolgreiche Auftragserfüllung immer auf eine exzellente Zusammenarbeit in einem Netzwerk angewiesen. Die starke Vernetzung der Organisationen verursacht hohen Koordinationsaufwand um systemdynamische Effekte in der Auftragsabwicklung zu vermeiden [vgl. Forrester 1957; Lee et al. 1997]. Die optimale Gestaltung dieser Kette verspricht demnach eine nachhaltige Steigerung der Wettbewerbsfähigkeit. Die im Kapitel zur Auftragsabwicklung vorgestellten Fallstudien offenbaren kritische Schnittstellen in ihrer Lieferkette und zeigen, wie die Leistungsfähigkeit innerhalb des Auftragsabwicklungsprozesses mit Hilfe von Informationstechnologie gesteigert werden kann.

## 13.2 Kundenwunsch und Leistungserstellung im Netzwerk

Der Begriff Auftrag wird in den Fallstudien oft und vielfältig benutzt. Es wird damit seine multivalente Bedeutung bewusst: zum einen werden darunter die externen Steuersignale verstanden (z.B. Verbrauchernachfrage, Bestellung, Kundenauftrag) und zum anderen werden damit die internen Steuersignale bezeichnet (Beschaffungsauftrag, Fertigungsauftrag, Rüstauftrag, Kommissionierauftrag, usw.).

Es gibt kaum ein Unternehmen, das nicht die optimale Erfüllung des Kundenwunsches in den Mittelpunkt seiner Anstrengungen stellt. Je besser die Unternehmer verstehen, dass das Einzelunternehmen nur noch im Netzwerk wettbewerbsfähig sein kann, desto mehr wird der unmittelbare Kundenwunsch mit dem Kaufverhalten des Endverbrauchers ersetzt. Der unmittelbare Kundenwunsch, meist über Bestellungen ausgedrückt, wird hinterfragt und das tatsächliche Verbraucherverhalten als Leitindikator für die Steuerung der Lieferkette eingesetzt.

Die Unternehmen in den Fallstudien nehmen unterschiedliche Plätze in der Lieferkette ein (als Zulieferer, Hersteller, Grosshändler oder Detailhändler). Nur einer von ihnen (felix martin Hi-Fi) hat tatsächlich Tuchfühlung mit dem Endverbraucher. Alle anderen erhalten ihre Kundenaufträge bereits gefiltert und interpretiert über Grosshandel, Niederlassungen oder Montagestellen: Trotz geeigneter Planungsmöglichkeiten werden in der Baubranche die Materialabrufe immer noch sehr kurzfristig getätigt (Otto Fischer). Die vom Verbraucher gewünschte bzw. akzeptierte Lieferzeit entspricht bei weitem nicht den notwendigen Durchlaufzeiten in der Wertschöpfungskette. Die unterschiedlichen Positionen und Aufgaben innerhalb der Lieferkette sind auch abhängig von der Wertschöpfungstiefe und der Spezialisierung. In Abhängigkeit der vom Verbraucher akzeptierten Lieferfristen verschiebt sich der Entkoppelungspunkt zwischen verbrauchsorientierten Aufträgen und Bevorratungsaufträgen und führt so zu den unterschiedlichen Auftragsformen (Abb. 13.1).

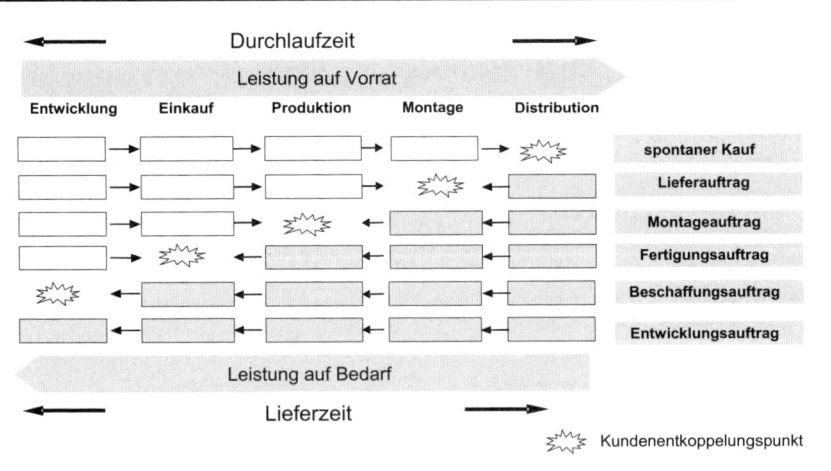

Abb. 13.1: Kundenauftragstypen und Auftragseindringtiefe

Innerhalb einer Lieferkette werden die Bedarfe zwar mittels Aufträgen/Bestellungen weitergegeben, haben jedoch selten mit dem tatsächlichen Verbraucher zu tun. Denn durch die in den Unternehmen eingesetzten Planungs- und Steuerungsverfahren und -systeme werden (auch in den aufgezeigten Fällen) die Kundenbedarfe mit dem Nachfüllbedarf des Lagers ersetzt. Bestellpunktverfahren mit optimierten Losgrössen sind dabei häufig angewendete Wiederbeschaffungsmethoden. Dadurch entstehen an den logistischen Entkoppelungspunkten des Kundenbedarfs Prozessschnittstellen, die im Fokus der hier vorgestellten Optimierungen stehen.

## 13.3 Der Auftragsabwicklungsprozess

Zur Beschreibung des Auftragsabwicklungsprozesses werden vermehrt Referenzmodelle verwendet (z.B. ENAPS, ARIS oder SCOR), die ein bewährtes und systematisches Vorgehen gewähren. Durch Verwendung des Rahmenwerkes gleicher Darstellungsformen, Symbole, Nomenklatur und Kennzahlen wird es einfacher, die Prozesse miteinander zu vergleichen (Benchmark) und Referenzlösungen erarbeiten zu können.

Das SCOR Model verwendet hierzu fünf zentrale Managementprozesse: die Planung, den Einkauf, die Produktion, die Distribution und die Rücklieferung. Innerhalb dieser Elementarprozesse ist es möglich, mit drei verschiedenen Prozesstypen (Planung, Ausführung und Befähigung) die Prozesskette zu konfigurieren.

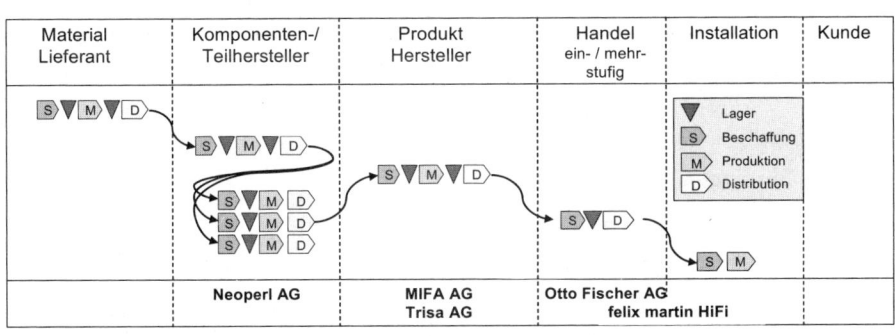

Abb. 13.2: Das SCOR Model [SCOR 2006] zur Beschreibung des Auftragsabwicklungsprozesses für Elektro- und Sanitärprodukte

Abb. 13.2 entwirft auf Stufe 1 des SCOR Modells eine Gesamtsicht eines möglichen Netzwerkes der Bauindustrie. Die Positionierung der Firmen entspricht nicht der Realität, da sie in unterschiedlichen Branchen zu Hause sind, jedoch soll mit ihrer relativen Lage zu ihrem Endkunden die Zahl an Auftragsstufen und Schnittstellen verdeutlicht werden, die benötigt werden, um den Kundenwunsch zu erfüllen. Jedes Lager entkoppelt und unterbricht den Informationsfluss des Verbrauchermarktes durch die eingesetzten Dispositionsverfahren. Im Sinne einer optimalen Auftragserfüllung will das Supply Chain Management (SCM) die Bedarfe möglichst ungefiltert an die nächste Stufe weitergeben. In der Fallstudie Trisa AG wurde dies durch den Einsatz von Kanban an einer Schnittstelle ermöglicht.

Durch diese Positionierung in der Lieferkette lassen sich auch verschiedene Auftragstypen verdeutlichen. Je näher am Kunden, desto weniger Volumen, desto mehr Varianten und desto geringer die Planbarkeit der Nachfrage (felix martin HiFi). Der Handel hat die Möglichkeit, die Bedarfe der Region zu bündeln: das Volumen steigt, die Lieferfähigkeit beträgt zumindest schon Stunden und Tage (Otto Fischer). Produkthersteller können bereits deutlich höhere Bedarfe (Länder, Kontinente) konsolidieren. Als Hersteller sind sie gefordert, in kurzer Zeit die gewünschten Produkte produzieren zu können. Die Fallstudien nennen wöchentliche Produktionsprogramme, die von den Zulieferern bedient werden müssen.

Man könnte erwarten, dass mit zunehmender Bedarfskonsolidierung auch die Bedarfsschwankungen abnehmen, so dass die Sicherheitsbestände in den Lagern abnehmen und unnötige Kosten und Kapitalbindung vermieden werden. Leider besteht gerade hier noch ein grosser Handlungsbedarf.

Aus dieser Betrachtung lassen sich die folgenden Auftragstypen unterscheiden und im Wesentlichen den einzelnen Stufen der Wertschöpfungskette zuordnen:

- Auftragstyp A: geringes Volumen, hohe Vielfalt, sehr stark schwankende Nachfrage, intensiver Kundenkontakt (felix martin HiFi)

- Auftragstyp B: mittleres Volumen, hohe Vielfalt, stark schwankende Nachfrage, anonyme Fertigung (Montage/Kommissionierung, Otto Fischer)

- Auftragstyp C: hohes Volumen. hohe Vielfalt, schwankende Nachfrage, anonyme Fertigung (Trisa, MIFA)

- Auftragstyp D: sehr hohes Volumen, geringe Vielfalt, stabile Nachfrage, kundenanonyme Produktion

Mit zunehmendem Abstand zum Kunden wird also die Bedarfskonsolidierung immer wichtiger. Das Volumen steigt, die Produkte und deren Produktion sind weitgehend kundenanonym. Die Lieferzeiten nehmen zu, die Produktion und Prozesse verlaufen routinierter und können daher besser standardisiert und automatisiert werden (Neoperl, MIFA).

Die Anforderungen an Verfügbarkeit, Geschwindigkeit und Flexibilität steigen mit zunehmendem Kontakt mit den Endkunden. Dies erfordert von den Mitarbeitenden und Systemen das Beherrschen von vielfältigen Aufgaben hoher Komplexität in kurzer Zeit. Um handlungs- und entscheidungsfähig bleiben zu können, werden hohe Anforderungen an die Genauigkeit und Aktualität der Daten gesetzt. Die Fallstudien spiegeln dies in ihren Problemfeldern und Lösungsansätzen wieder: Die wirkungsvolle Einführung von Kanban zwischen Auftragstyp C und D setzt dabei relativ hohen und stabilen Verbrauch und ein hohes Mass an Produkt- und Prozessstandardisierung voraus.

## 13.4 Schnittstellen als Herausforderungen für die Auftragsabwicklung

Ziel einer jeder Prozessverbesserung ist eine Leistungssteigung in den Aspekten Qualität (im Sinne von Fehlervermeidung und Aktualität), Quantität, Zeit (im Sinne von Schnelligkeit und Pünktlichkeit) sowie Flexibilität (im Sinne von Wandlungs- und Anpassungsfähigkeit). Die Leistungsfähigkeit eines Prozesses lässt sich relativ einfach in Zeiten und Mengen messen. Schwieriger und daher weniger verbreitet ist die Messung von Prozesskosten. Sie dienen zwar oft der Rechtfertigung und als Anstoss einer Prozessoptimierung, jedoch ist auf Grund der starken Prozessänderung und den langen Implementierungszeiten eine Nachkalkulation selten weder gerechtfertigt noch sauber abgrenzbar. Ursache von ineffizienten Prozessen und daher Indikator für hohe Prozesskosten ist die Anzahl an Schnittstellen im Prozess. An diesen Koppelungspunkten entsteht durch den möglichen Informationsverlust zusätzlicher Koordinationsaufwand, der fehleranfällig ist und zum Teil erhebliche Ressourcen beansprucht. Lassen sich daher Schnittstellen reduzieren und/oder automatisieren, sind effizientere Prozesse zu erwarten.

Im Prozess der Auftragsabwicklung stehen folgende Schnittstellen im Vordergrund, die den Austausch von Auftrag und Leistung regeln:

- *Kunde und Unternehmen*: Mit der Globalisierung der Märkte und der zunehmenden Attraktivität von Einkaufsportalen wächst der Anteil internationaler Kunden. Der Bestellungseingang bleibt dabei multimodal: mündlich, schriftlich oder elektronisch. Die Klärung des Kundenauftrages und das Übersetzen in die innerbetriebliche Auftragsabwicklung werden dabei immer anspruchsvoller. Am Ende der Auftragsabwicklung steht die Prüfung der richtigen, vollständigen und rechtzeitigen Lieferung an den richtigen Kunden an den richtigen Ort, um anschliessend die richtige Rechnung stellen zu können.

- *Unternehmen und Lieferant*: Mit zunehmender Konzentration auf die Kernkompetenzen wird der Leistungsumfang des Unternehmens immer kleiner. Die Abhängigkeit von Lieferanten steigt dadurch weiter an. Immer mehr muss über eine wachsende Lieferantenbasis in das Unternehmen eingebracht werden. Die Anforderungen an die Schnittstellen steigen: die rechtzeitige und vollständige Übermittelung des Versorgungsbedarfs des Unternehmens sowie eines effizienten Wareneingangs und dessen Prüfung.

- *Zentrale und Niederlassung*: Die zunehmende Globalisierung der Märkte führt zu einer stärkeren Dezentralisierung der Unternehmen. Eine entsprechende Aufgabenteilung zwischen der Zentrale und den Niederlassungen führt zu Prozessunterbrüchen, die zusätzlich mit länderspezifischen Eigenschaften überlagert werden (Zoll, Steuer, Bezeichnungen, Sprache, …).

- *Organisatorisch*: Mit zunehmender Arbeitsteilung wird der Auftragsprozess in immer kleinere Teilprozesse zerlegt, die oft in den Kompetenzbereich und die Verantwortung von Organisationseinheiten gelegt werden. Die Prozessoptimierung findet dann häufig in diesen Organisationseinheiten statt. Die Koordination zwischen den Fachabteilungen benötigt eine zunehmende Prozessorientierung.

- *Warenfluss und Informationsfluss*: Entlang der Wertschöpfungskette müssen der Warenfluss und der Informationsfluss immer wieder (zumindest am Beginn und am Ende eines Auftrages) aneinander gekoppelt werden: Erst mit der gesicherten Verknüpfung von Ware, Ort und Auftrag an den Identifikationspunkten lässt sich der Auftragsprozess planen, steuern und kontrollieren. Mit einer zunehmenden Komplexität des Umfeldes wächst das Bedürfnis nach mehr Transparenz in der Planung und Steuerung. Damit steigt die Anzahl notwendiger Einzelaufträge. In den Planungssystemen werden die Auftragsstücklisten immer länger. Es werden effizientere Methoden zur Pflege der Systeme benötigt.

- *Mensch und Technologie*: Die rezeptorischen Fähigkeiten der IT liegen weit hinter denen des Menschen zurück. Nur ein Bruchteil der vom Menschen erfassten Informationen kann und wird informationstechnisch verarbeitet. Mit zunehmender Dynamik und Komplexität müssen häufiger und mehr Informationen aus dem Unternehmen in der IT des Unternehmens verfügbar sein. Eine effizientere Erfassung der Situation in der Auftragsabwicklung erhöht die Zuverlässigkeit der Kundenzusagen.

Die beschriebenen Trends an den Schnittstellen führen dazu, dass der Aufwand für die Daten- und Modellpflege in den Planungs- und Steuerungssystemen steigen wird, ohne dass sich die Leistungsfähigkeit des Systems verbessert.

## 13.5 Lösungsansätze

Trotz höherer Leistungsfähigkeit der Computersysteme stossen die Planungs- und Steuerungssysteme durch die Vielzahl an Schnittstellen an ihre Grenzen. Die Fallstudien zeigen zwar, dass die ERP-Systeme bereits eine Vielzahl interner Schnittstellen meistern können. In den Vordergrund tritt jedoch die Problematik, wie effizient diese Systeme mit den aktuellen Daten versorgt werden können.

Abb. 13.3 zeigt den Gesamtaufwand zur Planung und Steuerung der Auftragserfüllung. Er setzt sich aus den Aufwänden zur Systempflege und den direkten Koordinationsaufwänden des Menschen zusammen. Bei vollständiger Verfügbarkeit aller entscheidungsrelevanter Informationen könnten rein theoretisch die Planungs- und Steuerungssysteme ohne Eingriff des Menschen arbeiten.

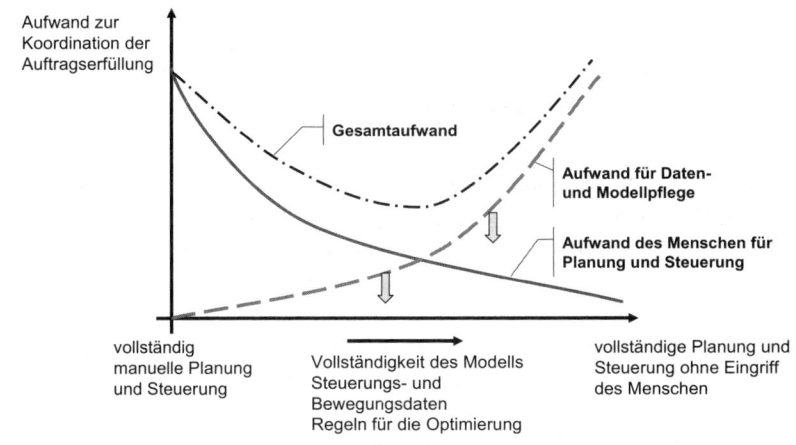

Abb. 13.3: Gesamtaufwand für die Planung und Steuerung [nach Fischer 2005]

Um die Aufwände zur Planung und Steuerung optimieren zu können, genügt es daher nicht, effizientere Systeme zu installieren.

*Entscheidungskompetenz des Menschen erhöhen.* Untersuchungen haben gezeigt, dass in komplexen Situationen der Mensch entscheidet. Die Entscheide sind besser und vorteilhafter, je besser das entsprechende IT-System die Problemerkennung unterstützt. Hier spielen Transparenz und autonomer Handlungsspielraum eine wichtige Rolle. Je enger das System den Menschen durch Planungsvorgaben führt, desto geringer wird sein Gestaltungsspielraum. Der Vorteil des Menschen, Probleme schneller zu erkennen und damit umzugehen wird damit immer weniger genutzt.

*Automatisierung der Identifikationspunkte im Waren- und Informationsfluss.* Um in dezentralen Systemen ausreichend Informationen zur Planung und Steuerung des Auftragsprozesses zu erhalten, benötigt man effiziente Mittel, um die Situation an den Schnittpunkten von Waren- und Informationsfluss schnell und sicher erfassen zu können. Die Fallstudien zeigen, wie vermehrt Barcode- und mobile Datenerfassungsgeräte eingesetzt werden, um die Schnittstelle zu automatisieren.

Die Entwicklung der RFID-Technologie in Verbindung mit der weltweiten Nutzung des Internets wird weitere Anstösse zur Automatisierung an der Schnittstelle Warenfluss und Informationsfluss geben. Erste erfolgreiche Implementierungen sind viel versprechend, bedingen jedoch weitere Entwicklungsarbeiten.

## 13.6  Fazit

Die Anforderungen an die Auftragsabwicklung sind charakteristisch geprägt durch die Position des Unternehmens in der Lieferkette. Die Optimierung des Auftragserfüllungsprozesses kann nur in einer Gesamtbetrachtung des Netzwerkes erfolgen, um suboptimale Lösungen auszuschliessen. Innerhalb des Netzwerkes sind vor allem die Schnittstellen die kritischen Punkte. Im Mittelpunkt der Lösungssuche stehen daher Verfahren, um die Schnittpunkte effizienter zu gestalten. Dabei spielt die technologische Entwicklung bei der Prozessgestaltung eine wichtige Rolle. Abb. 13.4 verdeutlicht den wichtigen Zusammenhang zwischen innovativen Prozessen und Technologieentwicklung. In einigen Fällen mag die Einführung von Technologie nur dazu dienen und ausreichen, bestehende Prozesse zu automatisieren und zu beschleunigen. Innovative Prozesse und damit verbundene, deutliche Wettbewerbsvorteile erhält man jedoch erst, wenn Prozessinnovation mit Technologieinnovation im Business Process Reengineering verbunden wird.

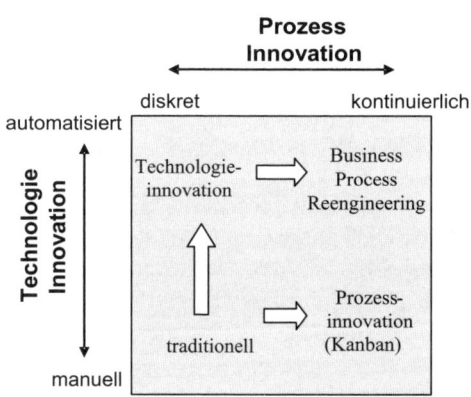

Abb. 13.4: Technologie als Treiber innovativer Prozessgestaltung

# 14 Neoperl-Gruppe: Internationale Auftrags- und Logistikprozesse

*Uwe Leimstoll*

Die Neoperl-Gruppe fertigt und vertreibt Sanitärzubehör weltweit. Die Präsenz auf internationalen Märkten erfordert die Ausrichtung des Produktportfolios an regional unterschiedlichen Kundenbedürfnissen. Daraus resultiert eine hohe Variantenzahl. Um Produktion, Vertrieb und Logistik wirtschaftlich zu halten, kombiniert Neoperl eine zentrale Hochleistungsproduktion mit dezentralem Vertrieb und Assembling. Ein mandantenfähiges ERP-System mit einer verteilten Datenbank schafft die nötige Flexibilität, um diese internationale Strategie effizient umsetzen zu können. Es erlaubt eine zentrale Datenhaltung und eine dezentrale Nutzung der Daten. Vertriebs- und Logistikprozesse können nach Bedarf vom Gruppensitz oder von lokalen Niederlassungen ausgelöst und gesteuert werden.

Folgende Personen waren an der Bearbeitung dieser Fallstudie beteiligt:

Tab. 14.1: Mitarbeitende der Fallstudie

| Ansprechpartner | Funktion | Unternehmen | Rolle |
|---|---|---|---|
| Oliver Denzler | CEO | Neoperl-Gruppe | Lösungsbetreiber |
| Margot Kaiser | Verantwortliche Organisation und Logisitik | Neoperl-Gruppe | Lösungsbetreiber |
| Walter Bartolotta | Projektleiter/Partner | Opacc Software AG | IT-Partner |
| Uwe Leimstoll | Wiss. Mitarbeiter/ Dozent | Fachhochschule Nordwestschweiz | Autor |

## 14.1 Das Unternehmen

Die Fallstudie nimmt die Sicht der Neoperl Servisys AG, Schweiz in ihrer Rolle als Betreiberin der Lösung ein. Dieses Kapitel beschreibt die Unternehmensgruppe Neoperl und ihre Leistungen. Die in Kapitel 14.3 dargestellte Lösung soll dadurch aus einem übergeordneten Unternehmenskontext heraus verständlich werden.

### 14.1.1 Hintergrund, Branche, Produkt und Zielgruppe

Die Neoperl-Gruppe ist ein international tätiges Unternehmen mit global ausgerichteten Produktions- und Vertriebsstandorten. Das Produktportfolio umfasst stark standardisierte Zubehörteile für die Herstellung von Sanitärprodukten, wie zum Beispiel Armaturen, Wasserfilter, Wasserzähler und Ventile. Neoperl agiert damit in erster Linie als Zulieferer der Sanitärbranche. Zu den selbst gefertigten Produkten gehören Strahl- und Mengenregler, Rückflussverhinderer, Schläuche, Auslaufrohre und diverses Zubehör, wie etwa Verschraubungen. Zu den Kunden zählen alle namhaften Armaturenhersteller weltweit.

Die Unternehmensgruppe unterteilt sich grob in die Neoperl GmbH mit Sitz in Müllheim, Deutschland und in die Neoperl Holding mit Sitz in Reinach BL, Schweiz. Während sich die Neoperl GmbH auf die Hochleistungsproduktion und auf Forschung und Entwicklung konzentriert, sind unter dem Dach der Neoperl Holding mehrere internationale Produktions- und Vertriebsstandorte vereint. Diese werden im Folgenden als Länderniederlassungen bezeichnet. Länderniederlassungen in Dänemark, Grossbritannien, Italien, Schweiz, USA, Brasilien, China, Australien und weiteren Ländern sind teils als kombinierter Produktions- und Vertriebsstandort, teils nur als Vertriebsstandort ausgebildet. Koordination und Betreuung dieser Standorte erfolgen durch die Neoperl International AG. Die Neoperl Servisys AG stellt den Niederlassungen ein Set von Dienstleistungen zur Verfügung, wie etwa Buchhaltung, Zahlungsabwicklung, Betrieb des ERP-Systems. Neoperl International und Neoperl Servisys werden im Folgenden als Neoperl Headquarter bezeichnet.

Die Neoperl-Gruppe erzielt einen Umsatz in Höhe von jährlich grösser als 100 Mio. CHF und beschäftigt weltweit mehr als 500 Mitarbeitende, davon etwa 100 in der Schweiz (Reinach BL) und 180 in Deutschland (Müllheim, Baden). Das Kapital der Unternehmensgruppe befindet sich in Familienbesitz.

Als Familienunternehmen profitiert Neoperl von kurzen Entscheidungswegen. Strategische Akquisitionen ergänzen seit Mitte der achtziger Jahre das interne Wachstum und dienen der Festigung bestehender Märkte, der Erschliessung neuer Märkte und dem Ausbau des Produktportfolios.

Die internationale Präsenz vor Ort bildet einen wichtigen Wettbewerbsfaktor für Neoperl. Sie schafft eine geografische und kulturelle Nähe zum Kunden, die dazu dient, Kommunikations- und Logistikwege zu vereinfachen. Area Sales Manager besuchen regelmässig ihre Kunden, um im persönlichen Gespräch neue Entwicklungen zu präsentieren und länderspezifische Besonderheiten sowie spezielle Kundenwünsche zu erheben. Der enge Kontakt mit dem Kunden liefert wertvolle Informationen über dessen Entwicklung und dient damit auch dem Management der Kundenbeziehung.

### 14.1.2 Unique Selling Proposition

Die Unique Selling Proposition von Neoperl ergibt sich aus der breiten Verankerung beim Kunden, der globalen Präsenz und der Fähigkeit, Kundenbedürfnisse zu erkennen und zu erfüllen. Grundlage hierfür sind ein kundenorientiertes Produktportfolio, ein entsprechend ausgebautes Vertriebsnetz und eine konsequent umgesetzte Wettbewerbsstrategie. Als „weicher Faktor" stützt die nach aussen getragene Unternehmenskultur den Erfolg des Unternehmens.

### 14.1.3 Stellenwert von Informatik und E-Business

Die Informatik ist für Neoperl ein prozessorientiertes Führungs- und Steuerungsinstrument. Es trägt entscheidend zur Gestaltung der Unternehmensstruktur und der Geschäftsprozesse bei. Der Aufbau einer schlanken, dezentralen Organisationsstruktur wurde letztlich erst durch den Einsatz der Informatik ermöglicht. Informatik- und verstärkt E-Business-Applikationen sorgen für einen effektiven und effizienten Ablauf von Vertriebs- und Logistikprozessen in und zwischen den Tochtergesellschaften von Neoperl sowie zwischen den Gesellschaften und den Kunden. Kompetenzen können dort aufgebaut und fokussiert werden, wo sie benötigt werden.

Für die intensive Kundenbetreuung spielt das Customer Relationship Management (CRM) eine wichtige Rolle.

---

Die Neoperl-Gruppe ist ein international tätiges Unternehmen der Sanitärbranche. Informatik-Lösungen ermöglichen den Aufbau einer schlanken, dezentralen Vertriebsorganisation. Sie unterstützen wichtige Geschäftsprozesse und tragen damit dazu bei, die Kundenbedürfnisse effektiv und effizient zu erfüllen.

---

## 14.2 Der Auslöser des Projekts

### 14.2.1 Ausgangslage und Anstoss für das Projekt

Die in dieser Fallstudie beschriebene Applikation entstammt keinem einzelnen, in sich abgeschlossenen Projekt. Sie ist das Ergebnis einer stetig weiterentwickelten Standardsoftware und deren Anwendung auf die Geschäftsprozesse von Neoperl.

Der Ausgangspunkt für die Einführung einer neuen ERP-Software liegt im Jahr 1993. Das seinerzeit eingesetzte ERP-System sollte durch ein mandantenfähiges System abgelöst werden, das es ermöglichen sollte, lokale Vertriebsstandorte aufzubauen und zu steuern. Es gab zu dieser Zeit zwar noch keine Neoperl-Länderniederlassungen ausserhalb der Schweiz, aber die Bildung internationaler Standorte war angedacht.

### 14.2.2 Vorstellung der Geschäftspartner

Dieses Kapitel erwähnt die Partner, die zum Aufbau oder zum Betrieb der vorgestellten Lösung massgeblich beigetragen haben.

#### Informatik-Partner (Hardware und Netzwerke)

Neoperl arbeitet im Informatikbereich mit mehreren externen Partnern zusammen. Die Informatikinfrastruktur ist komplett an die Bechtle GmbH, Systemhaus Freiburg ausgelagert. Bechtle ist zuständig für Installation, Betrieb und Wartung der Hardwaresysteme und Netzwerke.

#### Anbieter der Business Software

Partner für die E-Business-Applikation ist die Opacc Software AG in Kriens LU. Opacc bietet die ERP-Software-Familie OpaccOne an. Neoperl hat OpaccOne und Vorläufer davon seit 1994 im Einsatz. Die Partner kennen sich daher schon länger.

#### Geschäftspartner

Schon vor der Einführung des Opacc-Systems war Freddy Ackermann (heute: Freddy Ackermann Prozessberatungen, Küssnacht am Rigi) als Applikationsbetreuer für Neoperl tätig. Er beteiligte sich als freier Mitarbeiter von Opacc an der konzeptionellen Entwicklung der neuen Lösung. Heute übernimmt er die tägliche Betreuung der Applikation und das Customizing.

## 14.3 Abwicklung globaler Vertriebs- und Logistikprozesse

Die E-Business-Lösung von Neoperl greift durch die Service Orientierte Architektur (SOA) von OpaccOne auf dieselben Daten und Funktionen wie das ERP-System zu. Dies erlaubt eine zentrale Datenhaltung und eine dezentrale Nutzung der Daten. Mehrere Länderniederlassungen nutzen das ERP-System über das Internet. Dieses Kapitel beschreibt die mandantenfähige ERP-Lösung am Beispiel der Abwicklung der Vertriebsprozesse.

### 14.3.1 Geschäftssicht und Ziele

Aufgrund der Anpassung an die spezifischen Anforderungen internationaler Märkte weisen die Endprodukte von Neoperl eine sehr grosse Variantenzahl auf. Diese Variantenzahl entsteht aus der Kombination vergleichsweise weniger Einzelteile. Im Falle der Strahlregler werden zum Beispiel 150 verschiedene Reglereinsätze mit 50 verschiedenen Dichtungen und etwa 30 Hülsen zu mehreren tausend unterschiedlichen Endprodukten konfektioniert. Während die Bedarfe an den Endprodukten im Zeitablauf starken Schwankungen unterliegen, sind die Bedarfe der Einzelteile relativ konstant.

Die Einzelteile für die Strahlregler werden deshalb in einer programmorientierten Hochleistungsproduktion zentral in Müllheim hergestellt und dort auch gelagert. Die Zusammenführung der Einzelteile zum fertigen Endprodukt (im Folgenden als „Assemblierung" bezeichnet) findet auftragsorientiert in den Länderniederlassungen statt (Built-to-Order). Für die Endprodukte gibt es daher keine Lagerhaltung.

Eine grosse Herausforderung besteht für Neoperl darin, lokale Vertriebs- und Assemblingstandorte schlank, effizient und flexibel aufbauen und steuern zu können. Die Länderniederlassungen sind in der Regel nach dem Franchise-Konzept aufgebaut und werden an die Rahmenbedingungen des jeweiligen Standortes angepasst. Sie unterscheiden sich daher in der Grösse, den lokalen Ressourcen, den Zuständigkeiten und Verantwortungsbereichen und damit in ihrer Autonomie.

Mit der Entstehung dieser globalen und zum Teil auch recht heterogenen Unternehmensstruktur entstanden unterschiedliche Anforderungen an die gruppenweite Organisation der Geschäftsprozesse und deren informationstechnische Unterstützung. Mit Hilfe des ERP-Systems sollten sowohl die Abwicklung von Aufträgen innerhalb der Neoperl-Gruppe als auch die Prozesse entlang der Wertschöpfungskette vom Lieferanten bis zum Kunden einheitlich gestaltet und effizient abgewickelt werden können. Abb. 14.1 zeigt beispielhaft den Ablauf eines Vertriebsprozesses zwischen einem Kunden und einer lokalen Niederlassung. Ein wichtiger Aspekt war hier die Vereinheitlichung des Brandings innerhalb der Gruppe und nach aussen. Die Neoperl-Dokumente (Offerten, Auftragsbestätigungen, Rechnungen etc.) sollten ein einheitliches Erscheinungsbild erhalten, unabhängig davon, in welchem Land sie erzeugt wurden.

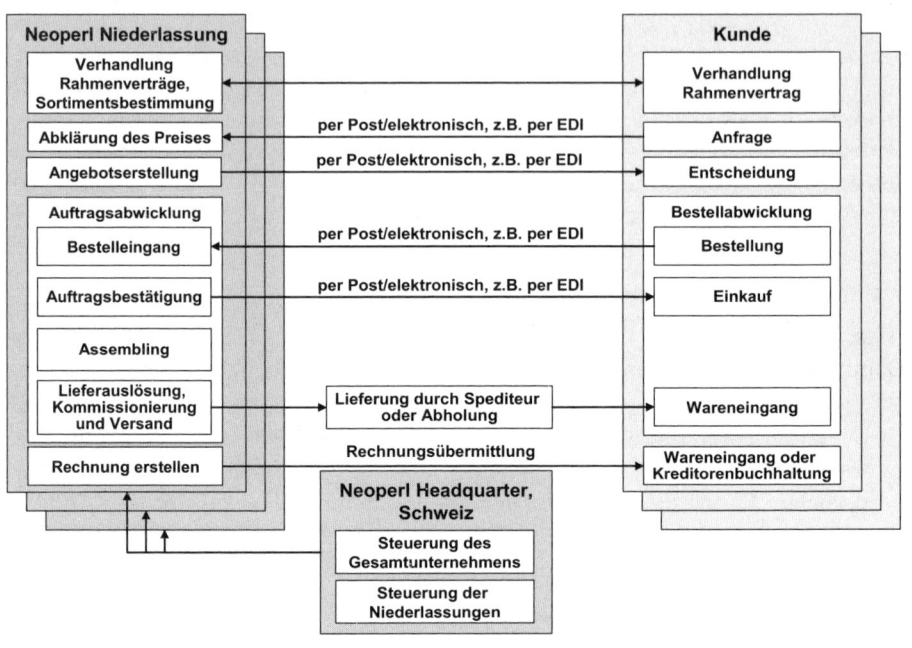

Abb. 14.1: Business Szenario: Ablauf des Vertriebsprozesses

Neben der Vereinheitlichung der grundlegenden Prozesse sollte es möglich sein, einzelne Prozessdetails an die länderspezifischen oder niederlassungsspezifischen Gegebenheiten anzupassen. Länderspezifisch ausgeprägt sind zum Beispiel die Höhe der Mehrwertsteuer oder die Tarifsysteme für Export und Import.

Die Anpassung an die Anforderungen einzelner Niederlassungen erstreckt sich auch auf deren Organisation. Je nach Ressourcenausstattung und Autonomie einer Niederlassung sollen Vertriebs- und Logistikprozesse nach Bedarf zentral (vom Headquarter aus) oder dezentral (in den Länderniederlassungen) ausgelöst und gesteuert werden können. Damit soll eine flexible Ressourcenallokation zwischen dem Headquarter in der Schweiz und den Länderniederlassungen ermöglicht werden. Diese Flexibilität erlaubt es wiederum, Niederlassungen hinsichtlich ihrer Kompetenzen und Zuständigkeiten flexibel zu gestalten und auch bei kurzfristigen Veränderungen eingreifen zu können. Fällt zum Beispiel in Korea die/der für die Lagerbewirtschaftung zuständige Mitarbeitende aus, kann eine Ersatzperson in der Schweiz einspringen, um die erforderlichen Prozesse abzuwickeln.

Die dezentrale Abwicklung von Vertriebs- und Logistikprozessen erfordert eine zentrale Überwachung dieser Prozesse und bei Bedarf auch eine zentrale Koordination. Falls zum Beispiel Lagerhöhen und Einkaufsmengen am Standort selbst bestimmt werden, sollte deren Entwicklung vom Headquarter aus überprüft werden können, um die Lieferbereitschaft der Niederlassungen abzusichern. Die Lieferzeiten der Einzelteile von der zentralen Produktion zur Niederlassung betragen teilweise bis zu zwei Monate.

### 14.3.2 Prozesssicht

Als Beispiel für die Abwicklung von Vertriebs- und Logistikprozessen in der Neoperl-Gruppe soll exemplarisch der Ablauf der Auftragsabwicklung bei einer Länderniederlassung beschrieben werden, der durch eine konkrete Kundenbestellung ausgelöst wird. Dieser Prozess läuft in allen Ländergesellschaften einheitlich ab.

Damit sich die Niederlassungen auf fach- und länderspezifische Aufgaben konzentrieren können und von anderen Aufgaben entlastet werden, führen sie in der Regel nur die Kernprozesse selbst aus. Administrative Prozesse sind zum Grossteil im Headquarter angesiedelt. Dazu zählen zum Beispiel die Einkaufs- und Lagerbewirtschaftung oder der Export von Daten für lokale Treuhänder bei kleineren Standorten. Auch Prozesse, die der Steuerung der Länderniederlassungen im Gesamten dienen, werden zentral ausgeführt. Dazu zählen die Überwachung und Steuerung des gruppenweiten Umsatzes, der Lager- und Kundenentwicklung sowie der Liefertermine.

Die Aktivitäten der Niederlassungen beschränken sich damit meist auf die Betreuung der Kunden und die Abwicklung der Kundenaufträge. Das mandantenfähige ERP-System OpaccOne unterstützt die Vertriebs- und Logistikprozesse in vielfacher Weise. Aufgrund der zentralen Datenhaltung werden Artikel- und Adressstammdaten nur einmal im System gespeichert und vom Headquarter aus gepflegt. Sobald ein Artikel oder eine Adresse erfasst ist, ist sie für jedes angeschlossene Unternehmen sichtbar. Dies verhindert die Doppelerfassung von Adressen und es wird zum Beispiel gewährleistet, dass auch globale Kunden stets dieselben Konditionen (Liefer- und Preiskonditionen) erhalten, unabhängig davon, bei welcher Niederlassung sie einkaufen.

Bevor ein Standort Artikel- und Adressstammdaten benutzen kann, müssen die relevanten Daten für den Standort aktiviert werden. Jeder Standort kann dann als Erweiterung zu den mandantenübergreifenden Daten mandantenspezifische Daten hinterlegen, wie zum Beispiel den geltenden Mehrwertsteuersatz. Dies geschieht über das Prinzip der „Shared Business Objects", das bei dieser Lösung zentral ist. Shared Business Objects sind Dateien, auf die wahlweise mehrere Tochterunternehmen zugreifen können oder auch nur eines. Beim Adressstamm kann zudem über ein Rollenkonzept festgelegt werden, ob es sich bei einer Adresse um einen Kunden, Lieferanten oder Mitarbeitenden handelt. Eine Adresse kann auch alle diese Rollen einnehmen.

Die Abwicklung von Kundenaufträgen beginnt in der Regel mit der Bearbeitung von Anfragen. Zunächst wird geprüft, ob das anfragende Unternehmen bereits als Kunde registriert ist. Die Adresse wird daraufhin erfasst oder – falls bereits vorhanden – für die Niederlassung zur Bearbeitung aktiviert.

Bei einer Anfrage nach Standardprodukten wird im Angebot eine Lieferzeit von zwei bis drei Wochen angegeben, gerechnet in der Regel nach Eingang der Bestellung. Teilweise geben die Kunden den gewünschten Liefertermin vor. Eine Verfügbarkeitsprüfung wird nicht durchgeführt, weil die Bestände an Einzelteilen zur Abwicklung von Standardaufträgen normalerweise ausreichen. Lediglich bei grösseren Bestellmengen oder speziellen Produkten wird die Verfügbarkeit geprüft und der Liefertermin entsprechend gewählt. Sollten Bedarfsunterdeckungen sichtbar werden, fragen die Niederlassungen im Headquarter oder direkt bei anderen Niederlassungen nach, ob von dort entsprechende Einzelteile zur Verfügung gestellt werden können.

Die Kundenaufträge (Bestellungen) werden per Telefon, Fax, Brief oder EDI an die Neoperl-Niederlassung übermittelt und landen im Bestelleingang. Dieser prüft auf der Bestellung die Angaben über den Kunden, den Preis, die Artikelnummer und den Liefertermin (Abb. 14.2).

Handelt es sich um einen Sofortauftrag, wird die Auftragsbestätigung nur im System erfasst, aber nicht weggeschickt. Bei einem Terminauftrag wird der Auftrag mit dem gewünschten Liefertermin im System eingelastet und der Kunde erhält eine Auftragsbestätigung mit Angabe des Liefertermins zugeschickt. Bei der Einlastung werden die für die Assemblierung benötigten Komponenten als künftige Bedarfe disponiert und sind damit quasi reserviert.

Anhand eines Dispositionsdurchlaufs erhalten die Terminaufträge automatisch einen Terminvorschlag für den Beginn des Assemblierungsprozesses zugewiesen. Um die Produktion auszulösen, wird ein Produktionsauftrag mit einer einstufigen Stückliste erstellt, die ebenfalls zentral gespeichert ist und allen Niederlassungen nach der Aktivierung zur Verfügung steht. Der Produktionsauftrag, der auch als Assembling-Bestellung bezeichnet werden kann, enthält die für die Assemblierung der Endprodukte nötigen Informationen (Stückzahl, Primärbedarfe, Lagerort). Die benötigten Einzelteile werden dem Lager entnommen, ausgebucht und der internen Assemblierung oder einem Heimarbeiter zur Verfügung gestellt. Nach dem Assembling gehen die Endprodukte zurück ins Lager und werden als Rückmeldung und Lagerzugang im System erfasst. Damit stehen die Daten der zentralen Steuerung des Unternehmens unmittelbar zur Verfügung.

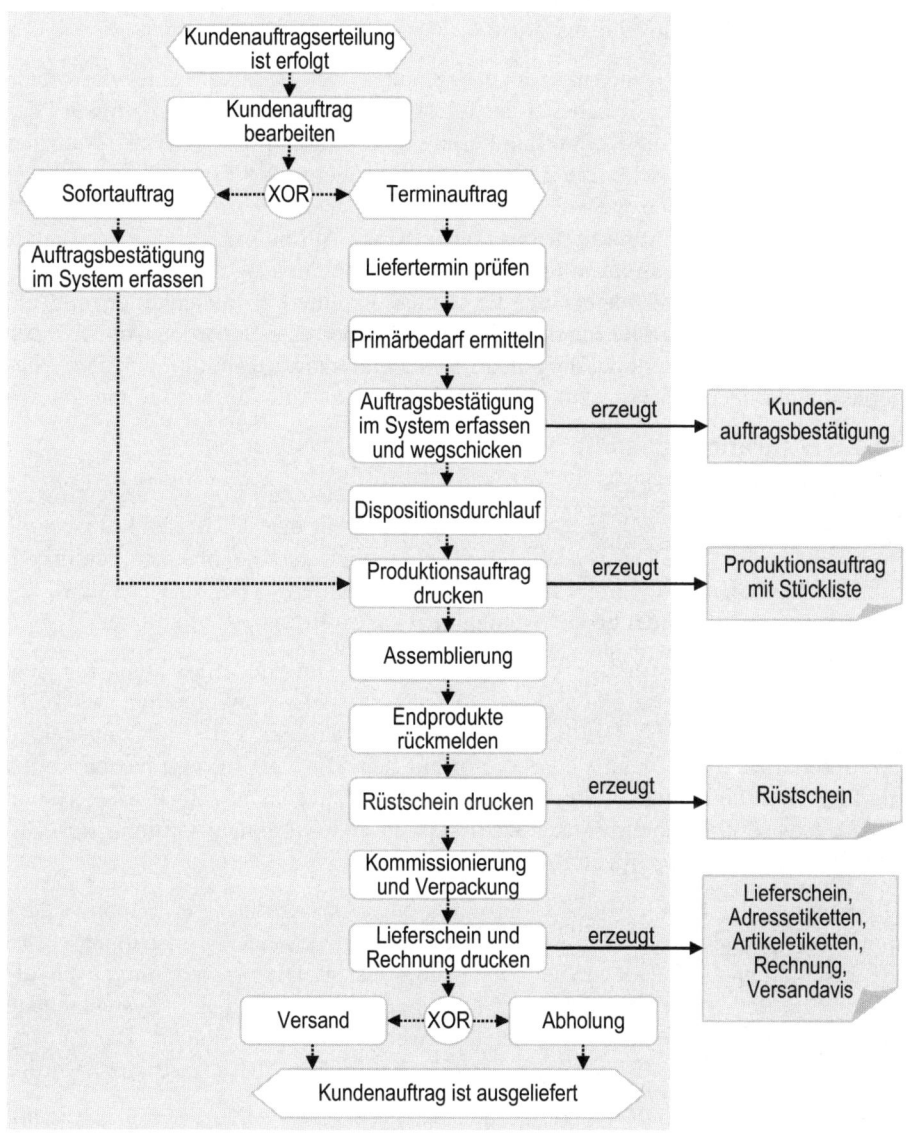

Abb. 14.2: Ablauf der Auftragsabwicklung mit der Assemblierung (Built-to-Order)

Das Auffüllen des Lagers mit Einzelteilen wird über Mindestbestände geregelt. Dabei werden die bereits disponierten Zu- und Abgänge in die Berechnung miteinbezogen. Unterschreitet der Bestand den so kalkulierten Mindestbestand, wird eine Bestellung ausgelöst.

Die Teilprozesse der Lieferung an den Kunden werden durch unterschiedliche Dokumenttypen des Lieferscheins ausgelöst. Der Rüstschein ist ein Entwurf des Lieferscheins. Er löst die Kommissionierung der Lieferung im Lager aus. Nach der Kommissionierung werden die Lagerabgänge gebucht. Die Endprodukte werden verpackt und ggf. durch weitere Artikel ergänzt. Für die Vorbereitung des Lieferscheins werden Gewicht und Kartonanzahl ergänzt. Anschliessend wird der Lieferschein gedruckt und damit die Erstellung der Rechnung ausgelöst. Quasi als „Nebenprodukt" des Lieferscheins werden Adressetiketten, Artikeletiketten und ein Versandavis gedruckt. Die Sendungen werden durch eine Spedition zum Kunden geliefert oder von diesem bei der Neoperl-Niederlassung abgeholt.

### 14.3.3 Anwendungssicht

Die gesamte Steuerung und Abwicklung der Vertriebs- und Logistikprozesse wird durch das ERP-System OpaccOne in Verbindung mit dem CRM-Tool OpaccOne WebCRM unterstützt. Das System ist einschliesslich der Datenbanken zentral am Sitz des Neoperl-Headquarters in Reinach BL installiert (Abb. 14.3). In den Länderniederlassungen findet keine Datenhaltung statt.

Über das lokale Netzwerk steht den Benutzern in den Niederlassungen mit dem klassischen Benutzer-Interface „Back Office" die volle Funktionalität des ERP-Systems zur Verfügung. Die Back-Office-Clients sind als Fat Clients ausgelegt, die Geschäftslogik befindet sich aber nur auf dem Business Server. Neoperl nutzt die ERP-Module Verkauf, Warenwirtschaft und Management Information System (MIS). Das Modul für die Finanzwirtschaft stammt von einem Drittanbieter. Zukünftig wird dies gruppenweit SAP sein.

Die Nutzung der Back-Office-Module über ein WAN erfolgt über Windows Terminal Server und Citrix Metaframe. Durch die Nutzung der Citrix-Umgebung ist die Installation eines OpaccOne-Clients überflüssig. Die Anforderungen an die Bandbreite der Netzwerkverbindung sind gering, so dass dieser Systemzugang auch in Ländern mit relativ instabilen Netzwerken noch funktioniert. Der Zugang zum System wird über so genannte „Token" kontrolliert, die in zeitlicher Abfolge Code-Nummern generieren.

Für die Nutzung des ERP-Systems in den Länderniederlassungen steht ausserdem die webbasierte Oberfläche „Front Office" zur Verfügung. Sie funktioniert rein browserbasiert und stellt daher sehr geringe Anforderungen an den Client und dessen Wartung. Front Office bietet einen Zugriff nur auf die wichtigsten Funktionalitäten des Systems und ist entsprechend einfach zu bedienen.

Die operative Steuerung und Überwachung der Lager- und Kundenentwicklung erfolgt im Neoperl Headquarter mit Hilfe des webbasierten CRM-Tools „WebCRM" von Opacc. Dieses System zieht die Daten aus den verteilten Datenbanken zusammen und konsolidiert Umsatz- und Lagerbestandszahlen in Echtzeit. Für betriebliche Entscheidungen im Rahmen der Koordination der Niederlassungen stehen damit stets aktuelle Zahlen zur Verfügung.

Das WebCRM ermöglicht eine Volltextsuche über sämtliche Artikel und Adressen. Zu jedem Kunden wird angezeigt, welche Niederlassung welchen Umsatz mit ihm erzielt. Zu jedem Produkt wird angezeigt, von welchen Kunden es mit welchen Umsätzen bezogen wird und wo es mit welchen Mengen auf Lager liegt. Auch die geplanten Lagerein- und -ausgänge je Artikel und Standort stehen auf diese Weise zur Verfügung, was die Disposition von Verschiebungen zwischen den Lagern erleichtert. Durch Verknüpfungen mit weiteren Anwendungen können zu jedem Artikel zum Beispiel auch technische Datenblätter aufgerufen werden.

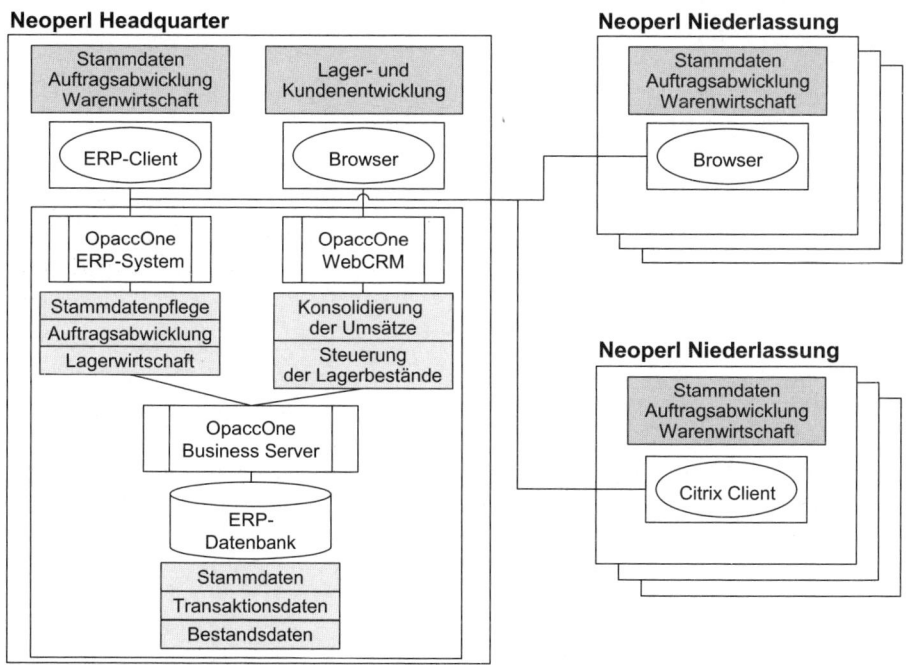

Abb. 14.3: Anwendungsübersicht Neoperl

### 14.3.4 Technische Sicht

Abb. 14.4 zeigt den technischen Aufbau der Lösung. Die Infrastruktur des ERP-Systems konzentriert sich auf den Standort des Neoperl Headquarters in der Schweiz. Alle wichtigen Systeme, wie Server und Datenbanken sind dort konzentriert und zum Teil redundant vorhanden, um die Sicherheit der Daten und die Verfügbarkeit der Systeme zu gewährleisten. In der Citrix Server Farm werden die Lasten nach dem Prinzip des „Load Balancing" auf die Server verteilt.

Opacc Applikations-Server stellen die Verbindung zur Aussenwelt her. Die Niederlassungen nutzen das ERP-System über das Internet. Je nach regionaler Ausstattung werden unterschiedliche DSL-Verbindungen genutzt.

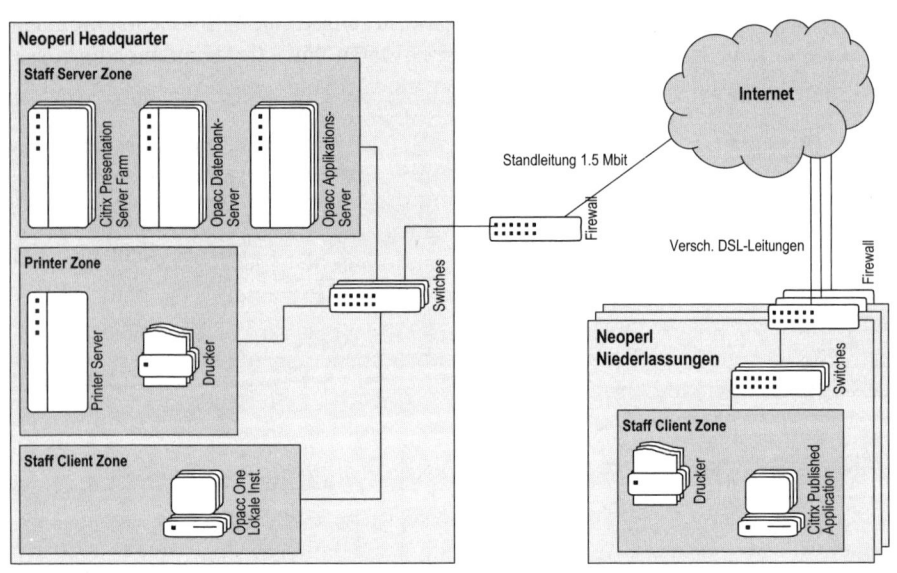

Abb. 14.4: Technische Sicht: Neoperl Headquarter und Länderniederlassungen

## 14.4 Projektabwicklung und Betrieb

Dieses Kapitel beschreibt die dynamischen Aspekte des Projektablaufs und des Changemanagements.

## 14.4.1 Projektmanagement und Changemanagement

Die Ablösung des früheren ERP-Systems durch OpaccOne und dessen Vorläufer erfolgte bereits im Jahr 1994. Beteiligt an der Evaluation und Konzeption des neuen Systems waren Oliver Denzler, Margot Kaiser, Freddy Ackermann (beratend) und der damalige Finanzchef von Neoperl.

Mit der Einführung und Weiterentwicklung der Opacc-Software wurden die Abläufe bei Neoperl zunehmend prozessorientiert gestaltet. Funktionale Bereiche wurden zu Gunsten der Prozessorientierung aufgebrochen. Die zuvor funktionale Arbeitsteilung wurde reduziert, indem Mitarbeitende komplette Prozesse bearbeiteten und nicht mehr nur Teile eines Prozesses. Die Mitarbeitenden wurden auf den Opacc-Systemen ausführlich geschult.

Da OpaccOne eine Standard-Software ist, die durch vielfältige Customizing-Möglichkeiten und Do-It-Yourself-Funktionalitäten auf die Kundenbedürfnisse zugeschnitten wird, waren keine Anpassungen des Sourcecode nötig. Dies stellt die uneingeschränkte Update-Fähigkeit der Software sicher.

Das Redesign der Geschäftsprozesse orientierte sich an der Funktionalität der Opacc-Software. Mit der Weiterentwicklung der Software eröffneten sich in den letzten Jahren immer wieder neue Möglichkeiten, Geschäftsprozesse elektronisch zu unterstützen und zu verbessern. Neue Funktionen, die jeder Releasewechsel mit sich brachte, wurden geprüft und bei entsprechender Eignung an die eigenen Anforderungen angepasst und übernommen. So konnten sukzessive immer wieder neue Möglichkeiten der Prozessunterstützung realisiert werden, die aber alle auf Standardfunktionen von OpaccOne basieren.

## 14.4.2 Evaluation und Roll-out der Softwarelösung

Im Jahr 1993 wurden im Vorfeld mehrere Systeme evaluiert. Die Auswahl von Opacc basierte einerseits auf den Evaluationsergebnissen, andererseits auf der Empfehlung des langjährigen Applikationsbetreuers Freddy Ackermann. Opacc bot als einziger Anbieter die für den Aufbau und die Anbindung schlanker Länderniederlassungen nötige Funktionalität. Insbesondere die Mandantenfähigkeit und die verteilte Datenhaltung bildeten die Killerkriterien für die Systemauswahl.

Die Einführung des neuen ERP-Systems erfolgte in zwei Stufen. Zunächst wurde die Exportabteilung mit dem neuen System ausgestattet, dann der Standort Schweiz. Die Migration auf die neue Software dauerte drei Monate.

OpaccOne ist heute mit mehreren Drittsystemen integriert. Die Artikel- und Adressstammdaten werden mit dem ERP-System der Hochleistungsproduktion abgeglichen. Beim Eingang von Bestellungen über EDI werden in Lotus Notes Benachrichtigungen generiert. Die technischen Datenblätter, die aus dem WebCRM heraus aufgerufen werden können, sind ebenfalls in Lotus Notes hinterlegt.

### 14.4.3 Laufender Unterhalt

Die Betreuung der Hardware erfolgt durch Bechtle, die Betreuung der Software durch Freddy Ackermann und Opacc. Zwei Mitarbeitende von Neoperl nehmen ständig Verbesserungsvorschläge der Anwender auf. Die Vorschläge werden mit dem Systembetreuer Freddy Ackermann besprochen, priorisiert und anschliessend umgesetzt.

## 14.5 Erfahrungen

### 14.5.1 Nutzerakzeptanz

Die internen Mitarbeitenden von Neoperl arbeiten gerne mit dem OpaccOne ERP-System und WebCRM. Mit der Browseroberfläche steht eine bedürfnisgerechte, schlanke Oberfläche zur Verfügung. Die Sicht wird eingeschränkt auf die Dinge, die ein Benutzer wirklich braucht.

In den Länderniederlassungen stellt sich die Frage nach der Akzeptanz im Prinzip nicht, weil die Franchise-Nehmer zum einen vertraglich zur Systemnutzung verpflichtet sind. Zum anderen nutzen sie OpaccOne natürlich in ihrem eigenen Interesse, weil sich der Bearbeitungsaufwand in den Niederlassungen durch OpaccOne stark reduziert.

### 14.5.2 Zielerreichung und bewirkte Veränderungen

Die in Kapitel 14.3.1 beschriebenen Ziele wurden vollumfänglich erreicht. Mit Hilfe der Opacc-Systeme kann Neoperl als mittelständisches Unternehmen die Opportunitäten auf internationalen Märkten nutzen und das Unternehmen weiterentwickeln. Neoperl ist heute in der Lage, mit einem relativ geringen Investitionsaufwand und überschaubarem Risiko lokale Standorte zu eröffnen.

Die dezentrale Assemblierung der Einzelteile zu den Endprodukten (Built-to-Order) bringt auf den ersten Blick folgenden Nachteil mit sich: Dieses Vorgehen scheint hinsichtlich der entstehenden Kosten nicht effizient zu sein, weil in den Niederlassungen eine zusätzliche Lagerhaltung an Einzelteilen stattfindet und Assemblierungs- sowie Auftragsabwicklungskapazitäten aufgebaut werden müssen. Im Vergleich zu einer rein zentralen Produktion und Auftragsabwicklung entstehen damit eigentlich Überkapazitäten. Aufgrund der zum Teil sehr langen Lieferzeiten in die Zielmärkte können die Anforderungen der Kunden aber nur mit Hilfe der dezentralen Assemblierung flexibel genug erfüllt und die Variantenvielfalt beherrscht werden.

Da es sich um kein abgeschlossenes Projekt handelt, gibt es von Neoperl weitere Anforderungen an das ERP-System, die nach und nach umgesetzt werden sollen. Die Wünsche werden dem Software-Partner mitgeteilt und mit diesem diskutiert. Die auf diese Weise erhaltenen Anregungen werden von Opacc bei entsprechender Eignung in den Standard eingebaut.

### 14.5.3 Investitionen, Rentabilität und Kennzahlen

Für die Ersteinführung der ERP-Software im Jahr 1994 wurden etwa 450'000.- CHF investiert. Davon entfielen rund 150'000.- CHF auf Software, 200'000.- CHF auf zusätzlich benötigte Hardware (insbesondere Server und Datenbanken) und 100'000.- CHF auf Dienstleistungen, wie Beratung und Schulung. Für die späteren Releasewechsel wurden jeweils etwa 25'000.- CHF bezahlt. Der laufende Betrieb der Software verursacht Kosten in Höhe von etwa 150'000.- CHF jährlich, insbesondere für Pflege und Wartung. Dies ist über einen Wartungsvertrag geregelt.

Rund 100 Anwender weltweit nutzen regelmässig das System. Der Return on Investment (ROI) lässt sich nicht ohne weiteres beziffern, steht aber in keinem Verhältnis zu den getätigten Investitionen. Wie in Kapitel 14.3.1 beschrieben, wurde mit der Einführung des Opacc-ERP-Systems der Aufbau von Länderniederlassungen hinsichtlich Aufwand und Risiko vertretbar. Die internationale Ausrichtung der Geschäftätigkeit von Neoperl liess sich so erst realisieren. Dem Kunden kann durch das dezentrale Built-to-Order-Prinzip eine sehr hohe Convenience geboten werden, die dann auch zu entsprechenden Erlösen führt.

## 14.6 Erfolgsfaktoren

### 14.6.1 Spezialitäten der Lösung

Den entscheidenden Vorteil der beschriebenen Lösung bildet die Kombination aus zentraler Datenhaltung und dezentraler Datennutzung. Ergänzend zu den zentralen Artikel- und Adressdaten können mandantenspezifische Merkmale verwaltet werden.

Die Hauptinstallationen von Hardware und Software mit den entsprechenden Sicherheitskomponenten konzentrieren sich auf den Standort des Neoperl Headquarters. Die Niederlassungen benötigen lediglich einen Browser oder einen Citrix Client. Damit ist der Installations- und Wartungsaufwand in den Niederlassungen extrem gering.

### 14.6.2 Reflexion der „Prozessexzellenz"

Die Prozesse von Neoperl zeichnen sich dank der Unterstützung durch das beschriebene ERP- und CRM-System durch folgende Besonderheiten aus: Länderniederlassungen können mit überschaubarem Risiko und zu tragbaren Kosten aufgebaut werden. Auf die Anforderungen internationaler Kunden kann sehr flexibel reagiert werden. Die dezentralen Lagerbestände bilden ein Backup der Standorte untereinander. Die Grundprozesse in Vertrieb und Logistik laufen gruppenweit einheitlich und durchgängig ab. Prozessdetails lassen sich standortspezifisch anpassen. Die Gestaltung der Dokumente unterstützt ein einheitliches Branding gegenüber Kunden und Lieferanten. Die Auslösung und Steuerung von Vertriebs- und Logistikprozessen kann nach Bedarf zentral (vom Headquarter aus) oder dezentral (in den Länderniederlassungen) erfolgen. Die Geschäftstätigkeit der Länderniederlassungen und die Kundenentwicklung werden vom Neoperl Headquarter aus koordiniert und kontrolliert.

### 14.6.3 Lessons Learned

Die Fallstudie zeigt, dass Systemlösungen von Opacc erhebliche Auswirkungen auf die Gestaltung von Geschäftsprozessen und die Entwicklung von Unternehmen entfalten können. Entscheidend dabei ist, dass die Möglichkeiten der Software genutzt und durch organisatorische Anpassungen umgesetzt werden. Eine langfristige, gute Geschäftsbeziehung zwischen Anbieter und Betreiber bildet hierzu eine wichtige Voraussetzung.

Für Neoperl wurde die IT damit zur Kernkompetenz. Sie unterstützt die Geschäftstätigkeit und die Wettbewerbsfähigkeit von Neoperl ganz entscheidend. Dies unterstreicht, dass die IT nach wie vor ein wichtiges Instrument im Wettbewerb sein kann.

# 15 Otto Fischer AG:
## Papierloser Warenfluss durch mobile Geräte

*Raphael Hügli*

Die Otto Fischer AG vertreibt elektrotechnische Produkte an professionelle Elektroinstallateure. Der Kommissionierung fällt in diesem Geschäft eine strategische Bedeutung zu.

Mit dem Einsatz von mobilen Datenerfassungsgeräten konnte das Unternehmen seine Produktivität und Flexibilität erhöhen. Voraus ging ein Projekt, das die Aufnahme und Anpassung der internen Prozesse erforderte. Das Resultat ist ein papierloser Warenfluss von der Kundenbestellung bis zur Warenauslieferung an den Kunden. Die Fallstudie beleuchtet Hintergründe und Erfahrungen dieser Systemeinführung, wobei für den Bereich Kommissionierung detailliert auf Einzelheiten eingegangen wird.

Folgende Personen waren an der Bearbeitung dieser Fallstudie beteiligt:

Tab. 15.1: Mitarbeitende der Fallstudie

| Ansprechpartner | Funktion | Unternehmen | Rolle |
|---|---|---|---|
| Roger Altenburger | Leiter Logistik | Otto Fischer | Lösungsbetreiber |
| Robert Zanzerl | Stv. CEO | Polynorm | IT-Partner |
| Rolf Wacker | Leiter Entwicklung | Polynorm | IT-Partner |
| Edi Schneider | Entwicklung | Polynorm | IT-Partner |
| Raphael Hügli | Forschungsassistent | FHNW | Autor |

## 15.1 Das Unternehmen

### 15.1.1 Hintergrund, Branche, Produkt und Zielgruppe

Die Otto Fischer AG (OFAG) in Zürich ist der zweitgrösste Elektromaterialgrosshändler der Schweiz. Das 1899 gegründete Familienunternehmen beschäftigt heute rund 280 Mitarbeitende. Mit einem Sortiment von über 250'000 Artikeln, wovon 35'000 an Lager geführt werden, zeichnet sich das Unternehmen als fachkundiger Dienstleister aus.

Zu den Hauptherausforderungen gehört der Preiskampf und Preisdruck in einem stabilen Markt mit konsolidierten Marktteilnehmern. Mit ca. 3'000 Artikel generiert Otto Fischer ca. 80 % des Umsatzes. Um als Vollsortimenter im Markt erfolgreich bestehen zu können, muss die gesamte Sortimentsbreite angeboten werden können.

Zu den Kunden zählen Elektroinstallateure wie beispielsweise Atel, Burkhalter, CKW und EKZ, Betriebe der öffentlichen Hand wie die Bundesbetriebe sowie Industrieunternehmen. Nicht beliefert werden Detailhandelsketten (Baumärkte) und Privatkunden, um keine eigenen Kunden zu konkurrenzieren. Eine besondere Dienstleistung der OFAG ist, dass auch Kleinstmengen bezogen werden können. Der Kunde schätzt es, dass z.B. eine Steckdose im Einzel- und nicht nur im 6er-Pack bestellt werden kann.

Der Anteil an Internetbestellungen liegt bei knapp über 50 %. Bis in zwei Jahren wird ein Anteil von ca. 75 % erwartet. Rückläufig sind Telefon- (28 %) und Faxbestellungen (22 %). Es sind vor allem die Kleinunternehmen, die die Internetbestellung nutzen. In Grossunternehmen bestellen Mitarbeitende häufiger direkt ab Baustelle per Mobiltelefon. Garantiert wird die Auslieferung bis 7 Uhr am Folgetag, sofern Onlinebestellungen bis 18 Uhr und Telefon- und Faxbestellungen bis 17 Uhr eingehen. Täglich sind es rund 3'000 Bestelleingänge, die im Durchschnitt die Kommissionierung von 4'000 Paketen mit 12'000 Artikel erfordern.

Ab 19 Uhr gehen 34 Touren in die ganze Schweiz. Die OFAG nimmt die Auslieferung mit über 40 eigenen Fahrern grösstenteils selbst vor. Das Schweizerische Arbeitsgesetz (Art. 10) schreibt vor, dass die nächtliche Arbeit nicht ohne Bewilligung ausgeführt werden darf. Für die betroffenen Touren wurden der Otto Fischer AG die amtlichen Bewilligungen erteilt. Welches Ausmass ein aus dem Arbeitsgesetz resultierendes Nachtarbeitsverbot mit sich bringt, wird in Kapitel 15.2.1 näher erläutert.

### 15.1.2 Unternehmensvision

Otto Fischer strebt an, sich als Marktführer im Bereich Dienstleistungen für Schweizer Elektroinstallateure zu positionieren. Die stetige Optimierung der Prozesse gehört zu den notwendigen Aufgaben, damit sich das Unternehmen laufend den Kundenanforderungen anpassen kann.

### 15.1.3 Stellenwert von Informatik und E-Business

Der Informatik wird ein hoher Stellenwert beigemessen. Dies zeigt sich in der starken Prozessorientierung über alle Bereiche hinweg. Die permanente Optimierung des Kundenservices und der Lieferlogistik mit Informations- und Kommunikationstechnologien gilt als Leitgedanke. Roger Altenburger, Vizedirektor der Otto Fischer AG, formuliert den Stellenwert von Informatik und E-Business wie folgt: „Ohne Informatik geht bei uns gar nichts und ohne E-Business fast nichts." Im Weiteren wird ein hoher Wert darauf gelegt, dass neben dem ERP-System keine Insellösungen geführt werden. „Ist die IT aus einem Guss," so Altenburger, „dann gewinnen wir Skalenvorteile."

## 15.2 Der Auslöser des Projekts

### 15.2.1 Ausgangslage und Anstoss für das Projekt

Auslöser für das Projekt war der Geschäftsprozess beim Kunden. Der Kunde will um 7 Uhr mit der Arbeit beginnen. Um diese Zeit muss er die bestellten Artikel erhalten haben. Der Kunde weiss aber i.d.R. erst gegen 17 Uhr am Vortag, welche Artikel er braucht. Dies verursacht eine hohe Zahl an Auftragseingängen gegen Ende der Bestellfrist, wie aus Abb. 15.1 hervorgeht.

Die OFAG kommt dem Bedürfnis der Kunden nach, bis 18 Uhr bestellen zu können. Dies bedeutet eine hohe Anforderung an die Mitarbeitenden in der Auftragsabwicklung innert kürzester Zeit. Die Arbeitseffizienz der Lagermitarbeitenden wurde bereits vor der Einführung der im Folgenden beschriebenen Lösung als optimiert angesehen. Die Einstellung von weiteren Mitarbeitenden war keine Alternative, sondern hätte nur dazu geführt, „dass man sich im Lager auf den Füssen herumtrampelt". Regelmässig mussten Überstunden geleistet werden, was sich vor allem auf die Arbeitszeiten der Fahrer auswirkte und vor dem Hintergrund des Nachtarbeitsverbots (Arbeitsgesetz) zunehmend Sorge bereitete. Das Unternehmen stand somit vor der Frage, wie es auf physisch begrenzter Fläche wachsen könne, ohne einen Umzug in grössere Lagerräumlichkeiten vornehmen zu müssen.

Ein Wechsel auf ein vollautomatisches Lager kam nicht in Frage, da eine Prüfung dieser Option eine starke Flexibilitätseinbusse aufgezeigt hatte. Dieses Risiko wollte die OFAG nicht in Kauf nehmen. In Zusammenarbeit mit der ETH Zürich wurde eine papierlose Kommissionierung untersucht [vgl. Hamprecht 2001]. Das Ergebnis der Studie erlaubte eine Abschätzung, inwieweit sich eine EDVunterstützte Kommissionierung rentieren würde. Mit dem Ziel, die Spitzenzeiten abdecken zu können, wurde daraufhin ein Budgetrahmen für ein entsprechendes E-Business-Projekt definiert.

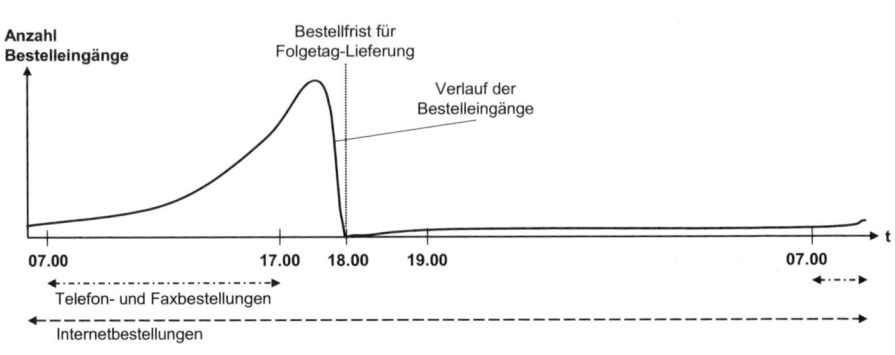

Abb. 15.1: Durchschnittlicher Verlauf der Bestelleingänge bei Otto Fischer

## 15.2.2 Vorstellung der Geschäftspartner

Otto Fischer arbeitet seit über zehn Jahren mit dem Informatikpartner Polynorm zusammen, mit dem sie in der Vergangenheit mehrere erfolgreiche Projekte umsetzten (z.B. die Einführung des E-Shops [vgl. Schubert 2000]). Aus Sicht der OFAG gab es keinen Anlass für eine Evaluation eines neuen Implementierungspartners. Für die mobile Lösung wurde die Firma Swiss1Mobile hinzugezogen, die die ERP-Lösung von Polynorm im mobilen Bereich ergänzt. Der Entscheid fiel zugunsten von Swiss1Mobile, obwohl dieser Softwareanbieter zwar die teuerste, aber eine individuell auf das Unternehmen angepasste Lösung offerierte.

*Polynorm* ist ein seit über 20 Jahren tätiges Schweizer Informatikunternehmen mit Spezialisten aus den verschiedensten Fachbereichen. Basis ihrer Geschäftstätigkeit ist die vollständig von ihnen entwickelte Standardsoftware i/2®, eine ERP-Lösung, die die Geschäftsprozesse der OFAG informatikseitig unterstützt.

Die *Swiss1Mobile AG* in Horgen konzentriert sich seit über vier Jahren auf mobile Lösungen. Bereitgestellt werden Hard- und Software, um mobilen Angestellten Zugriffsmöglichkeiten auf Daten und Funktionalität von Anwendungen im Unternehmen zu geben. Für die OFAG wurden über 100 mobile Mitarbeitende mit mobilen Geräten ausgerüstet.

## 15.3 Papierloser Warenfluss

Das langfristige Ziel der OFAG ist ein Bestellprozess zwischen Kunden und Anbieter, der von A bis Z papierlos abgewickelt wird. Der Kunde ruft die OFAG Website auf, bestellt online, bekommt die Ware und erhält die Rechnung elektronisch. Dies ist heute mit Ausnahme der Rechnung und dem Lieferschein in grossen Teilen umgesetzt. Mit einem ersten Pilotkunden wird derzeit die elektronische Rechnung getestet, und wenn die Kunden auch noch auf den physischen Lieferschein verzichten, wird in der gesamten Interaktion der Geschäftspartner kein Papier mehr erzeugt. Der aktuelle Grad der papierlosen Abwicklung wird in den folgenden vier Unterkapiteln illustriert.

### 15.3.1 Geschäftssicht und Ziele

In der Vergangenheit holte der Lagermitarbeitende einen Rüstschein bei der Lagerdisposition ab, nahm sich einen geeigneten Kommissionierwagen und entnahm einen Artikel nach dem anderen aus den Lagergestellen. Ein erfahrener Mitarbeitender konnte zwei bis drei Rüstscheine gleichzeitig abarbeiten. Dieses Verfahren führte jedoch dazu, dass zu Spitzenzeiten Warteschlangen und Behinderungen auf den Kommissionierstrassen entstanden.

Heute kann ein Mitarbeitender bereits nach kurzer Einarbeitungszeit bis zu 18 Aufträge gleichzeitig bearbeiten. Möglich ist dies mit einem mobilen Datenerfassungsgerät (MDE-Gerät), das den Mitarbeitenden steuert und ihn somit Schritt für Schritt auf einer wegoptimierten Route durch das Lager führt.

Die mobile Datenerfassung ermöglicht es, Daten abseits vom PC-Arbeitsplatz zu erfassen. Durch den Einsatz von Barcodescanner sind Daten sofort elektronisch verfügbar und können, nach Einspielung in das System, von diesem bearbeitet und ausgewertet werden. Auf diese Weise werden Medienbrüche vermieden und die Datenerfassung wird beschleunigt. Mit diesem Konzept unterstützt OFAG heute den gesamten Warenfluss.

Wie in Kapitel 15.2.1 aufgezeigt, war der Kommissionierprozess bei Otto Fischer der Engpass im Warenfluss. In den vergangenen Jahren wurden die Bestellmöglichkeiten für den Kunden optimiert, was dazu führte, dass heute von den über 50 % Internetbestellungen rund 90 % automatisch disponiert werden können. Lediglich 10 % der Bestellungen erfordern manuelle Korrekturen und werden von der Auftragsannahme kontrolliert und angepasst. Der optimierte Auftragseingang erfordert ein effizientes Lagerwesen, mit dem Ziel, dass alle Aufträge innert Frist zum Versand (Spedition) bereitstehen. Ohne E-Business wäre dies bei der OFAG nicht denkbar. Abb. 15.2 zeigt eine Übersicht über den Bestell- und Warenfluss.

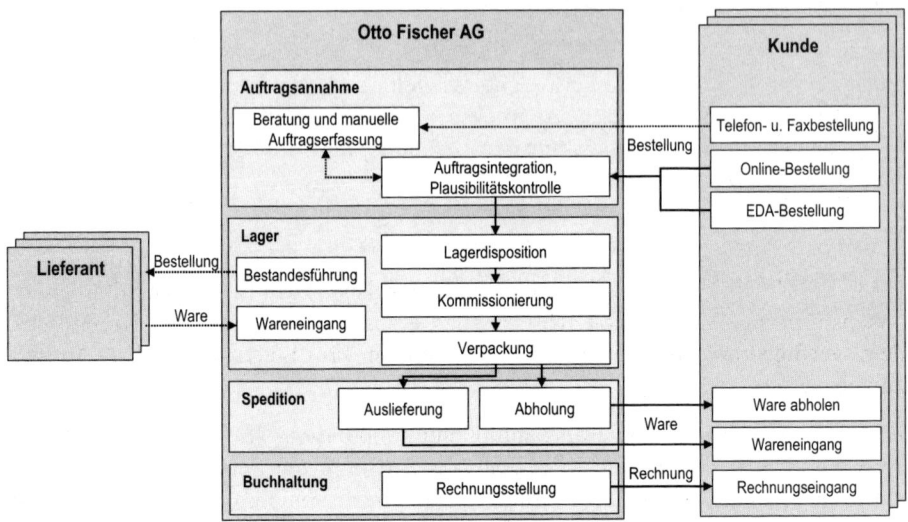

Abb. 15.2: Übersicht über den Bestell- und Warenfluss

Mit der Lösung wurde auch der Wareneingang optimiert, der heute in drei Stufen erfolgt. Nach der Warenanlieferung wird eine interne Durchgangsauszeichnung vorgenommen. Da kein Papier mehr verwendet wird, bekommt die Ware ein Etikett mit einem Wareneingangscode aufgeklebt. Ab diesem Zeitpunkt kann der Artikel mit den MDE-Geräten gescannt und somit jederzeit identifiziert werden. Der Artikel wird anschliessend am entsprechenden Lagerplatz gelagert.

Neben den Lagermitarbeitenden wurden auch die Fahrer mit MDE-Geräten ausgerüstet, denn der papierlose Warenfluss ist konsequent bis zur Warenübergabe beim Kunden umgesetzt. Beim Verladen der Sendungen in die eigene Transportflotte wird jedes Gebinde gescannt, wodurch der Speditionsdisponent jederzeit detaillierte Informationen zum Arbeitsfortschritt der einzelnen Liefertouren erhält. Der Fahrer bestätigt das Abladen beim Kunden durch Scannen der einzelnen Gebinde. Diese Informationen sind nach der Beendigung der Tour im ERP-System verfügbar.

### 15.3.2 Prozesssicht

Abb. 15.3 zeigt den Prozess der Kommissionierung. Im System ist zu jedem Lagermitarbeitenden ein Profil hinterlegt, das Auskunft über Arbeitskenntnisse und Präferenzen gibt (z.B. ob die Person spezielle Gebinde bearbeiten kann). Die Kommissioniertätigkeit beginnt mit der Anmeldung am MDE-Gerät. Danach wird dem Mitarbeitenden, vom System ein Kommissionierauftrag zugeteilt.

Die eingehenden Kundenaufträge werden alle im ERP-System erfasst, unabhängig, ob der Kunde telefonisch, elektronisch oder vor Ort bestellt. Ist ein Lagermitarbeitender angemeldet und verfügbar, prüft das System zuerst, ob ein Expressauftrag vorliegt. Dieser wird mit Priorität behandelt und dem Mitarbeitenden als Einzelauftrag zugeteilt. Sofern keine Expressaufträge vorliegen, stellt das System einen Sammelauftrag zusammen, der aus bis zu 18 Aufträgen mit ähnlichen Inhalten besteht. Die Zusammenstellung berücksichtigt im Weiteren, dass Gebinde des gleichen Typs verwendet werden, und berechnet den optimalen Kommissionierweg durch die Lagerhallen. Dieser Schritt zur Erzeugung eines Kommissionierauftrags (1) erfolgt vollautomatisch. Für die Lagerdisponentin bleibt der Mitarbeitendenansturm zur Fassung von Rüstscheinen erspart, da sie heute per Knopfdruck dem verfügbaren Mitarbeitenden einen seinem Profil entsprechenden Auftrag zuweist.

Die anschliessende Vorbereitung zur Kommissionierung (2) bedingt zuerst eine Auftragsannahme durch den Mitarbeitenden. Möchte die Person z.B. eine Pause einlegen, kann sie den Auftrag zurückweisen. Die Gruppierung, die vorgeschlagen wurde, wird dann wieder aufgelöst, da bereits nach wenigen Minuten ein optimaler Sammelauftrag ganz anders aussehen kann. Bestätigt die Person den Auftrag, werden ihr auf dem MDE-Gerät Kommissionierwagen und Gebindetyp (OFAG führt gegen 30 Gebindearten) sowie Anzahl der notwendigen Gebinde angezeigt. Die OFAG hat im Rahmen der Einführung mobiler Erfassungsgeräte neue Kommissionierwagen konzipiert, die ein einfaches Befördern der Gebinde durch das Lager erlauben. Zudem ist an jedem vorgesehenen Gebindeplatz auf den Kommissionierwagen ein Barcode angebracht. Mit dem Scannen des Barcodes auf dem einzelnen Gebinde und dem Scannen des zugewiesenen Gebindeplatzes sind die Gebinde je Auftrag eindeutig identifiziert.

Jetzt beginnt der eigentliche Kommissionierprozess (3). Das System zeigt die erste Rüstposition an. Angegeben werden das aufzusuchende Lagergestell, die Artikelnummer und die entsprechende Menge je Gebinde, in die der Artikel zu kommissionieren ist. Sofern die bestellte Menge den gehaltenen Lagerbestand überschreitet, vermerkt der Mitarbeitende die fehlende Menge, worauf automatisch eine Nachbestellung veranlasst wird. Danach bestätigt der Mitarbeitende die entnommenen Mengen und sogleich wird ihm der nächste Rüstauftrag zugewiesen. Dies wiederholt sich solange, bis alle Gebinde mit den entsprechenden Artikeln gefüllt sind.

In Ausnahmefällen (z.B. bei wenig erfahrenen Mitarbeitenden) verlangt das System, dass jeder Artikel gescannt werden muss. Dies reduziert zusätzlich die Gefahr einer Verwechslung.

Ist der Kommissionierauftrag abgeschlossen, bringt der Mitarbeitende die Gebinde in die Verpackungsabteilung, die ebenfalls vom ERP-System barcodegesteuert unterstützt wird. Der Lieferschein wird beim letzten Teilrüstauftrag einer Bestellung ermittelt und ausgedruckt.

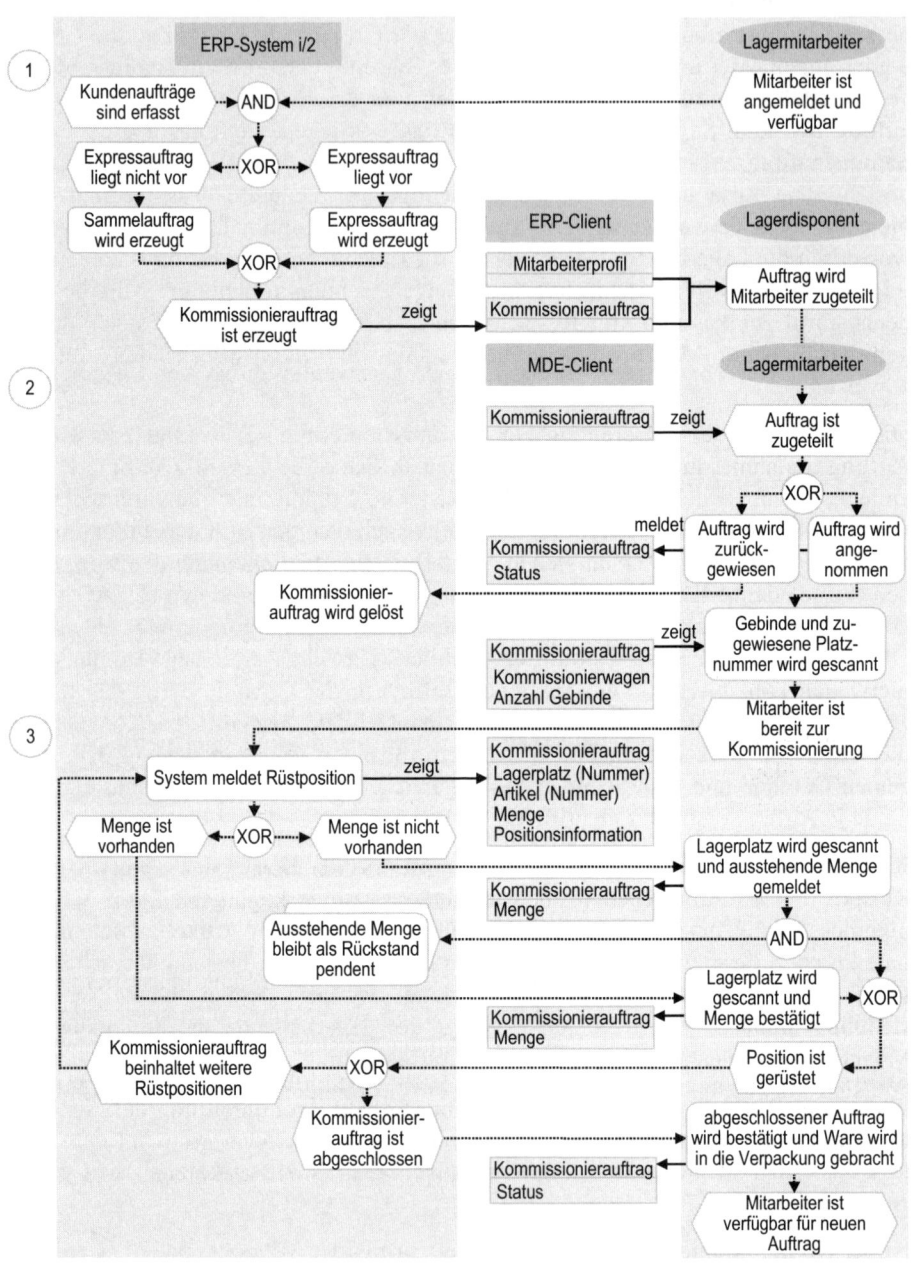

Abb. 15.3: Papierloser Warenfluss in der Kommissionierung

In der Regel werden die Bestellungen durch die eigenen Fahrer ausgeliefert. Nur einzelne Pakete werden per Post versandt. Beim Verladen der Sendungen in die Fahrzeuge wird jedes Gebinde gescannt, wodurch der Speditionsdisponent jederzeit detaillierte Informationen zum Arbeitsfortschritt der einzelnen Liefertouren hat. Der Fahrer bestätigt die Anlieferung beim Kunden wiederum durch Scannen der einzelnen Gebinde. Diese Informationen sowie vom Fahrer zusätzlich erfasste Daten (wie Angaben zur Tankfüllung, Kilometerstand oder individuelle Anmerkungen) sind nach der Beendigung der Tour im ERP-System verfügbar.

Des Weiteren ist der gesamte Wareneingang, die Reservelagerverwaltung und die Nachschuborganisation papierlos mit der gleichen Informatiklösung abgedeckt. Durch den Aufbau eines Funknetzes (WLAN) im Lager können zudem mobile Desktops für aufwändigere Arbeiten wie Lagerinventur direkt am Lagergestell eingesetzt werden.

### 15.3.3 Anwendungssicht

Nachdem die Prozesssicht die Interaktion zwischen MDE-Gerät und ERP-System veranschaulicht, wird im Folgenden der Datenaustausch zwischen den einzelnen Systemen näher vorgestellt (vgl. Abb. 15.4).

Kunden bestellen online über den E-Shop oder nutzen die XML-Schnittstelle für den elektronischen Datenaustausch (EDA). Diese, wie auch die in der Auftragsannahme erfassten Bestellungen, sind anschliessend im ERP-System verfügbar, wo die Generierung der Sammelaufträge zur Kommissionierung vorgenommen wird. Die zugeteilten Lagermitarbeitenden arbeiten direkt auf dem ERP-System. Auf dem MDE-Gerät läuft eine Emulationssoftware, die über das WLAN den direkten Zugriff auf das ERP-System erlaubt. Auf diese Weise kann auf die benötigten Informationen zugegriffen werden, ohne dass auf dem Gerät selbst Daten gespeichert sind. Der MDE-Client (1) der Lagermitarbeitenden ist eine reduzierte, mobile Alternative zum ERP-Client.

Die MDE-Lösungen (2) der Fahrer haben einen erweiterten Funktionsumfang. Für sie ist es wichtig, dass die Tourendaten für die Auslieferung auch ausserhalb der WLAN-Zone verfügbar sind. Deshalb verfügen die Geräte der Fahrer neben einer Emulationslösung zusätzlich über eine Datenaustauschfunktion, damit strukturierte Inhalte der Tagestour offline einsehbar sind. Sobald ein Fuhrauftrag definiert ist, werden die Daten in komprimierter Form auf den Swiss1Server gespielt (einfacher File Transfer), von wo aus sie über das WLAN geladen werden können.

Von den 40 Lösungen der Fahrer ist die Hälfte mit einer GPRS-Funktion ausgestattet. Damit ist die ortsunabhängige Datenübermittlung möglich. Diesen Gerätetyp verwenden insbesondere die Fahrer, die die Ware ausserhalb der WLAN-Zone z.B. an einem Umschlagplatz entgegennehmen. Nach Abschluss einer Tour baut der Fahrer erneut eine Verbindung mit dem Swiss1Server auf und schickt das Datenpaket mit den Ausfuhrdetails wie z.B. den Zeiten, wann er wo welche Pakete abgeladen hat, zurück.

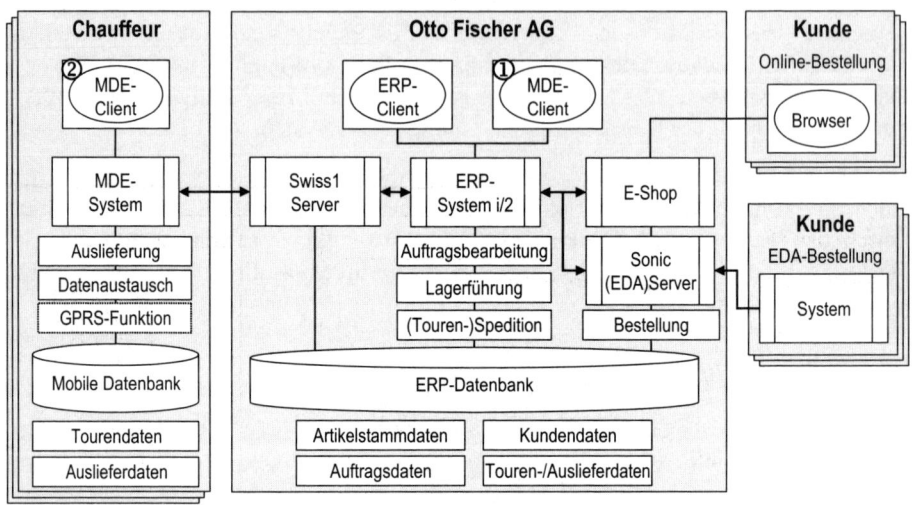

Abb. 15.4: Anwendungsübersicht und Integrationsschema

### 15.3.4 Technische Sicht

In Abb. 15.5 sind die für das MDE-Projekt relevanten Netzwerke und Systeme aufgeführt. Die Wireless LAN-Zone ist mit 22 Access Points bestückt und erstreckt sich über das Lager und die Ladezone.

Tab. 15.2: Spezifikationen und Merkmale

| Server | Hardware | Software |
|---|---|---|
| ① ERP i/2 (redundant, 2 Systeme) | CPU: 4x1.2 GHz IBM Power4+<br>RAM: 8 GB<br>HD: 2x36 GB RAID1; 300 GB im SAN | BS: IBM AIX<br>AW: i/2 (ERP)<br>AW: ComFax |
| ② Swiss1Mobile (virtuell) | CPU: Dual Intel Xeon 3 GHz<br>RAM: 4096 MB (virtuell)<br>HD: Diskless (SAN) | BS: Windows 2003 Server<br>AW: OFAG mobile Delivery |

CPU: Prozessor, RAM: Arbeitsspeicher, HD: Festplattenspeicher
BS: Betriebssystem, AW: Anwendungssoftware, MW: Middleware, DB: Datenbanksoftware

In diesen Bereichen können alle Lagermitarbeitenden und Fahrer mit MDE-Geräten direkt auf das ERP-System via WLAN zugreifen. Details zu den zentralen Systemen sind in Tab. 15.2 aufgeführt.

Ausserhalb des WLAN kommunizieren die Fahrer mit GPRS-Geräten über das GSM-Netzwerk von Swisscom Mobile und dem Internet mit dem Swiss1Mobile-Server. Swisscom Mobile bietet den Zugriff aus dem GSM-Netz in das Internet über einen Gateway GPRS Support Node (GGSN) an. Der GGSN wandelt die GPRS-Datenpakete in TCP/IP Pakete um.

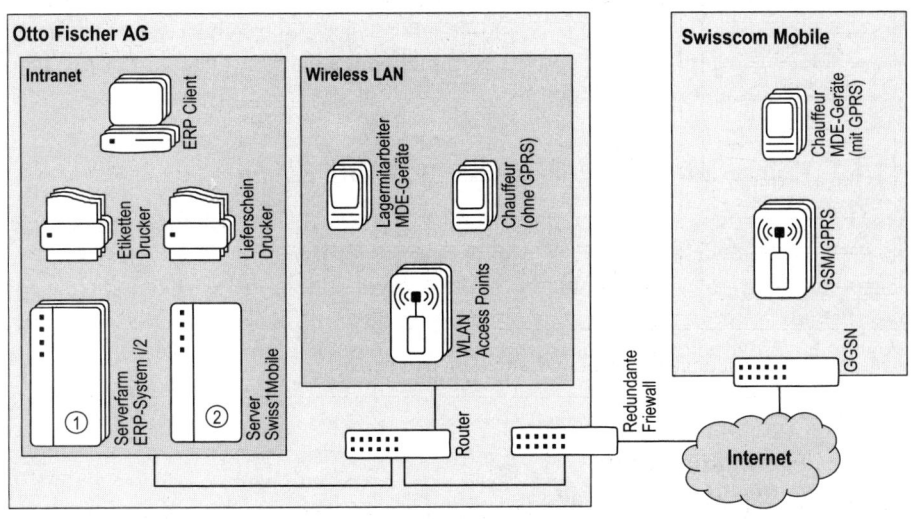

Abb. 15.5: Netzwerk und Systeme

## 15.4  Projektabwicklung und Betrieb

### 15.4.1  Projektmanagement und Changemanagement

Das Projekt konnte in einem straffen Zeitplan umgesetzt werden. Dies war insofern notwendig, da der Termin für den Go-life auf den Juli fixiert war, dem einzigen Monat, in dem eine Prozessanpassung in diesem Ausmass denkbar war. Bei einer Projektverzögerung wäre die Einführung um ein Jahr verschoben worden. Die Grundlagen für das Projekt wurden im Jahr 2004 erarbeitet. Es gab Vorbesprechungen mit den Partnern, Kostenschätzungen und Investitionsrechnungen.

Darauf wurde der Projektstart auf Januar 2005 mit dem Ziel festgelegt, ab Juli die neue Lösung zu benutzen.

Die Konzeptphase dauerte drei Monate und wird heute als äusserst wertvoll betrachtet. Es wurden Mitarbeitende involviert, die die Prozesse selbst kennen und ausführen. Mehrmals kam es bei der Aufnahme der einzelnen Prozessschritte dazu, dass individuelle Arbeitsgewohnheiten von Mitarbeitenden deutlich wurden, die zwar den Prozess verlängern, sich aber für ein effizientes Arbeiten als notwendig erwiesen. Bis Ende März wurde ein Pflichtenheft erstellt, anhand dessen Polynorm die Lösung programmierte. Ab April fanden Schulungen statt. Zuerst wurde anhand von Screenshots geschult. Ab Mai waren die ersten Programme für Liveschulungen verfügbar. Es gab eine aufwändige, aber sehr erfolgreiche Testphase, die an zwei Samstagen mit jeweils rund 80 Mitarbeitenden stattfand und in der die Prozessabläufe durchgespielt wurden.

### 15.4.2 Entstehung und Roll-out der Softwarelösung

Obwohl die Lösung speziell auf die Bedürfnisse des Standortes angepasst ist und dadurch eine gewisse Einmaligkeit aufweist, wurde darauf geachtet, dass die Release-Fähigkeit gewährleistet bleibt. Die Programmierung der i/2-Komponente für die ERP-Erweiterung konnte anhand des erarbeiteten Pflichtenhefts und den dabei gewonnen Prozesskenntnissen weitgehend problemlos umgesetzt werden. Herausfordernd war die EDV-technische Abdeckung von Spezialwünschen zu Prozessabläufen.

### 15.4.3 Laufender Unterhalt

Lange Antwortzeiten auf den MDE-Geräten waren ein Grund für anfängliche Sorgen mit dem Funknetz. Swiss1Mobile nahm darauf mit einem neuen Produktanbieter Kontakt auf und das Netzwerk wurde in der Folge neu erstellt. Mit dem Funknetz ist man heute zufrieden, jedoch mussten alle Geräte der Fahrer wegen Hardware-Problemen ausgetauscht werden. Im Lager hat sich bewährt, dass auf die Geräte lediglich Position für Position geladen wird und nie ein ganzer Auftrag. Dies vermeidet das Risiko von Datenverlust und erlaubt einem Mitarbeitenden bei Gerätausfall ein umgehendes Anmelden und Weiterarbeiten auf einem neuen Gerät.

## 15.5 Erfahrungen

### 15.5.1 Nutzerakzeptanz

Die Umstellung auf den papierlosen Betrieb hatte zur Folge, dass die handschriftliche Informationserfassung abgelöst wurde. Die anfangs befürchteten Reklamationen bezüglich zu kleiner Bildschirmen oder zu schwacher Kapazität traten nicht ein. Im Gegenteil, es wird von einer Musterlösung gesprochen, die man gerne weiterempfiehlt.

### 15.5.2 Zielerreichung und bewirkte Veränderungen

OFAG strebte mit der Einführung der Geräte zur mobilen Datenerfassung eine Reduktion der Durchlaufzeit, Kapazitätserweiterung und -flexibilisierung, Reduktion der Prozesskosten, Reduktion der Fehlerquote und Erhöhung der Prozesssicherheit sowie Vereinfachung der Prozesse an. Diese Ziele wurden ausnahmslos erfüllt.

Ein Mitarbeitender rüstete früher pro Stunde 58 Positionen. Die Kapazität konnte um 23 % auf durchschnittlich 72 Positionen erweitert werden. Gleichzeitig konnte der Mitarbeitendenbestand im Lager trotz steigender Positionswerte leicht reduziert werden. Die Fahrer, für die regelmässig 1.5 Stunde Abfahrtsverzögerung die Regel war, können heute pünktlich um 19 Uhr ihre Touren starten. Vereinfacht wurden die Prozesse im Lager vor allem durch die optimierten Kommissionierwege, so dass kein Stau auf den Lagerstrassen mehr entsteht. Die Fehlerquote von 0.5 % Positionsfehler im Jahr 2003/04 (was schon damals als sehr gut bezeichnet wurde) ist seit Februar 2006 auf 0.18 % zurückgegangen. Gesetztes Ziel war 0.2 % und nach heutiger Einschätzung wird man langfristig sogar bei 0.15 % liegen. Die Fehlerreduktion bringt hohe Einsparungen dank dem Wegfall von unproduktiven Prozessen, d.h. Mehrfachkommissionierung und Verzögerungen in Spedition und Auslieferung. Selten wird bei der Kommissionierung Ware in die falschen Gebinde gelegt. Bei der Auslieferung treten heute keine Fehler mehr auf, weil das System dem Fahrer die Weiterfahrt nicht freigibt, bis die richtigen Pakete gescannt sind.

### 15.5.3 Investitionen, Rentabilität und Kennzahlen

Budgetiert wurden 1.25 Mio. CHF. Durch eine effiziente Projektarbeit konnte der Budgetrahmen eingehalten werden. Finanzielle Aspekte waren bei der Suche nach einer geeigneten Lösung von sekundärer Bedeutung – das hat man den Partnern von Anfang an kommuniziert. Bereits heute steht fest, dass der im Vorfeld auf unter drei Jahre berechnete Return on Investment (ROI) problemlos in kürzerer Frist erreicht werden wird. Die mobile Softwarelösung für die Fahrer macht rund

10 % der gesamten Projektkosten aus. Für ein MDE-Gerät wurden 3'000.- CHF, inklusive GPRS-Funktion 5'000.- CHF bezahlt. Im Rahmen dieses Projekts wurden zusätzlich sechs Etikettendrucker (je 5'000.- CHF) angeschafft. Die Kosten für das Funknetz (WLAN-Zone) lagen bei 40'000.- CHF. Die intern angefallenen Projektkosten sind nicht zu unterschätzen, können aber nur schwer beziffert werden. Besonders der Projektleiter war während der Projektzeit stark zusätzlich belastet. Darüber hinaus waren permanent zwei bis drei interne Mitarbeitende für das Projekt engagiert.

## 15.6  Erfolgsfaktoren

### 15.6.1  Spezialitäten der Lösung

Eine Spezialität der mobilen Lösung ist die Anbindung ans ERP-System. Dadurch sind die Mitarbeitenden während ihrer Tätigkeiten optimal mit elektronischen Informationen bedient. Unterschieden werden Geräte der Fahrer mit lokaler Speichermöglichkeit und so genannte *reine* Emulationslösungen für Lagermitarbeitende. Für eine hohe Benutzerakzeptanz sorgt der zur Verfügung stehende Funktionsumfang. Der Mehrwert für den Mitarbeitenden liegt dabei in der Reduktion der für ihn notwendigen Funktionen, was ein effizientes und sicheres Arbeiten erlaubt.

### 15.6.2  Reflexion der „Prozessexzellenz"

Die Firma Otto Fischer hat die Vision eines papierlosen Prozesses für ihre Auftragsabwicklung verwirklicht. Innert kürzester Zeit konnte der Kommissionierprozess in einer Interaktion zwischen Mensch und Maschine derart effizient gestaltet werden, wie es gegenwärtig nach Meinung der Beteiligten mit keinem vollautomatischen Lagersystem günstiger zu lösen wäre. Der Kunde kann dadurch bedürfnisgerecht beliefert werden in einem Ausmass, das der OFAG das Vertrauen gibt, der Konkurrenz heute einen Schritt voraus zu sein.

### 15.6.3  Lessons Learned

Der Einsatz von MDE-Geräten alleine garantiert noch keine Effizienzsteigerungen. Der Erfolg zeigt sich dann, wenn die Mitarbeiteraktivitäten mit den vom System unterstützten Prozessen harmonieren. Ein MDE-Projekt ist demnach immer ein Individualprojekt. Otto Fischer und Polynorm starteten das Projekt mit einer intensiven Konzeptionsphase. Vor dem Hintergrund der Erfahrungen würde man heute bei der Implementierung in *zwei* Projektphasen vorgehen. Die *gleichzeitige* Einführung der mobilen Lösung in der Spedition, in der Kommissionierung und im Wareneingang erforderte eine (zu) hohe Betreuungsintensität.

# 16 felix martin Hi-Fi und Videostudios: SAP im Kleinunternehmen

*Raoul Schneider*

Die felix martin Hi-Fi und Videostudios ist ein im Schweizer Kanton Schwyz ansässiges Handelsunternehmen, das sich auf den Vertrieb von Unterhaltungselektronik an Privatkunden spezialisiert hat. Bisher verwendete man dort für die Verwaltung der Kunden-, Lieferanten- und Gerätedaten eine gut 15 Jahre alte Lösung. Um für die Zukunft gerüstet zu sein, entschied man sich auf das auf SAP basierende Produkt „smart-HiFi" der Firma atlantis it-solutions zu wechseln. In dieser Fallstudie wird aufgezeigt, wie ein kleines KMU durch Spezialisierung auf seine Kernfähigkeiten und den bewussten Einsatz von Computertechnologie in einer hart umkämpften Branche bestehen und seine Effizienz verbessern kann.

Folgende Personen waren an der Bearbeitung dieser Fallstudie beteiligt:

Tab. 16.1: Mitarbeitende der Fallstudie

| Ansprechpartner | Funktion | Unternehmen | Rolle |
|---|---|---|---|
| Felix Martin | Geschäftsinhaber | felix martin Hi-Fi und Videostudios | Lösungsbetreiber |
| Thomas Steinmann | Geschäftsführung | atlantis it-solutions GmbH | IT-Partner |
| Raoul Schneider | Assistent | FHNW | Autor |

## 16.1 Das Unternehmen

felix martin Hi-Fi und Videostudios ist ein im Gebiet Zürichsee beheimateter, autorisierter Fachhändler von hochklassiger Unterhaltungstechnik.

### 16.1.1 Hintergrund, Branche, Produkt und Zielgruppe

Die Firma felix martin Hi-Fi und Videostudios, mit Sitz in Lachen im Schweizer Kanton Schwyz, wurde im Jahr 1975 gegründet. Sie ist ein Einzelunternehmen, das sich auf den Verkauf und Service von qualitativ und preislich hochwertiger Unterhaltungselektronik spezialisiert hat. Sie beschäftigt 11 Mitarbeitende, darunter drei Familienangehörige des Geschäftsinhabers Felix Martin.

In dieser Branche findet zurzeit ein grosser Verdrängungswettbewerb statt, dem in der Region schon einige Betriebe zum Opfer gefallen sind. Mit guten Serviceleistungen, qualitativ hochwertigen Produkten und einer professionellen Zusammenarbeit mit den Lieferanten konnte felix martin Hi-Fi und Videostudios bisher gut im Markt bestehen. Der derzeit erzielte Umsatz von ca. 3.5 Mio. CHF soll auf 4 Mio. CHF gesteigert werden.

### 16.1.2 Unternehmensvision

Ziel des Unternehmens ist es, als kompetenter Partner für Privatkunden aufzutreten und der Kundschaft den bestmöglichen Service anzubieten. Auf der Beschaffungsseite besteht ein Netz aus erstklassigen Lieferanten, während die Kunden von der persönlichen Beratung und dem schnellen Service profitieren.

Zum Erfolg der Firma trägt bei, dass die Mitarbeitenden die Produkte gut kennen und von diesen überzeugt sind. Ausserdem schätzen die Kunden die persönliche Beratung durch die vier Familienmitglieder.

### 16.1.3 Stellenwert von Informatik und E-Business

Der Geschäftsführer Felix Martin beschreibt in Bezug auf Business Software die Vision seines Unternehmens folgendermassen:

---

Die felix martin Hi-Fi und Videostudios ist ein innovatives Unternehmen der Unterhaltungstechnik-Branche und strebt mit dem Einsatz der ERP-Lösung einen besseren Kundenservice und Effizienzsteigerungen an.

---

Im Mittelpunkt des Unternehmens steht der Kunde. Die Informatik soll dabei helfen, diesen rascher, einfacher und besser bedienen zu können. Dem Einsatz von Informatik steht die Firma felix martin Hi-Fi und Videostudios zurückhaltend gegenüber. Ziel ist nicht, die Möglichkeiten der Informatik voll auszuschöpfen, sondern sie gezielt dort einzusetzen, wo es sinnvoll ist. So werden während den Beratungs- und Verkaufsgesprächen keine Computer eingesetzt, sondern erst nachträglich zur Erstellung der Offerte und Auftragsabwicklung.

Die in dieser Fallstudie beschriebene ERP-Lösung wird dazu verwendet, Lager, Bestellungen, Rechnungen sowie Kunden- und Lieferantendaten zu verwalten.

Längerfristig besteht das Ziel, die Aussendienstmitarbeitenden mit einem mobilen Kleincomputer – Personal Digital Assistant (PDA) – an das ERP-System anzubinden. Die Techniker wären dann in der Lage, beim Kunden die erbrachten Leistungen auf dem PDA zu erfassen und direkt ins ERP-System zu übermitteln. Damit könnten Medienbrüche vermieden und Kosten eingespart werden.

## 16.2 Der Auslöser des Projekts

### 16.2.1 Ausgangslage und Anstoss für das Projekt

Die bis zum Jahr 2002 verwendete Branchenlösung war mehr als 15 Jahre alt, basierte auf dem veralteten Betriebssystem DOS und wies einige Mängel auf. Updates waren oft fehlerbehaftet und im Jahr 2000 zeigte sich, dass die Lösung vom Millenium-Bug betroffen war. Das System erlaubte keine Fehlerkorrektur von Daten, nachdem diese einmal gespeichert waren. Dies führte dazu, dass der Geschäftsinhaber der Einzige war, der das System bedienen konnte. In seiner Abwesenheit sammelten sich Rechnungen und Materialdaten, die erfasst werden mussten. Jeder Wareneingang musste einzeln erfasst werden. Wenn bspw. zehn gleiche Geräte geliefert wurden, war es nötig, zehn Mal dieselben Informationen einzugeben. Die Rechnungen wurden ausserhalb des Systems in Excel berechnet und in Word geschrieben, was einen grossen Zeit- und Mehraufwand bedeutete. Den entscheidenden Ausschlag für die Einführung einer neuen Software gab aber, dass die alte Lösung Buchhaltungsfehler produzierte, deren Ursache man nicht feststellen konnte und die vom Entwickler auch nicht behoben werden konnten. Der langjährige Treuhänder der Firma war es schliesslich, der felix martin vor die Wahl eines Systemwechsels oder die Niederlegung des Mandates stellte.

### 16.2.2 Vorstellung der Geschäftspartner

*Anbieter von Business Software, Implementierungspartner*

Die atlantis it-solutions GmbH mit Sitz in Wollerau, Kanton Schwyz, erstellt Lösungen auf der Basis von mySAP Business Suite für kleine und mittelständische Unternehmungen. Unter der Bezeichnung „smart-tools" werden verschiedene, branchenorientierte Lösungen angeboten, darunter auch das in dieser Fallstudie besprochene „smart-HiFi". Die atlantis it-solutions war für die Implementierung der Lösung zuständig und überwacht den laufenden Betrieb der Software.

*Geschäftspartner*

Die Fidewo AG Treuhand & Unternehmensberatung bietet neben den klassischen Treuhand-Dienstleistungen auch die Planung und Umsetzung von Rechnungswesen- und Controllingkonzepten, sowie das Hosting von ERP-Produkten auf Basis der „smart-tools" an. Für die Firma felix martin ist die Fidewo AG einerseits als Treuhänder tätig und übernimmt andererseits das Hosting der ERP-Lösung auf ihrem Server sowie den Unterhalt der Hardware.

## 16.3  SAP-Lösung im Kleinbetrieb

### 16.3.1  Geschäftssicht und Ziele

Die felix martin Hi-Fi und Videostudios ist ein klassisches Handelsunternehmen (vgl. Abb. 16.1). Die Kunden lassen sich im Verkaufsraum beraten und erhalten anschliessend eine Offerte für die in Betracht kommenden Geräte. Anhand dieser Informationen entscheiden sie sich für oder gegen einen Kauf. Die bestellten Geräte werden dem Kunden geliefert und auf Wunsch installiert.

Mit den Lieferanten wird bei der Einführung eines neuen Gerätes der Verkaufspreis auf eine bestimmte Zeit fixiert. Nach Ablauf dieser Zeit werden die Konditionen neu ausgehandelt.

In der Vergangenheit wurden Offerten und Rechnungen in Excel ausgerechnet, in Word verfasst und die Rechnungen schliesslich in das betriebswirtschaftliche System eingegeben. Der Arbeitsaufwand durch diese Dreiteilung und die Redundanz der Arbeit war gross. Zudem war das alte System nicht anwenderfreundlich, da es keine Vorlagen anbot, die die Eingabe von Daten vereinfacht hätten, und da es an einmal gespeicherten Daten keine Änderungen mehr zuliess.

Die Unternehmensführung beschloss deshalb, das alte System zu ersetzen und auf eine zukunftsträchtigere Lösung zu setzen.

Dabei wurde beabsichtigt,

- die Abhängigkeit von einem kleinen Softwareanbieter zu vermeiden,

- den administrativen Aufwand zu verringern, indem Offerten bis Rechnungen im ERP-System erfasst und gedruckt werden können, sowie

- eine Lösung zu haben, die technologisch und betriebswirtschaftlich aktuell ist.

Investitionsschutz sollte dadurch erreicht werden, dass eine Lösung gewählt wird, die weit verbreitet ist, für die ein breites Netz von geschulten Experten verfügbar ist und von der angenommen werden kann, dass Sie auch in mehreren Jahren noch weiterentwickelt werden wird. Ausserdem mussten die Projektkosten für einen KMU-Betrieb finanziell verkraftbar sein.

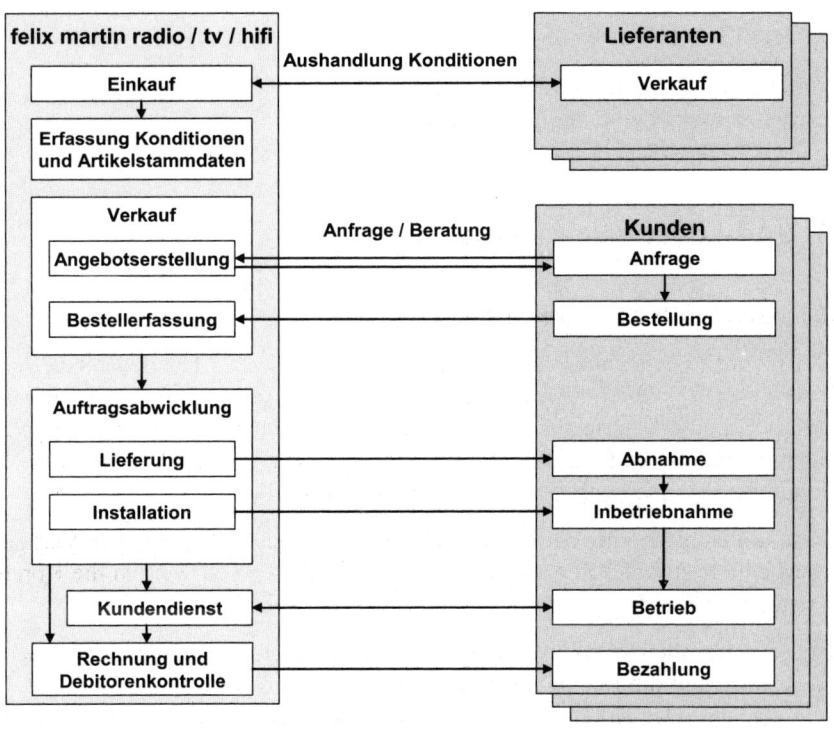

Abb. 16.1: Business Szenario felix martin

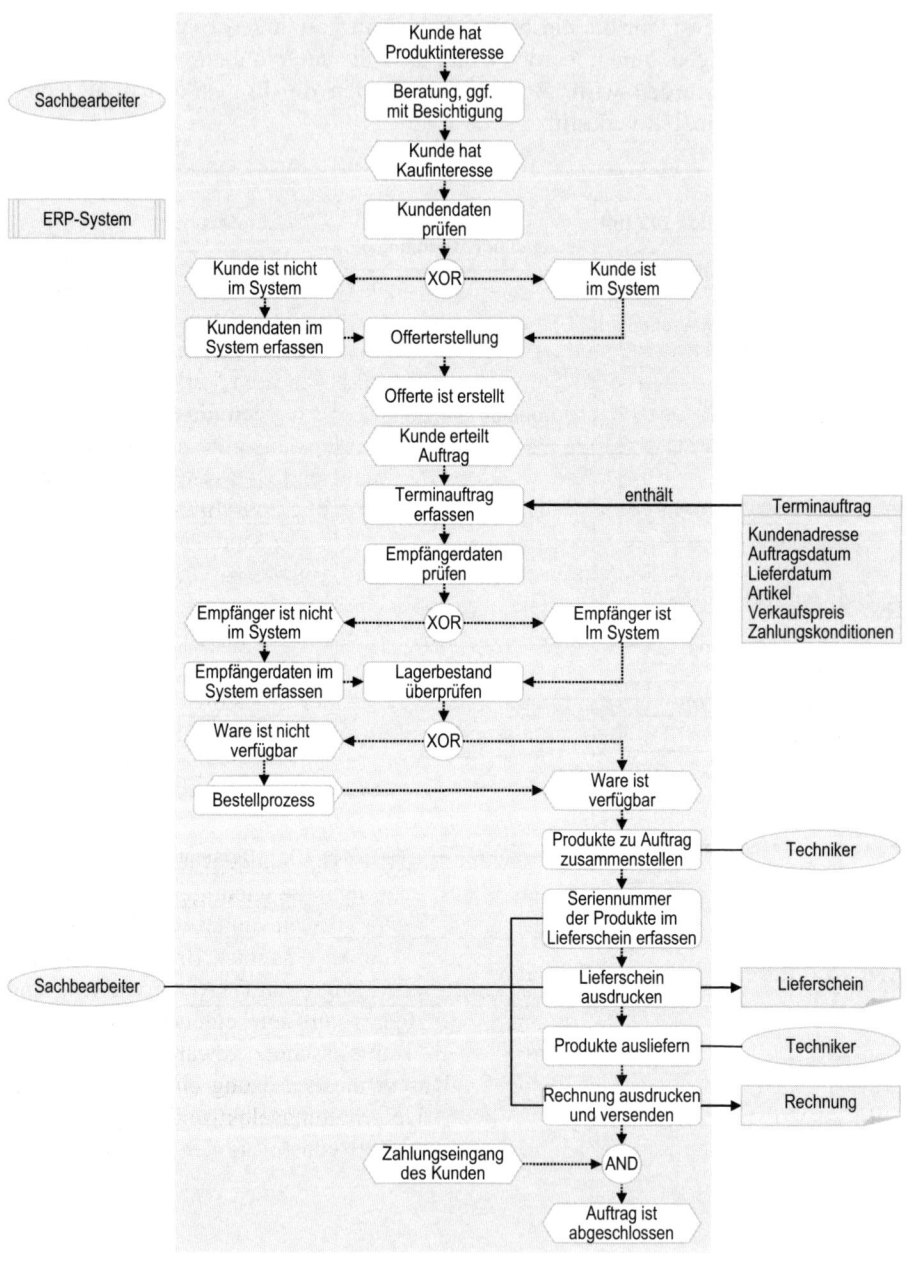

Abb. 16.2: Prozesssicht: Auftragsabwicklung eines Beratungs- und Verkaufsprozess

## 16.3.2 Prozesssicht

Als Beispielprozess für die Arbeit mit dem ERP-System wird der Prozess der Beratung und des Verkaufs eines Gerätes dargestellt (vgl. Abb. 16.2). Mit Ausnahme der Beratung werden in diesem Prozess alle Arbeitsgänge des Sachbearbeiters interaktiv am ERP-System ausgeführt.

Dem interessierten Kunden werden im Verkaufsladen die für ihn interessanten Geräte gezeigt und vorgeführt. Auf Wunsch des Kunden wird seine Wohnung besichtigt und Empfehlungen zum Kauf eines Geräts werden abgegeben. Daraufhin wird im System eine Offerte erstellt und dem Kunden gesendet, worauf dieser sich für oder gegen einen Kauf entscheidet. Im anschliessenden Auftragsprozess wird ein Terminauftrag erstellt. In diesem werden die Adresse des Kunden, das Auftrags- und Lieferdatum, die gewünschten Artikel mit dem Verkaufspreis sowie die Zahlungskonditionen übernommen. Anschliessend werden die Empfängerdaten überprüft. Es besteht die Möglichkeit, in einem Auftrag bis zu vier Teilnehmer zu bearbeiten: Besteller, Empfänger, Fakturaempfänger und Belastungsempfänger. In der Abbildung ist die Darstellung auf einen Empfänger beschränkt. Das System prüft automatisch, ob die gewünschten Geräte am Lager sind. Wenn nicht, wird eine Bestellung beim Lieferanten ausgelöst und der Auftrag mit dem vorgesehenen Liefertermin ausgedruckt. Wenn alle Komponenten verfügbar sind, holt sie der Techniker im Lager. Daraufhin wird die Seriennummer der Artikel im Terminauftrag erfasst und der Lieferschein wird ausgedruckt. Entweder nimmt der Kunde die Ware zusammen mit der Rechnung nach Hause oder sie wird ihm nach Hause geliefert und die Rechnung anschliessend per Post oder E-Mail zugesandt.

## 16.3.3 Anwendungssicht

Die vorliegende Lösung basiert auf dem „smart-tools"-Konzept der Firma atlantis it-solutions (Abb. 16.3). Es geht davon aus, dass sich alle wichtigen Prozesse eines Unternehmens weitgehend standardisieren lassen. Die relevanten Standardprozesse einer Branche werden im System eingerichtet und zu einzelnen Branchenlösungen zusammengefasst. Die „smart-tools"-Lösungen basieren auf SAP-Produkten, sind ausbaufähig und die Daten können bei Bedarf auf ein eigenes SAP-System migriert werden. Dadurch ist ein hoher Investitionsschutz gewährleistet. Zurzeit gibt es „smart-tools" für vier Branchen. Das in dieser Lösung eingesetzte smart-HiFi ist auf die Prozesse des Handels mit Unterhaltungselektronik zugeschnitten und wurde während der Implementierung an die Bedürfnisse der felix martin angepasst.

Interessant an der vorliegenden Lösung ist, dass das gesamte ERP-System outgesourct wurde. Es ist nicht beim Händler selbst sondern bei seinem Treuhänder installiert. Die Anwender bei der Firma felix martin greifen per SAP-Client über das Internet auf das SAP-System des Treuhänders zu. Anfragen werden auf dem Server ausgeführt und nur die Resultate an den Client übertragen. Eingaben, die im Client eingegeben werden, werden beim Speichern auf den Server transferiert und dort abgelegt. Auf der Anwenderseite werden keine Daten gespeichert. Der Händler kann sich so ganz auf seine Kernkompetenzen konzentrieren, während er mit der Hard- und Software des Systems nichts zu tun hat. Der Treuhänder greift im Rahmen seines Mandates ebenfalls mit einem SAP-Client auf den Server und die aktuellen Daten zu, wobei für ihn der Umweg über das Internet entfällt.

Um den Unterhalt der Hardware und die Systempflege sowie das regelmässige Backup kümmert sich die Fidewo AG. Auf dem Server der Fidewo AG sind neben der „smart-HiFi"-Lösung für die Firma felix martin auch „smart-tools"-Lösungen für andere Kunden installiert. Durch die Mandantenfähigkeit der Lösung können auf dem System mehrere Kunden bedient werden, ohne dass diese gegenseitig Einblick in die Daten haben. Für die Verfügbarkeit der „smart-HiFi"-Lösung auf dem Server ist atlantis it-solutions zuständig. Diese übernimmt das Monitoring der Software und überprüft dabei, ob die Datenbanken laufen und ob während des Betriebs Fehler auftreten.

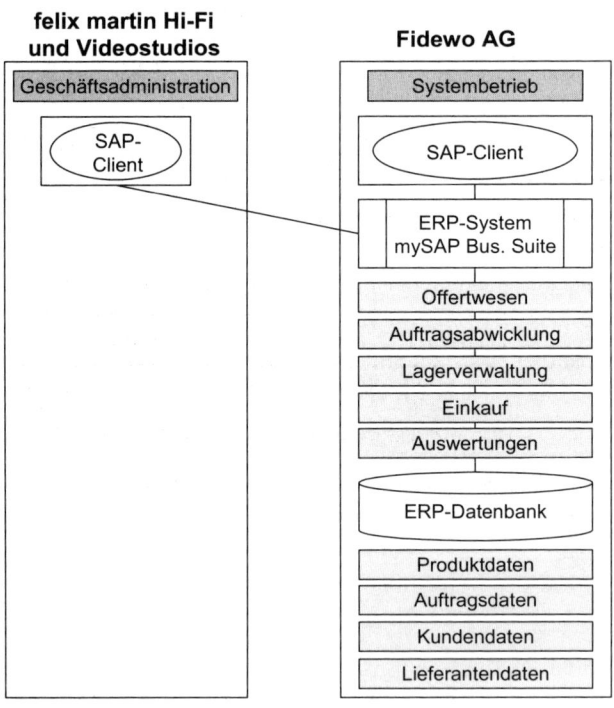

Abb. 16.3: Anwendungsübersicht felix martin

### 16.3.4 Technische Sicht

Der Server mit der „smart-HiFi"-Lösung steht bei der Treuhandfirma Fidewo AG. Die Verbindung zwischen dem SAP-Client des Händlers und dem ERP-System findet über ein gesichertes Virtual Private Network (VPN) statt (Abb. 16.4). Beide Firmen sind über einen handelsüblichen Cablecom-Internetzugang ans Internet angeschlossen. Um die Sicherheit der beiden Systeme zu gewährleisten, sind der Server und die Clients sowohl über eine Hard- als auch über eine Software-Firewall gesichert.

Das Service-Level-Agreement sieht vor, dass der Zugriff auf den Server und das ERP-System während der Öffnungszeiten von felix martin möglich sein muss und garantiert eine maximale Ausfallzeit von weniger als einem Tag pro Monat.

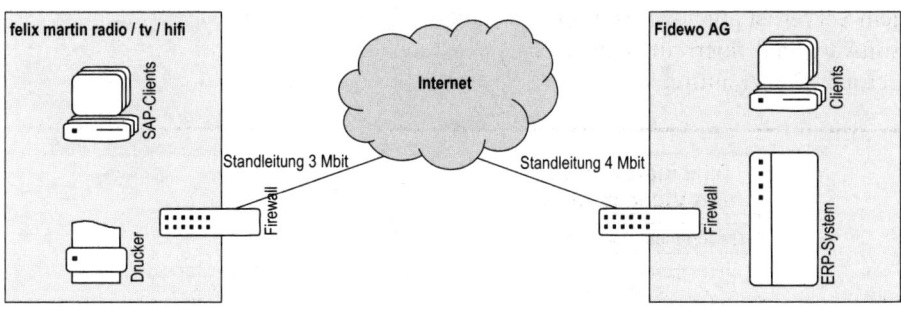

Abb. 16.4: Netzwerk und Systeme felix martin

Tab. 16.2: Spezifikationen und Merkmale der eingesetzten Systemkomponenten

| Server | Hardware | Software |
|---|---|---|
| ① ERP-System | CPU: 2x intel Xeon 3.2 GHz<br>RAM: 2 GB<br>HD: 5x 80GB mit RAID | BS: Windows 2000 Server<br>AW: mySAP Business-Suite<br>AW: smart-HiFi |

CPU: Prozessor, RAM: Arbeitsspeicher, HD: Festplattenspeicher
BS: Betriebssystem, AW: Anwendungssoftware

## 16.4 Projektabwicklung und Betrieb

### 16.4.1 Projektmanagement und Changemanagement

atlantis it-solutions GmbH geht bei der Einführung und Implementation ihrer „smart-tools"-Lösungen nach einem bewährten Vorgehensmodell vor (vgl. Abb. 16.5). Es wurde in verkürzter Form auch im Fall felix martin angewendet.

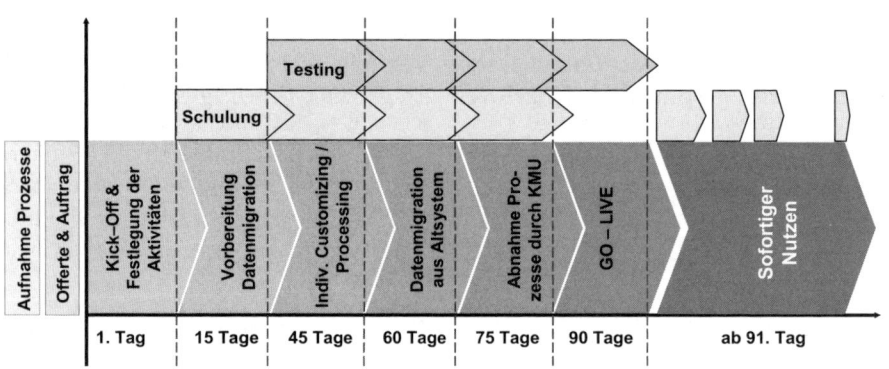

Abb. 16.5: Vorgehensmodell Einführung „smart-tools" der atlantis it-solutions GmbH

Der Zeitplan für das Projekt betrug zwei Monate. Beginn war Anfang Juni 2002. Bis Ende Juli mussten das System aufgesetzt und die Materialstammdaten aus dem bisherigen System in das Neue übertragen worden sein. Ziel war, dass Ende Juli sämtliche Buchungen seit Jahresbeginn erfasst sind, um am Jahresende einen Geschäftsabschluss über das ganze Jahr zu ermöglichen. Auf die Übernahme des Kundenstamms wurde verzichtet, da das alte System nur Grossbuchstaben und keine Umlaute erlaubte. Ausserdem waren über die Jahre mehrere Einträge doppelt erfasst worden. Der Kundenstamm wurde mit dem neuen System neu aufgebaut. Um die Möglichkeit einer späteren Anbindung an die ERP-Systeme der Lieferanten offen zu halten, werden für die Produkte seit der Systemumstellung die Artikelnummern der Lieferanten verwendet. Zeitgleich mit den Prozessen der Datenmigration, dem Customizing der Lösung und der Schulung fand auch das Testen des Systems statt. Durch diese Vorgehensweise konnte das System genau an die Anforderungen des Unternehmens angepasst und viel Zeit gespart werden.

In einem ersten Schritt wurden die Prozesse bei der felix martin aufgenommen. Danach wurde eine Kopie von „smart-HiFi" auf einem Testsystem installiert und der Kunde geschult. Gleichzeitig wurden kundenspezifische Änderungen an dieser Kopie vorgenommen, um das System an die Bedürfnisse der Firma anzupassen. Während dieses Customizings der Software konnte bereits mit der Übernahme der

Daten vom alten System begonnen werden. Dabei mussten auch sämtliche Materialstammdaten neu ins System eingegeben werden. Während dieser Arbeit lernte der Anwender das System kennen und konnte noch während der Implementationsphase Wünsche und Anregungen einbringen, die zusätzlich in das Customizing einflossen. Parallel dazu fand die Testphase statt, in der das System auf seine Funktionalität und Korrektheit getestet wurde. In einem letzten Schritt wurde die angepasste Lösung vom Test- auf das Produktivsystem kopiert.

*Partnerwahl*

Der Treuhänder, der das Unternehmen damals betreute, ist Mitgründer der Firma atlanis it-solutions GmbH. Er hat auf Grund der fehlerhaften Buchhaltung der alten Lösung den Systemwechsel nahe gelegt und dabei auch die speziell für KMUs entwickelte Lösung der Firma atlantis it-solutions vorgestellt. Durch die langjährige Zusammenarbeit kannte der Treuhänder die Bedürfnisse und Anforderungen der Firma felix martin und besass mit „smart-HiFi" ein für sie geeignetes Produkt. Die Verwendung einer SAP-basierten-Lösung hatte einige Vorteile für felix martin:

- Sie basiert auf SAP, daher wäre ein späterer Umstieg auf eine andere SAP-Lösung oder einen anderen Partner möglich (Investitionsschutz),

- die grossen Lieferanten B&O und Panasonic arbeiten mit SAP, womit eine spätere Integration mit diesen möglich wäre,

- der Treuhänder arbeitet mit SAP, er kann daher direkt auf die Daten der felix martin zugreifen und diese auswerten, ohne dass die Daten im ERP-System des Händlers zuerst exportiert und anschliessend ins System des Treuhänders importiert werden müssen.

Da das Produkt überzeugte und das Vertrauen zwischen den beiden Geschäftspartnern über die Jahre gewachsen war, erhielt die Firma Fidewo AG den Zuschlag und engagierte für die Implementation die atlantis it-solutions GmbH. Von den vorgängig noch evaluierten weiteren Lösungen erwies sich keine als bessere Alternative.

## 16.4.2 Laufender Unterhalt

Seit der Inbetriebnahme vor vier Jahren wurden am System keine grossen Änderungen mehr vorgenommen. Ab und zu werden kleinere Funktionalitäten aktualisiert oder Schulungen für Prozesse durchgeführt, die nur sehr selten benötigt werden. Durch die Definition der Prozesse zu Beginn des Projekts und da der Auftraggeber eng in das Customizing miteinbezogen worden war, hat die Lösung den Anforderungen bisher standgehalten.

Im Jahr 2007 findet der erste Releasewechsel seit Einführung des ERP-Systems statt. Bei Projektbeginn wusste man, dass in 4 bis 5 Jahren ein Releasewechsel bei SAP bevorstehen wird. Um die Lösung technisch auf dem neuesten Stand zu halten, wurde daher schon damals miteingeplant, diesen Releasewechsel mitzumachen.

## 16.5 Erfahrungen

### 16.5.1 Nutzerakzeptanz

Der Geschäftsinhaber wurde bereits während der Implementationsphase in der Bedienung des Systems geschult, mit dem Ziel, dass er anschliessend die Schulung in seinem Team selbst übernehmen kann. Er war auf diese Weise von Beginn an in das Customizing der Software auf seine Bedürfnisse auch als Anwender involviert und konnte so sehr gezielt Änderungswünsche einbringen. Mit diesem Vorgehen konnte die Akzeptanz der Nutzer frühzeitig gesichert werden.

### 16.5.2 Zielerreichung und bewirkte Veränderungen

Das ERP-System unterstützt den Geschäftsführer bei der täglichen Arbeit und erleichtert die Administration.

Der Wechsel von der alten Lösung zu einem SAP-basierten ERP-System eröffnete für Felix Martin die Möglichkeit, sich mehr und intensiver mit den Kunden und deren Wünschen auseinanderzusetzen.

Konkret konnten folgende Punkte verbessert werden:

- Geschätzte Zeitersparnis im administrativen Bereich von ca. 20 % bis 30 %, da im Gegensatz zur alten Lösung aus dem System heraus Offerten bis Rechnungen erstellt und gedruckt werden können. Bei der Erfassung von Material kann auf schon im System erfasste Daten zurückgegriffen werden.

- Steigerung des Umsatzes, weil mehr Zeit für die persönliche Betreuung der Kunden zur Verfügung steht.

- Übersicht über die Lieferantenbeziehungen. Es besteht nun die Kontrolle darüber, bei welchen Lieferanten welche Materialien wann und zu welchen Preisen bezogen wurden. Ausserdem lässt sich leicht die Preisentwicklung der Materialien beobachten und überprüfen, welcher Lieferant ein bestimmtes Produkt am günstigsten anbietet. Aufgrund dieser Informationen lässt sich der Einkauf optimieren.

- Eine betriebswirtschaftliche Auswertung des Vormonats ist bereits am dritten Arbeitstag des neuen Monats möglich.

- Senkung der Gebühren für den Buchhalter. Dieser hat direkten Zugriff auf die Daten und kann sie, da er auch SAP einsetzt, sofort weiterverarbeiten.

- Konsistente Daten, die auch buchhalterisch korrekt sind.

- Investitionsschutz durch die Möglichkeit, auf ein selbst oder von einem anderen Partner betriebenes SAP-System zu migrieren.

*Veränderungen*

Neben dem Geschäftsführer pflegt nun auch seine Tochter die Daten im ERP-System, womit dieser mehr Zeit zur Verfügung hat, die er für die intensivere Kundenpflege verwendet.

Die Firma felix martin kann die Rechnungen neu aus dem ERP-System heraus drucken und muss nicht mehr den Umweg über Word und Excel machen. Dadurch erhalten die Kunden die Rechnungen früher und der geschuldete Betrag trifft schneller beim Händler ein, was die Liquidität des Unternehmens erhöht.

### 16.5.3 Investitionen, Rentabilität und Kennzahlen

Die Umstellung auf das neue System kostete die felix martin Hi-Fi und Videostudios einmalig 47'000.- CHF. In diesem Preis sind die Kosten für die gesamte Einführung, Schulung und zwei Lizenzen enthalten. Dazu kommen zwei monatliche Pauschalen. Eine in der Höhe von 600.- CHF an atlantis it-solutions. In dieser inbegriffen sind der Support, die Wartung und das Monitoring der Software sowie kleinere Anpassungen an Prozessen. Die andere monatliche Pauschale in der Höhe von 150.- CHF wird der Fidewo AG geschuldet. Diese beinhaltet eine Nutzungsgebühr für die Hardware, den Unterhalt und die Wartung des Hardwaresystems sowie ein regelmässiges Backup der Daten.

Gegenüber dem alten System gibt es eine Einsparung in der Höhe von ca. 10'000.- CHF pro Jahr an Treuhandkosten. Nach der Einführung stieg der Umsatz im Servicebereich um ca. 30 %, da alle erbrachten Leistungen nun konsequent auch auf Kundenaufträge erfasst werden. Dies war früher nicht oder nur bedingt möglich, da eine Rechnung, nachdem sie im System gespeichert war, nicht mehr ergänzt oder geändert werden konnte. Falls eine erbrachte Leistung im Nachhinein noch einer Rechnung hätte hinzugefügt werden müssen, wäre dies nur über eine weitere Rechnung machbar gewesen und wurde daher oft nicht mehr verrechnet.

Die Investition hat sich für die felix martin Hi-Fi und Videostudios gelohnt: Schon im ersten Jahr konnten die Kosten amortisiert werden.

# 16.6 Erfolgsfaktoren

## 16.6.1 Spezialitäten der Lösung

Das „smart-tools"-Konzept ermöglicht auch kleinen Betrieben den Einsatz von SAP-Produkten. Indem für verschiedene Branchen ein dafür angepasstes Paket zur Verfügung steht, das individuell an die jeweilige Firma angepasst wird, besitzt die felix martin Hi-Fi und Videostudios nun ein ERP-System, das auf sie zugeschnitten ist.

Das SAP-System bei felix martin wird von nur zwei Anwendern genutzt und ist damit wahrscheinlich eine der kleinsten SAP-Installationen, die es gibt. Eine weitere Spezialität ist, dass auf den eigenen Computern nur der SAP-Client benötigt wird, während das System bei einem Partnerunternehmen gehostet und gepflegt wird.

## 16.6.2 Reflexion der „Prozessexzellenz"

Das ERP-System ermöglicht es dem Kleinunternehmen, seine Geschäftsabläufe durch den Einsatz einer ausgereiften Business Software zu optimieren und sich ganz auf sein Kerngeschäft zu konzentrieren. Durch das externe Hosting des Systems konnte darauf verzichtet werden, eine eigene IT-Kompetenz aufzubauen. Diese Fokussierung auf die Kernkompetenzen ermöglichte steigenden Umsatz und Gewinn des Unternehmens.

## 16.6.3 Fazit

Das Beispiel der Firma felix martin Hi-Fi und Videostudios zeigt, dass auch ein mächtiges ERP-System von kleineren KMUs erfolgreich eingesetzt werden kann. Obwohl die alte Lösung einige grosse Mängel aufwies, dauerte es lange, bis sich die Firma vom alten System trennte. Aus dieser Sicht ist der Schritt hin zur neuen Lösung insofern fortschrittlich, als dass das System durch Releasewechsel auf dem neuesten Stand bleibt und das Unternehmen den Systembetrieb outsourct, obwohl dies eine gewisse Abhängigkeit von den IT-Partnern mit sich bringt. Durch den geringen Zeitaufwand für die Implementation der vorkonfigurierten Lösung, durch die Unterhaltsleistungen und das Preismodell von atlantis it-solutions ist sie auch vom Aufwand her für kleine Anwender tragbar. Der Zeitgewinn durch weniger administrativen Aufwand und die damit einhergehende Erhöhung der Effizienz durch Konzentration auf das Kerngeschäft sprechen für dieses Modell. Mit den Worten von Felix Martin: „Der einzige Kritikpunkt von unserer Seite ist, dass wir die Lösung nicht schon früher eingeführt haben".

# 17 MIFA AG:
## Eindeutige Identifizierung von Materialien

*Henrik Stormer*

Bei der MIFA AG in Frenkendorf wurde eine durchgängige Materialidentifikation mit Hilfe eines mobilen Scanverfahrens installiert, um die Prozesse in der Lagerhaltung zu verbessern. Durch das mobile Scanverfahren konnte der gesamte Prozess der Materialbewegung vom Wareneingang über die Logistik bis zur Produktion optimiert werden. Der Produktionsprozess wurde ausserdem mittels einer Chargenrückverfolgung tief greifend verändert. Während früher die Materialien anhand von theoretischen Tageslosgrössen aus dem Lager an die Produktion geliefert wurden, fordern die Mitarbeitenden in der Produktion jetzt neue Materialien bedarfsgerecht aus dem Lager an. Durch diese Umstellung ergibt sich eine Reihe an Einsparpotenzialen, weil der Rücklauf am Ende der Produktion viel geringer geworden ist.

Folgende Personen waren an der Bearbeitung dieser Fallstudie beteiligt:

Tab. 17.1: Mitarbeitende der Fallstudie

| Ansprechpartner | Funktion | Unternehmen | Rolle |
|---|---|---|---|
| André Müller | Leiter Logistik | MIFA AG | Lösungsbetreiber |
| Marcus Steinert | Consulting Manager | SAP (Schweiz) AG | IT-Partner |
| Walter Landolt | Marketing Manager Consulting | SAP (Schweiz) AG | IT-Partner |
| Henrik Stormer | Wissenschaftlicher Mitarbeiter | Universität Fribourg | Autor |

## 17.1 Das Unternehmen

In diesem Kapitel wird die MIFA AG vorgestellt, die als Betreiberin der Lösung im Vordergrund dieser Fallstudie steht.

### 17.1.1 Hintergrund, Branche, Produkt und Zielgruppe

MIFA ist ein mittelständisches schweizerisches Unternehmen mit Sitz in Frenkendorf, BL. Das Unternehmen wurde 1933 in Basel als hundertprozentige Tochtergesellschaft des Migros Genossenschafts-Bundes gegründet. Seit der Unternehmensgründung produziert MIFA Wasch- und Reinigungsprodukte. Seit einiger Zeit werden auch Lebensmittel wie Margarine und Speisefette hergestellt. Das Sortiment der MIFA umfasst folgende Produktgruppen:

- Waschen: verschiedene Waschmittel, unter anderem das bekannte Produkt Total

- Reinigen: Reinigungsmittel und Geschirrspülmittel

- Lebensmittel: Margarine und Speisefette

Am Hauptsitz in Frenkendorf arbeiten zurzeit rund 300 Mitarbeitende, die im Jahr 2005 einen Umsatz von 178.7 Mio. CHF erwirtschafteten. Von diesem Umsatz entfallen 117.9 Mio. CHF auf den Verkauf von Wasch- und Reinigungsmitteln im heimischen Markt. 22.1 Mio. CHF der Wasch- und Reinigungsmittel werden durch den Export erzielt. Schliesslich erwirtschaftet MIFA 38.7 Mio. CHF Umsatz durch den Verkauf von Lebensmitteln in der Schweiz.

### 17.1.2 Unternehmensvision

MIFA definiert Leitwerte, auf denen die Entscheidungen und Prozesse des Unternehmens basieren. Ein Prozess des kontinuierlichen Lernens ermöglicht dem Unternehmen, ständig bessere Leistungen zu erreichen. Das Unternehmen fördert zu diesem Zweck die Qualifizierung der Mitarbeidenden. Die Entscheidungen, die von MIFA getroffen werden, sind auf die Unternehmensstrategie ausgerichtet. Dies bedeutet, dass das Unternehmen klare Prioritäten setzt. Weiterhin wird das Betriebsklima gefördert, weil das Verhältnis untereinander von Vertrauen und Fairness geprägt ist. Dies wird durch das gemeinsame Definieren und Einhalten von Vereinbarungen erreicht.

### 17.1.3 Stellenwert von Informatik und E-Business

Der Leitspruch von MIFA gilt für das gesamte Unternehmen, lässt sich jedoch auch sehr gut in die Informatikstrategie einordnen:

Wissen ist viel, begreifen ist alles.

Für die Informatikstrategie ergibt sich daraus, dass das Unternehmen stets versucht, die vorhandenen Informationsressourcen zu nutzen und zu optimieren.

## 17.2 Der Auslöser des Projekts

### 17.2.1 Ausgangslage und Anstoss für das Projekt

Durch die zunehmende Produktionsauslastung musste MIFA eine immer grösser werdende Menge an Wareneingängen und -ausgängen bewältigen. Daraus entstand die Anforderung, den Wareneingangsprozess zu optimieren, indem die Einlagerung einfacher und schneller gemacht werden sollte. Wesentliche Gründe waren das relativ kleine, lokale Lager sowie die unkoordinierte Anlieferung, die dazu führte, dass Lieferanten teilweise einen halben Tag auf das Entladen warten mussten.

MIFA formulierte ihre Anforderungen und holte Angebote bei verschiedenen IT-Dienstleistern ein. Sie entschied sich für das Angebot der SAP (Schweiz) AG, mit der sie bereits in anderen Projekten erfolgreich zusammengearbeitet hatte. Im August 2005 hielten beide Partner einen neuntägigen Workshop zur Logistikoptimierung ab, um über die mögliche Lösung zu diskutieren.

Bei MIFA wurde die Produktion in der Vergangenheit in Tageslose aufgesplittet. Hierbei ergab sich das Problem, dass Tageslose manchmal nicht vollständig benötigt wurden.

Der neue, zusammen mit den MIFA Mitarbeitenden erarbeitete Ansatz löste dieses Problem, indem die Materialien nicht vom Lager zur Produktion geliefert werden, sondern die Ware von der Produktion (implizit und bedarfsgerecht) angefordert wird.

### 17.2.2 Vorstellung der Geschäftspartner

*Implementierungspartner*

Implementierungspartner dieses Projekts ist die SAP (Schweiz) AG, die auch das bei MIFA eingesetzte SAP-System anbietet. SAP ist der weltweit grösste Hersteller von ERP-Systemen. Die SAP AG wurde 1972 in Walldorf (D) gegründet und erzielte im Jahr 2005 einen Umsatz von 8.5 Mrd. Euro. Zu diesem Zeitpunkt arbeiteten etwa 38'500 Mitarbeitende weltweit bei der SAP AG.

Ein weiterer Partner ist die Rodata Gruppe, die die mobilen Scanner für dieses Projekt geliefert hat. Sie beschäftigt über 100 Mitarbeitende an sieben Standorten in Deutschland, Österreich und der Schweiz und konzentriert sich auf Lösungen im Bereich des Mobile Computing und der Automatic Identification.

## 17.3 Identifizierung von Materialien in der Lagerhaltung

### 17.3.1 Geschäftssicht und Ziele

MIFA erhält jeden Tag eine grosse Anzahl von Warenlieferungen, weil das lokale Lager relativ klein ist und nur als Zwischenpuffer dienen kann. Die nichtoptimierte hohe Zahl an Anlieferungen führte zu langen Wartezeiten bei der Entladung.

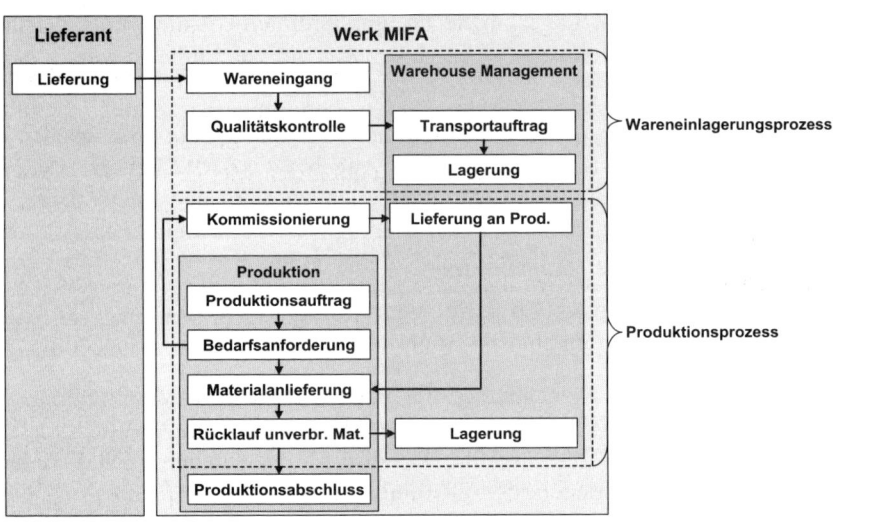

Abb. 17.1: Business Szenario mit den beteiligten Partnern und dem Warenfluss

Ziel der vorgestellten Fallstudie ist die Optimierung des Warenflusses. Hierzu zählt der gesamte Wareneingang inklusive Qualitätskontrolle bis zur Produktion und dem eventuellen Warenrücklauf. Dieses Ziel wurde bei der MIFA erreicht, indem jedes Material mit einer eindeutigen SSCC-Nummer versehen wird. SSCC steht für Serial Shipping Container Code und ist eine 19-stellige Ziffernfolge, die jede Warensendung eindeutig beschreibt. Durch die Nummerierung lässt sich der Warenfluss für jedes Material nachvollziehen. Weiterhin kann ein Lagermitarbeitender jederzeit die genaue Position eines bestimmten Materials ermitteln.

Abb. 17.1 zeigt das Business Scenario mit den beteiligten Partnern. Ein Lieferant startet mit einer neuen Lieferung den Wareneingang. Die Ware wird auf ihre Qualität geprüft und anschliessend im Lager abgelegt. Ein neuer Produktionsauftrag fordert die notwendigen Materialien aus dem Lager an. Am Ende der Produktion werden die nicht benötigten Materialien wieder eingelagert. Die fertigen Produkte können anschliessend zu den Kunden versandt werden, was jedoch nicht im Vordergrund dieser Fallstudie steht.

## 17.3.2 Prozesssicht

Der Lagerprozess basiert auf mobilen Barcodescannern, mit denen jeder Mitarbeitende im Lager ausgestattet ist. Die Barcodescanner sind über ein Wireless Local Area Network (WLAN) mit dem Lagerverwaltungssystem verbunden.

Um die Entladung zu optimieren, weist ein Wareneingangsmonitor den Lieferanten genaue Entladezeiten zu. Die Entladezeiten werden dem Lieferanten vor der Lieferung mitgeteilt, damit er über diese Daten seine Fahrten optimieren kann.

Abb. 17.2 zeigt den Einlagerungsprozess. Ein Material wird von einem Lieferanten an die MIFA ausgeliefert und dort von einem Lagermitarbeitenden in Empfang genommen. Zunächst wird die Qualität der Ware durch Ziehen einer Stichprobe geprüft. Daneben erfolgt eine Kontrolle der gelieferten Menge und ein Abgleich mit der Bestellung. Falls die Qualität nicht ausreichend ist, verweigert der Lagermitarbeitende die Annahme.

Bei ausreichender Qualität wird die Ware eingelagert. Wie bereits erwähnt erhält jedes Material eine SSCC-Nummer, die als Barcode aufgebracht wird. Bei MIFA werden zwei Fälle unterschieden:

1. Im ersten Fall druckt der Lieferant die SSCC-Nummer auf das Material. Die SSCC-Nummer wird anschliessend vom Lieferanten an MIFA mittels Electronic Data Interchange (EDI) übermittelt. Bei der Entgegennahme der Ware kann die als Barcode geschriebene SSCC-Nummer eingescannt werden.

2. Im zweiten Fall wird die Nummer von der MIFA selbst beim Entladen des Materials vergeben. Das Lagerverwaltungssystem erzeugt auf Anforderung eine neue SSCC-Nummer. Der Lagermitarbeitende kann über das System einen Barcode drucken und auf das Material kleben.

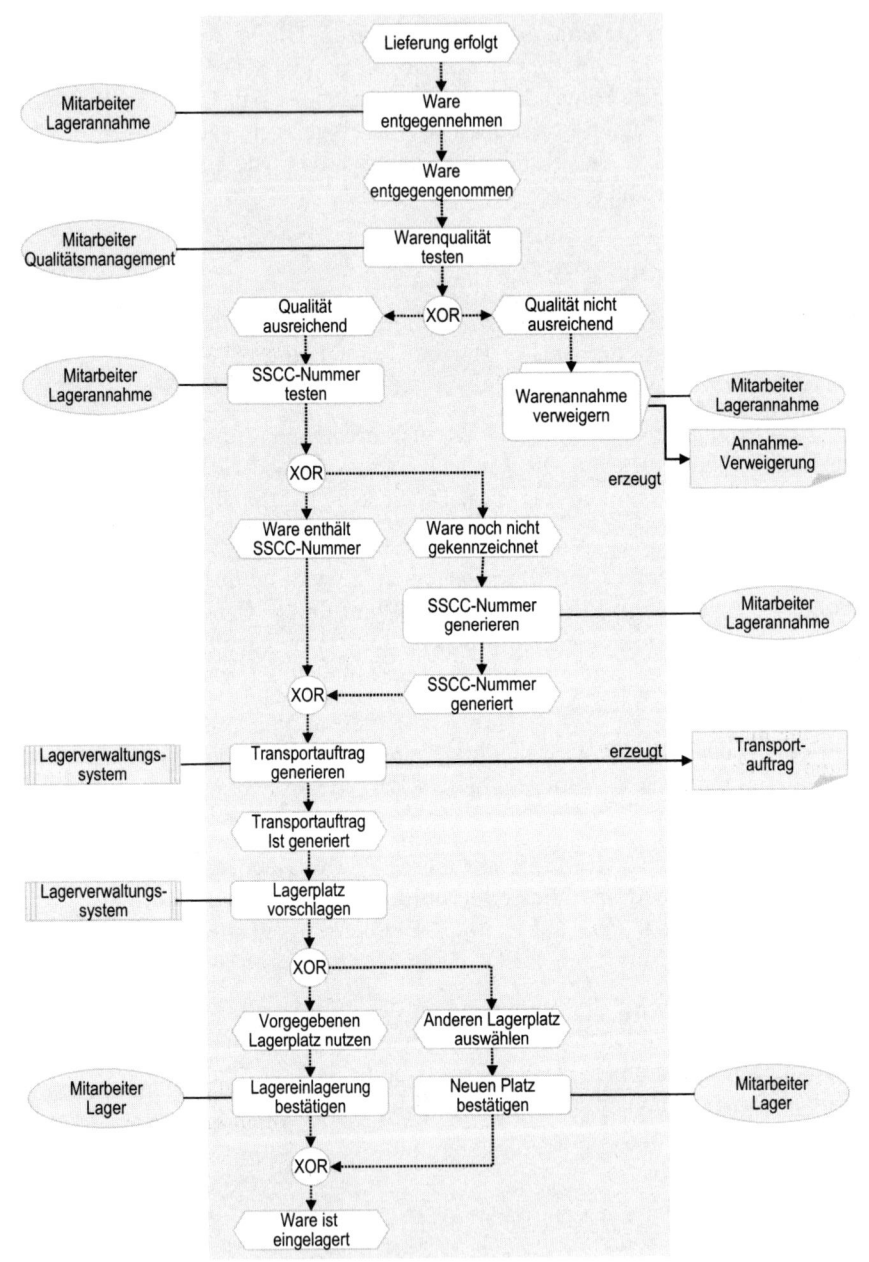

Abb. 17.2: Wareneinlagerungsprozess

Alle an MIFA gesendeten Gebinde werden beim Wareneingang lieferantenbezogen erfasst und dem Lieferanten „gutgeschrieben". Im Versand (z.B. bei Retouren) wird das Lieferantenkonto wieder entlastet. Dadurch wird jederzeit sichergestellt, dass eine Kalkulation der im Haus befindlichen Gebinde möglich ist und eine Nachbevorratung rechtzeitig angestossen werden kann.

Wenn die Lieferung den Qualitätstest bestanden hat und alle gelieferten Materialien mit einer SSCC-Nummer ausgezeichnet worden sind, erfolgt die Einlagerung über die Erstellung eines Einlagerungsauftrags. Der Auftrag enthält eine bestimmte Lagerposition, die vom System vorgeschlagen wird. Der Lagermitarbeitende kann das Material an dieser Position einlagern, er kann jedoch auch einen beliebigen anderen freien Lagerplatz auswählen. Hat er die Ware eingelagert, bestätigt er dies auf seinem mobilen Scanner durch Einscannen der SSCC-Nummer sowie der tatsächlichen Lagerposition. Hierfür ist jede Position im Lager mit einer eindeutigen SSCC-Nummer ausgestattet. Die Lagerverwaltung kann die Ware an der angegebenen Position einbuchen.

Der Produktionsprozess über mobile SSCC-Scanner ist in Abb. 17.3 grafisch dargestellt. Der Prozess startet in der Produktionsplanung, die (durch Kundenaufträge gesteuert) die Produktion der nächsten Wochen plant.

Bei einer neuen Produktion berechnet das Produktionsplanungssystem zunächst die Menge der benötigten Materialien und errechnet daraus die Tageslose. Das erste Tageslos wird kurz vor dem Produktionsstart vom System angefordert. Ein Lagermitarbeitender meldet diese Menge an die Produktion. Wird bei der Produktion ein Material benötigt, muss der Mitarbeitende in der Produktion bei Anbruch einer neuen Verpackung den SSCC-Barcode scannen. Der Scanvorgang stösst das ERP-System an, das einen neuen Lieferauftrag für dieses Material erstellt, soweit dieses gemäss Bedarfsmengenrechnung benötigt wird. Ein Lagermitarbeitender führt den Auftrag aus und liefert eine weitere Menge des angebrochenen Materials an die Produktion. Auf diese Weise ist sichergestellt, dass immer genügend Materialien für die Produktion vorhanden sind. Gleichzeitig sind jedoch auch nicht zu viele Waren in der Produktion, da eine weitere Lieferung nur erfolgt, wenn ein vorhandenes Material für die Produktion angebrochen wurde.

Am Ende eines Produktionsvorgangs sind normalerweise nicht alle Materialien vollständig verbraucht. Der Produktionsmitarbeitende kann über seinen mobilen Scanner einen Rückschub buchen. In diesem Fall wird vom ERP-System ein Rückschubauftrag generiert, der einen Lagermitarbeitenden anweist, die nicht verbrauchten Materialien erneut einzulagern.

Beim Rückschub kann es vorkommen, dass das Material in einer Verpackungseinheit angebrochen, aber nicht vollständig verbraucht wurde. In diesem Fall wird vom System eine neue SSCC-Nummer vergeben und eine neue Etikette gedruckt, mit der die Verpackung des Restbestands beklebt und eingelagert wird.

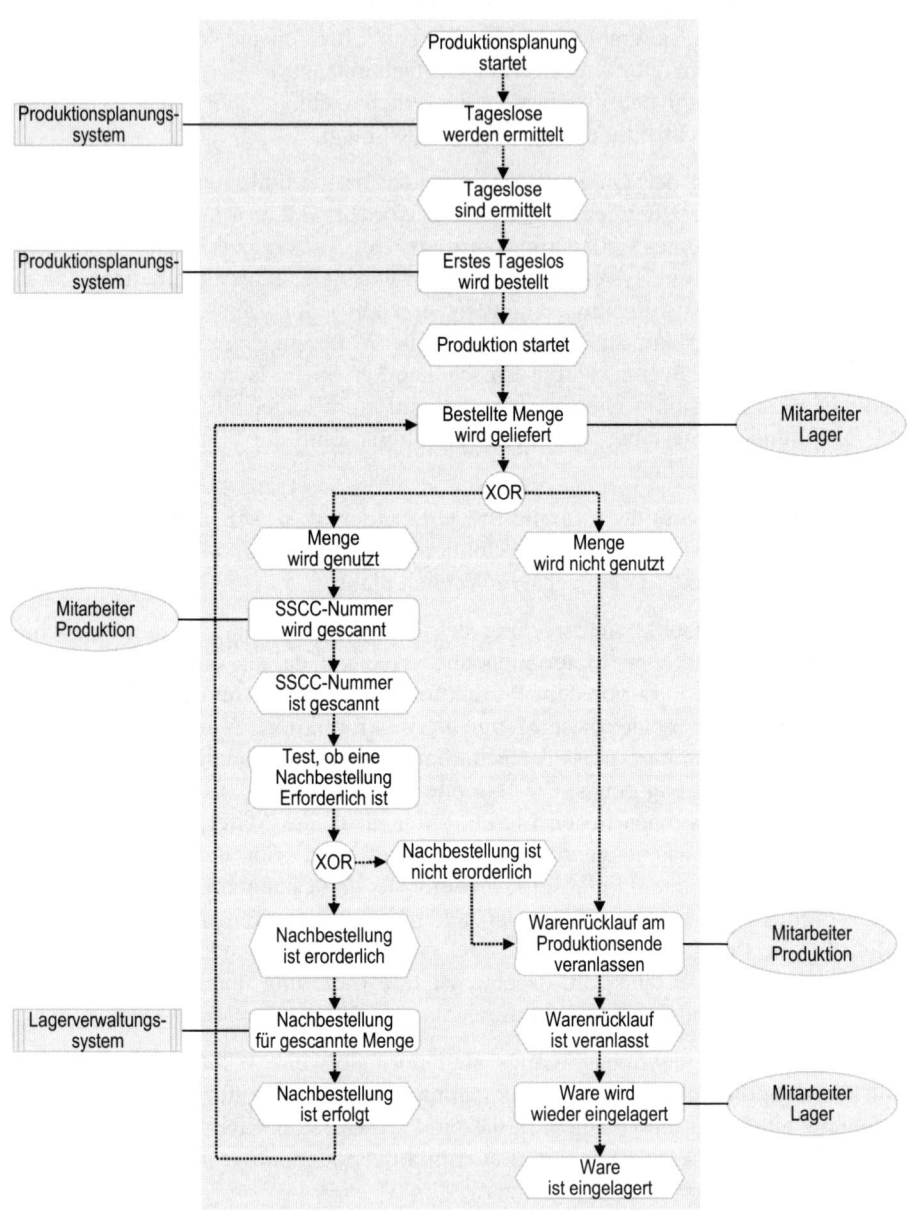

Abb. 17.3: Produktionsprozess mit automatischem Warennachschub und Rückschub

### 17.3.3 Anwendungssicht

Bei MIFA wird das gesamte Geschäft mit dem ERP-System SAP R/3 gesteuert. Eine eingekaufte Lagerverwaltungsapplikation kommt nicht zum Einsatz, stattdessen setzt die MIFA AG auf das SAP Warehouse Management. Die vorgestellte Lösung über mobile Barcodescanner, die über ein WLAN mit dem ERP-System verbunden sind, basiert auf der Software SAP-Console. SAP-Console ist eine auf dem Telnet-Protokoll basierende Lösung, die eine einfache hardwareunabhängige Integration der mobilen Scanner ermöglicht. Dadurch kann auf eine weitere Middlewareapplikation verzichtet werden.

Abb. 17.4 zeigt die Applikationsübersicht. Ein Mitarbeitender im Lager arbeitet mit einem mobilen Barcodescanner, der im Netzwerk als normaler Internet-Client mit einer IP-Adresse eingebunden ist. Jeder dieser Barcodescanner besitzt ein kleines, zeichenorientiertes Display sowie einen Telnet-Client. Über das Telnet-Protokoll wird die SAP-Console angesprochen, die die grafischen Eingabesymbole in zeichenorientierte umwandelt, so dass auf alle SAP-Transaktionen zugegriffen werden kann. Alternativ steht mittlerweile die auf HTML basierende SAP-WebConsole zur Verfügung.

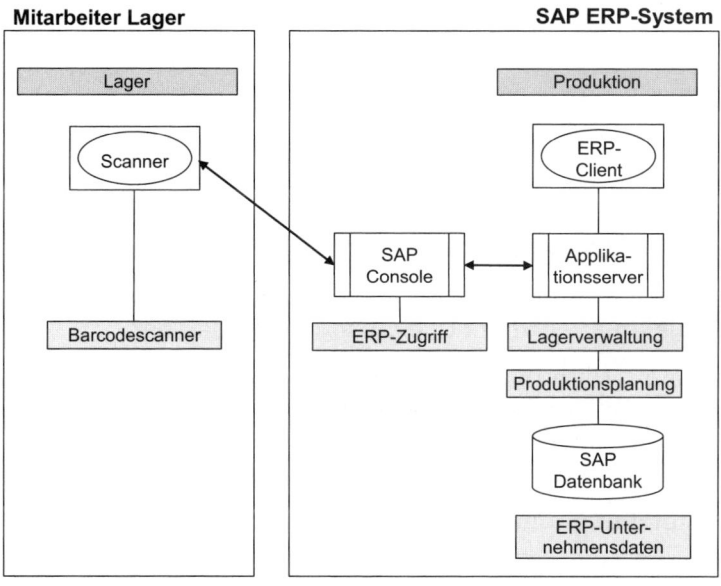

Abb. 17.4: Anwendungsübersicht und Integrationsschema

### 17.3.4 Technische Sicht

Die Installation des SAP R/3 ERP-Systems 4.7 Enterprise ist nahezu standardkonform. Als zusätzliches Modul wurde das SAP Business Warehouse installiert. Als Datenbank kommt die Oracle-Datenbank zum Einsatz. Zur Anbindung der mobilen Barcodescanner musste das Lager mit WLAN-Accesspoints ausgestattet werden, die einen Zugang zum Intranet bereitstellen.

Die Software SAP-Console erlaubt über spezielle Kommunikationserweiterungen die Einbindung der Zusatzfunktionen und -tasten von mobilen Geräten. Bei MIFA wurden mobile Barcodescanner der Rodata Gruppe beschafft, deren Vorteil in der bereits erwähnten Telnet-Verbindung liegen.

Tab. 17.2: Spezifikationen und Merkmale

| Server | Hardware | Software |
|---|---|---|
| ① Anwendungs- server | HP rx4640 CPU: 2x Itanium2 1.6 GHz RAM: 24 GB (inkl. SAP APO LiveCache) HD: 146 GB internal RAID1 | BS: HP-UX 11iv2 Enterprise AW: SAP 4.7 Enterprise |
| ② Kommunikations- server | CPU: 2x2.4 GHz Pentium RAM: 1024 MB HD: 34 GB RAID1 | BS: Windows 2000 AW: Telnet Georgia SoftWorks UTS V. 6.5 AW: SAP-Konsole |

CPU: Prozessor, RAM: Arbeitsspeicher, HD: Festplattenspeicher,
BS: Betriebssystem, AW: Anwendungssoftware,

## 17.4 Projektabwicklung und Betrieb

### 17.4.1 Projektmanagement und Changemanagement

Das Projektmanagement wurde von der SAP (Schweiz) AG durchgeführt. Die Projektorganisation bestand aus einem Lenkungsausschuss, in dem verschiedene Mitarbeitende aus unterschiedlichen Abteilungen zusammenarbeiteten.

### 17.4.2 Entstehung und Roll-out der Softwarelösung

Das beschriebene Projekt startete im Juni 2005 mit einigen Projektvorbereitungen und der Ausarbeitung eines Sollkonzepts. Hierbei wurden die Organisationsstrukturen und die Prozesse definiert. Die Abnahme des Sollkonzepts erfolgte vier Monate später. Um das Konzept zu testen, wurde ein erster Prototyp mit allen kritischen Funktionen entwickelt, der in einer Testumgebung installiert wurde. Für die

Implementierung dieses Prototypen wurden zwei Monate (inklusive Testläufe) veranschlagt. Mitte Januar 2006 erfolgte die eigentliche Realisierung, wobei mit dem veränderten Wareneingangsprozess gestartet wurde. Die übrigen Prozesse, insbesondere die Produktionsvorbereitung, hatten ihr „Go Live" kurz danach. Seit April 2006 läuft die durchgängige Warenidentifikation für sämtliche Wasch- und Reinigungsmittel. Die Umstellung der Prozesse für die Herstellung von Speisefetten ist für Oktober 2006 geplant.

### 17.4.3 Laufender Unterhalt

Ein grosser Vorteil der Lösung ist der Verzicht auf kostenintensive Middleware, was sich insbesondere im laufenden Unterhalt auszahlt. Bei einem Softwareupdate muss keine externe Software nachgeführt werden, da die SAP-Console vom ERP-Anbieter mitbetreut wird.

## 17.5 Erfahrungen

### 17.5.1 Nutzerakzeptanz

Die Mitarbeitenden von MIFA sind mit der vorgestellten Lösung sehr zufrieden. Durch den scannerbasierten Wareneingang vereinfacht sich der Arbeitsaufwand deutlich. Ausserdem ist eine parallele Kommissionierung möglich. Wartezeiten bei der Entladung werden durch den Wareneingangsmonitor eliminiert. Auch die Arbeitsweise bei ständigen Lagerprozessen wie Umlagerung oder Platzoptimierungen wird deutlich erleichtert.

Allerdings sind die Anforderungen an die Applikationskenntnisse der Mitarbeitenden durch die neue Lösung gestiegen, was für geringgeschulte Mitarbeitende zu Problemen führt. Ein weiteres Problem ist das WLAN-Netz, das zum Zeitpunkt der Fallstudienerstellung noch nicht die erwartete Stabilität aufweist.

### 17.5.2 Zielerreichung und bewirkte Veränderungen

MIFA konnte das wesentliche Ziel, die Optimierung des Warenflusses, erreichen. Nach einer kurzen Umstellungszeit kommen die Lagermitarbeitenden mit der neuen Hardware und den veränderten Prozessen gut zurecht.

### 17.5.3 Investitionen, Rentabilität und Kennzahlen

Das Projekt konnte mit einem Gesamtbudget von deutlich unter 1 Mio. CHF durchgeführt werden. Die beiden grössten Posten entfielen auf die SAP-Beratung (etwa 350'000.- CHF) sowie die Anschaffung von neuer Hardware wie den Barcodescannern und den WLAN Access Points (etwa 350'000.- CHF). Hinzu kamen Kosten für die Installation und Inbetriebnahme des Systems (etwa 56'000.- CHF).

Einige weitere Investitionen waren nötig, die allerdings zum Teil auch ohne das Projekt entstanden wären. Dazu zählte die Anpassung von Rollbahnen (etwa 92'000.- CHF) sowie die Auszeichnungen der Lagergestelle (etwa 14'000.- CHF).

## 17.6 Erfolgsfaktoren

Im Rahmen des Projektes wurden alle Geschäftsprozesse aufgenommen und Prozesskettendiagramme je Prozess erstellt, um die Konsistenz und Durchgängigkeit der Prozesse sicherstellen zu können.

### 17.6.1 Reflexion der „Prozessexzellenz"

Der wesentliche Nutzenfaktor der vorgestellten Lösung ist der Verzicht auf kostenintensive Middleware, weil die mobilen Barcodescanner direkt mit der SAP-Console angesprochen werden. Ein weiterer Vorteil ist, dass alle Module von SAP hergestellt und vertrieben werden. Dadurch hat man auf eine integrierte und zukunftssichere Lösung gesetzt. Die Vorgänge zeichnen sich heute durch eine Vereinfachung und Beschleunigung des Wareneingangsprozesses sowie durch die automatische Nachbestellung in der Produktion aus. Durch die eindeutige Identifizierung jedes Materials im Lager kann auch die Haltbarkeit besser kontrolliert werden.

### 17.6.2 Lessons Learned

Die Mitarbeitenden haben einige Dinge aus dem Projekt gelernt. Die vorgeschaltete Machbarkeitsstudie (SAP Feasibility Study) mit Grobkonzept hat sich sehr bewährt. Ursprünglich war lediglich eine Lösung zur Verbesserung der Chargenrückverfolgung vorgesehen. Durch die prozessorientierte Vorgehensweise konnten zusätzliche Nutzenpotenziale aufgedeckt und zusammen mit den Anforderungen abgedeckt werden.

Die aufgetretenen Hardwareprobleme des WLANs konnten auch durch die vorgeschaltete Prototypingphase nicht erkannt werden. Hier wären einige Tage „realer Testbetrieb" sehr hilfreich gewesen.

# 18 Trisa AG: Logistik mit Kanban und mobiler Datenerfassung

*Anke Gericke*

Die Trisa AG ist ein weltweit führender Anbieter von Bürstenprodukten in den Bereichen Mund- und Haarpflege. Nach schlechten Erfahrungen mit der bestehenden ERP-Lösung wurde die Einführung des ERP-Systems Microsoft Dynamics AX (Axapta) beschlossen. Die vorliegende Fallstudie beschreibt das Projekt zur Einführung dieses neuen ERP-Systems. Dabei wird insbesondere darauf eingegangen, wie das Logistikkonzept Kanban integriert wurde, um den Mengen- und Wertfluss von Kanban-Artikeln im ERP-System nachverfolgen zu können. Daneben wird beschrieben, wie die ERP-Lösung unter Nutzung mobiler Handhelds zu einer Optimierung der Lagerverwaltung beigetragen hat.

Folgende Personen waren an der Bearbeitung dieser Fallstudie beteiligt:

Tab. 18.1: Mitarbeitende der Fallstudie

| Ansprechpartner | Funktion | Unternehmen | Rolle |
|---|---|---|---|
| Fredy Gut | IT-Leiter | Trisa AG | Lösungsbetreiber |
| Pascal Lütolf | CFO | Trisa AG | Lösungsbetreiber |
| Harald Scherrer | Geschäftsführer | KCS.net AG | IT-Partner |
| Anke Gericke | Wissenschaftliche Mitarbeiterin | Universität St. Gallen | Autorin |

## 18.1 Das Unternehmen

### 18.1.1 Hintergrund

Die Trisa AG (Trisa) ist ein weltweit führender Anbieter von Bürstenprodukten in den Bereichen Mund- und Haarpflege sowie Haushalt. Bei Trisa handelt es sich um eine Mitarbeiter- und Familienaktiengesellschaft, die 1887 in Triengen gegründet wurde. Die Trisa AG gehört als Stammhaus neben fünf weiteren Unternehmen zur Trisa Gruppe und beschäftigt ca. 630 Mitarbeitende, die im Jahr 2005 einen Umsatz von ca. 115 Mio. CHF erwirtschafteten.

Die Bürstenindustrie ist primär auf zwei Kontinenten anzutreffen. Zum Einen gibt es Unternehmen in Europa, die unter hohem Technologieeinsatz Bürsten produzieren. Diese meist mittelgrossen Unternehmen setzen ihren Schwerpunkt auf Innovation und Produktqualität. Im Gegenzug dazu existieren in Asien zumeist grosse Bürstenproduzenten, die sich vorrangig auf Low-End-Produkte konzentrieren und diese durch weniger Technologieeinsatz und dafür umso mehr Personaleinsatz herstellen. Somit konkurriert Trisa vor allem mit Wettbewerbern aus Europa, aber im Billig-Segment auch mit Unternehmen aus Asien.

Mehr als 70 % des Umsatzes werden im Bereich der Mundpflege erwirtschaftet. In diesem Bereich wird auch das höchste Wachstumspotenzial gesehen. Im Detail geht Trisa bei den manuellen Zahnbürsten von einem jährlichen Wachstumspotenzial von drei bis fünf Prozent und bei den elektrischen Zahnbüsten von sieben bis zehn Prozent aus. Ebenso wird dem noch sehr kleinen Markt der Interdentalbürsten ein grosses Potenzial zugesprochen.

Die Trisa AG, die ihre Produkte in über 70 Länder vertreibt, spricht verschiedene Zielgruppen an. Zum einen produziert Trisa für andere multinationale Konzerne. Zum anderen vertreibt Trisa ihre Produkte auch über Handelskanäle, sowohl unter der Eigenmarke als auch unter der Marke des jeweiligen Handelskanals.

### 18.1.2 Unternehmensvision

Trisa setzt auf ein partizipatives Führungsmodell, bei dem ein starkes Engagement der Mitarbeitenden gefördert wird. Dies zeigt sich unter anderem daran, dass alle Mitarbeitenden durch die Frage des Monats kontinuierlich in den Innovationsprozess eingebunden werden. Weitere Bestandteile des Führungsmodells sind z.B. das Entgegenbringen von Vertrauen und das Schaffen einer Kultur, in der das Lernen auch aus Fehlern gefördert wird. Die Unternehmensvision von Trisa lautet:

Trisa ist weltweit Innovations- und Technologieführer für Zahnbürsten. Bei unseren Produkten stimmt das Preis-/Leistungsverhältnis. Gute Profitabilität garantiert uns langfristige Unabhängigkeit und sichert unsere Arbeitsplätze.

### 18.1.3 Stellenwert der Informatik

Obwohl in der Unternehmensstrategie eine Strategie für die Informatik nicht explizit formuliert ist, gilt bei Trisa der vom CFO formulierte Grundsatz „Sowenig IT wie möglich – soviel wie nötig!". Bei Trisa soll Informationstechnologie (IT) insbesondere dort eingesetzt werden, wo Prozesse bereits etabliert sind, um dabei Effizienzsteigerungen realisieren zu können. Im Gegensatz dazu sollen neue, innovative Prozesse nicht mit IT unterstützt werden, da in diesen Bereichen ohne IT oftmals flexibler agiert werden kann.

## 18.2 Der Auslöser des Projekts

### 18.2.1 Ausgangslage und Anstoss für das Projekt

Im Jahr 2001 entschied die Geschäftsleitung der Trisa, eine neue ERP-Lösung im Unternehmen einzuführen. Ursächlich hierfür war u.a. die unzureichende Prozessunterstützung durch die bestehende ERP-Lösung von Miracle. Hinzu kam, dass diese Lösung erhebliche Performance-Probleme aufwies, so dass die Leistungsfähigkeit des Unternehmens negativ beeinflusst wurde. Zudem wurde die Wartung dieser Lösung durch den Anbieter nicht mehr gewährleistet.

### 18.2.2 Vorstellung der Geschäftspartner

Im Folgenden werden die Partner vorgestellt, die massgeblich zur Einführung der ERP-Lösung bei Trisa beigetragen haben.

*Anbieter des ERP-Systems*

Microsoft gehört mit einem Portfolio mehrerer Softwarelösungen zu den grossen Anbietern im Bereich Business Software. Bei Trisa kommt die Lösung Microsoft Dynamics AX für mittelständische und grosse Unternehmen zum Einsatz. Zum Zeitpunkt der Einführung bei Trisa wurde sie unter dem Namen „Microsoft Business Solutions-Axapta" vermarktet.

*Implementierungspartner für das ERP-System*

Die KCS.net AG (KCS) ist ein Beratungs- und Softwarehaus mit ca. 100 Mitarbeitenden in der Schweiz, Deutschland und Tschechien, das sich ausschliesslich auf die Microsoft Dynamics AX-Lösung konzentriert. Neben Projekten zur Einführung dieses ERP-Systems in Unternehmen gehört es zu den Leistungen der KCS, Add-ons für Microsoft Dynamics AX zu entwickeln. So wurden bisher Branchenlösungen für die Spritzgusstechnik und die Automobilindustrie entwickelt.

*Evaluationspartner für das ERP-System*

Die Inova Management AG (Inova) ist eine Unternehmensberatung mit ca. 30 Mitarbeitenden in der Schweiz, Deutschland und Grossbritannien. Inova unterstützte die Trisa zunächst bei der Spezifikation von Anforderungen an die neue ERP-Lösung. Diese wurden in einem Pflichtenheft festgehalten. Danach wurden bestehende Lösungen inkl. möglicher Implementierungspartner im Hinblick auf diese Anforderungen evaluiert.

## 18.3 Optimierung der Logistik mit Kanban und mobiler Datenerfassung

Trisa setzt Microsoft Dynamics AX als ERP-System ein, um die Prozesse Beschaffung, Lagerverwaltung, Produktion, Auftragsverwaltung, Kundenbeziehungsmanagement sowie das Finanz- und Rechnungswesen zu unterstützen. Im Folgenden wird beschrieben, wie die ERP-Lösung die Logistik, d.h. die Beschaffung und Lagerverwaltung unterstützt. Dabei wird insbesondere auf die Integration der Beschaffung nach dem Kanban-Prinzip und die chaotische Lagerverwaltung inkl. mobiler Datenerfassung eingegangen.

### 18.3.1 Geschäftssicht und Ziele

Das Ziel der Einführung einer neuen ERP-Lösung bestand unter anderem darin, durchgängig integrierte Prozesse zu realisieren und eine ausreichende Performance der Lösung zu erzielen. Zusätzlich sollte der Investitionsschutz gewährleistet sein und die neue ERP-Lösung soll dazu beitragen, das Unternehmensziel von jährlich 5 % Effizienzsteigerungen zu erreichen. Speziell im Bereich der Logistik wurden drei Ziele verfolgt: Eine Materialbewirtschaftung auf Sicht (Kanban), eine automatisierte Disposition von Bestellartikeln sowie eine systemgesteuerte Lagerverwaltung mit mobiler Datenerfassung (vgl. Abb. 18.1).

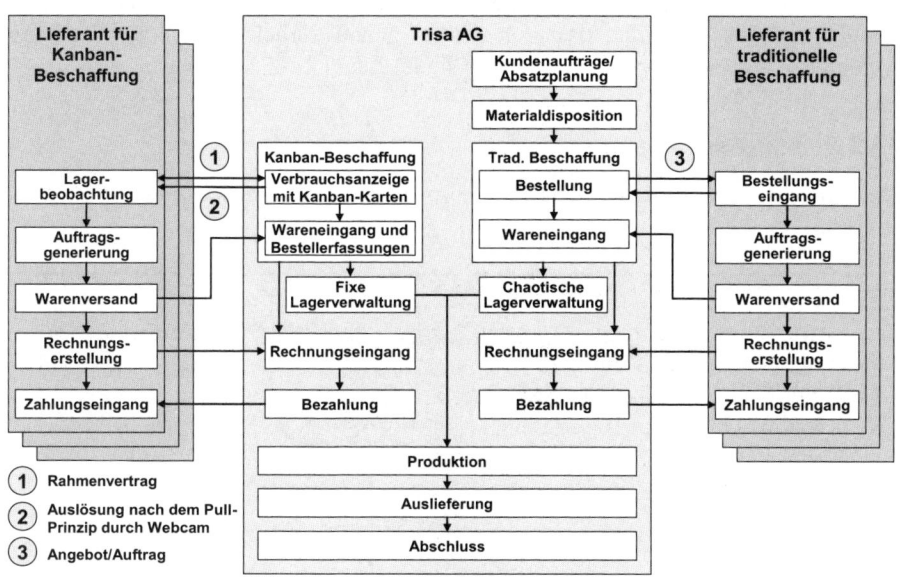

Abb. 18.1: Geschäftssicht: Beschaffung und Lagerverwaltung

Hinter dem japanischen Begriff Kanban (= Schild, Karte) verbirgt sich ein Beschaffungskonzept nach dem Pull-Prinzip bzw. Beschaffung auf Sicht. Das bedeutet, dass ein Materialienbedarf nicht auf Basis der Produktionsplanung ausgelöst wird, sondern die Materialbestellung erfolgt erst, wenn die Materialien an einer entsprechenden Verbrauchsstelle im Produktionsablauf zur Neige gehen.

Neben der Beschaffung auf Sicht werden bei Trisa Materialien ebenfalls herkömmlich bestellt. Dies geschieht, indem durch das ERP-System jede Nacht ein Abgleich durchgeführt wird, der die Diskrepanz zwischen den aktuell im Lager vorhandenen Materialien und dem theoretischen Materialienbedarf auf Basis der Budgetplanung und Kundenaufträge ermittelt. Auf dieser Basis wird dann eine Bestellung ausgelöst und die eingehenden Materialien werden im Lager verwaltet.

Das dritte Ziel der ERP-Einführung im Bereich der Logistik bestand darin, eine automatisierte, chaotische Lagerverwaltung umzusetzen und diese gleichzeitig durch mobile Datenerfassung zu optimieren. Eine chaotische Lagerverwaltung ist dadurch gekennzeichnet, dass Materialien nicht von vornherein ein fester Lagerplatz zugeordnet wird. Somit kann die Lagerfläche besser ausgenutzt werden, da kein Lagerplatz für einen Artikel vorgehalten werden muss, der sich momentan nicht am Lager befindet. Eine solche chaotische Lagerverwaltung ist nur möglich, wenn zu jedem Zeitpunkt nachverfolgt werden kann, an welcher Stelle im Lager sich ein bestimmter Artikel befindet. Dies wird mittels des ERP-Systems ermöglicht. Gleichzeitig ermöglicht die automatisierte Lagerverwaltung eine Chargen-verwaltung. Das bedeutet, dass für Artikel genau zurückverfolgt werden kann, welche Produktionsprozesse und Stellen sie im Lager passiert haben.

### 18.3.2 Prozesssicht

Der Prozess der Kanban-Beschaffung resp. Materialbewirtschaftung auf Sicht ist in Abb. 18.2 dargestellt.

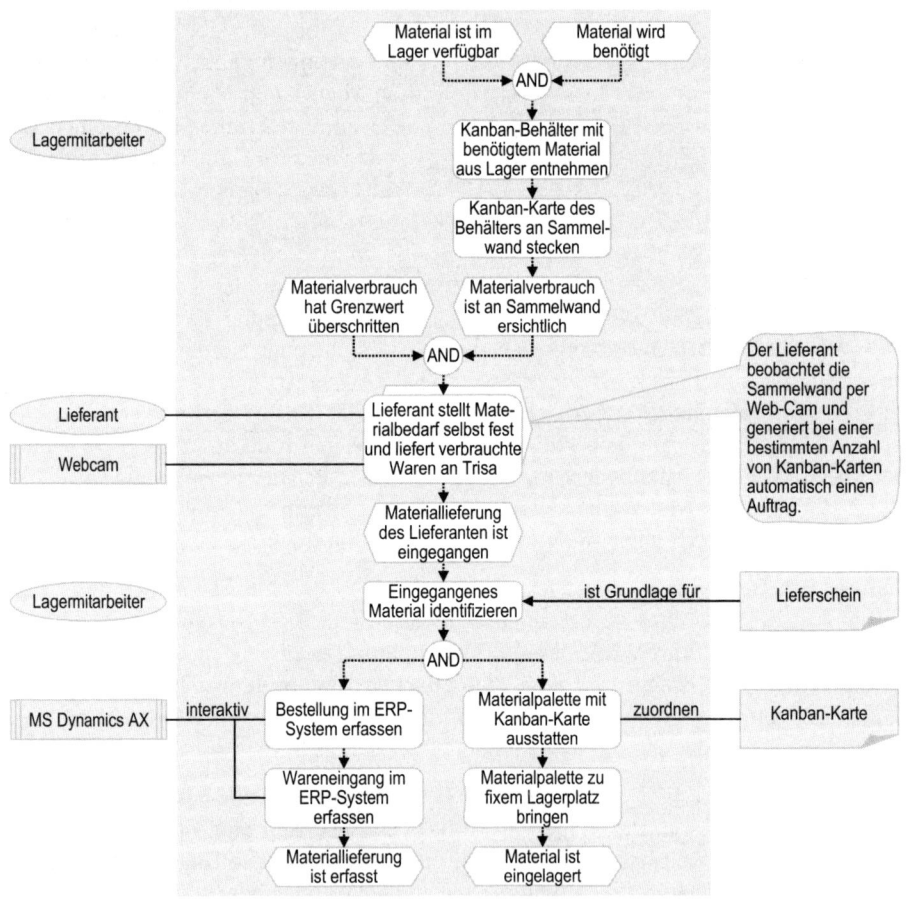

Abb. 18.2: Prozess der Kanban-Beschaffung

Bei einem entsprechendem Bedarf in der Produktion wird das benötigte Material durch einen Lagermitarbeiter aus dem Lager geholt. Dort wird es in mehreren Kanban-Behältern vorgehalten, jeder von ihnen enthält eine Kanban-Karte. Eine Kanban-Karte beinhaltet eine Artikelnummer, die eindeutig einem Lieferanten zugeordnet werden kann, sowie weitere Trisa-interne Informationen, z.B. den Lagerplatz. Wenn ein Kanban-Behälter aus dem Lager entnommen wird, wird dessen Karte an eine Sammelwand gemäss der Artikelnummer gesteckt (vgl. Abb. 18.3). Das Erreichen einer bestimmten Anzahl von Kanban-Karten bzw. einer Untergrenze für den Mindestbestand ist für die vorgelagerte Prozessstelle das Signal, neues Material zu produzieren. Unternehmensinterne Lieferanten überwachen deshalb die Sammelstelle für die Kanban-Karten direkt vor Ort. Externe Lieferanten überwachen die Sammelwand mittels einer Webcam, wobei jeder Lieferant seine Kanban-Karten anhand der Artikelnummer erkennen kann. Der entsprechende Lieferant erfasst einen Auftrag und liefert die Materialien wiederum in Kanban-Behältern an Trisa. Beim Wareneingang werden die Materialien durch einen Lagermitarbeiter mit Hilfe des Lieferscheins identifiziert, mit einer entsprechenden Kanban-Karte ausgestattet und im ERP-System erfasst. Dazu wird im Microsoft Dynamics AX-System zunächst eine Bestellung generiert. Dies ist notwendig, da das Kanban-Prinzip bis zu diesem Zeitpunkt ohne Einbezug des ERP-Systems abläuft. Nach der Bestellerfassung kann der Wareneingang der Kanban-Artikel im ERP-System verbucht und schliesslich auch die Abrechnung bewerkstelligt werden. Die Ausgestaltung dieses Prozesses ermöglicht eine Kanban-Steuerung mit Abbildung der Mengen- und Wertflüsse im ERP-System.

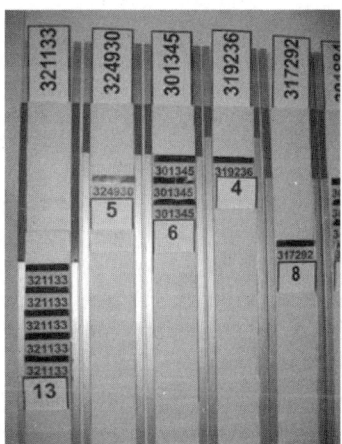

Abb. 18.3: Sammelwand für Kanban-Karten bei Trisa

Für traditionell mit Materialdisposition und Bestellungen bewirtschaftete Waren wurde eine Lagerbewirtschaftung nach dem Prinzip der chaotischen Lagerverwaltung eingerichtet. Im Folgenden wird der Wareneingangs- und Warenausgangsprozess bei einer chaotischen Lagerverwaltung beschrieben.

Beim Wareneingang identifiziert der Lagermitarbeiter das angelieferte Material anhand des Lieferscheins und ordnet es – im Unterschied zur Kanban-Beschaffung – einer offenen Bestellung zu. Im ERP-System wird ein Wareneingang gebucht. Parallel dazu ordnet das ERP-System dem Material Paletten zu und den Paletten wiederum Lagerplätze. Der Lagermitarbeiter scannt nun eine Palette und bekommt auf seinem Handheld angezeigt, welcher Lagerplatz für das Material vorgesehen ist. Schliesslich transportiert er das Material an den entsprechenden Platz.

Ein Warenausgang beginnt mit einem Rüstauftrag für ein am Lager verfügbares Material. Auf Basis des Rüstauftrages generiert Microsoft Dynamics AX Palettentransportaufträge nach definierten Prinzipien, z.B. dem First-In-First-Out-Prinzip (FIFO) oder der Wegoptimierung. Ein Lagermitarbeiter, der zuvor mittels seines mobilen Handhelds seine Position im Lager angegeben hat, nimmt einen entsprechend seiner Position günstig gelegenen Transportauftrag entgegen. Dieser wird ihm auf seinem Handheld angezeigt. Am Lagerplatz angelangt scannt der Lagermitarbeiter mit seinem Handheld zunächst den Lagerplatz und danach die Materialpalette. Nachdem das ERP-System einen Abgleich zwischen Lagerplatz und Materialpalette vorgenommen hat und eine Übereinstimmung mit dem Rüstauftrag vorliegt, darf der Mitarbeiter das entsprechende Material aus dem Lager entnehmen.

### 18.3.3 Anwendungssicht

In der Anwendungssicht (vgl. Abb. 18.4) werden die von Trisa und ihren Kanban-Lieferanten betriebenen Informationssysteme in ihrem Zusammenspiel dargestellt, wobei die drei Schichten Benutzerinterface, Geschäftslogik und Datenhaltung unterschieden werden.

Die Mitarbeitenden der Trisa können auf die Microsoft Dynamics AX-Lösung über Terminals oder die bereits angesprochenen Handhelds zugreifen. Das ERP-System arbeitet mit einer Microsoft SQL-Datenbank. Daneben wurden Schnittstellen für einen Datenexport in die Systeme PAGOprint der Firma PAGO Etikettiersysteme GmbH und ExpoWin des Anbieters FineSolutions AG geschaffen. Mittels PAGOprint werden die Waren, die an den Detailhandel geliefert werden, mit dem SSCC-Code (SSCC = Serial Shipping Container Code) etikettiert. Die Schnittstelle zu ExpoWin, mit dem Exportdokumente erstellt werden können, war für Trisa wichtig, da 97 % aller hergestellten Bürsten exportiert werden.

Neben dem ERP-System ist für den Lagerverwaltungsprozess eine Webcam notwendig, die ein Bild der Kanban-Wand mit den eingesteckten Kanban-Karten für die Lieferanten zugänglich macht. Der jeweilige Lieferant betrachtet die elektronischen Bilder mit einem beliebigen Webbrowser und generiert dann manuell einen Auftrag in seinem ERP-System.

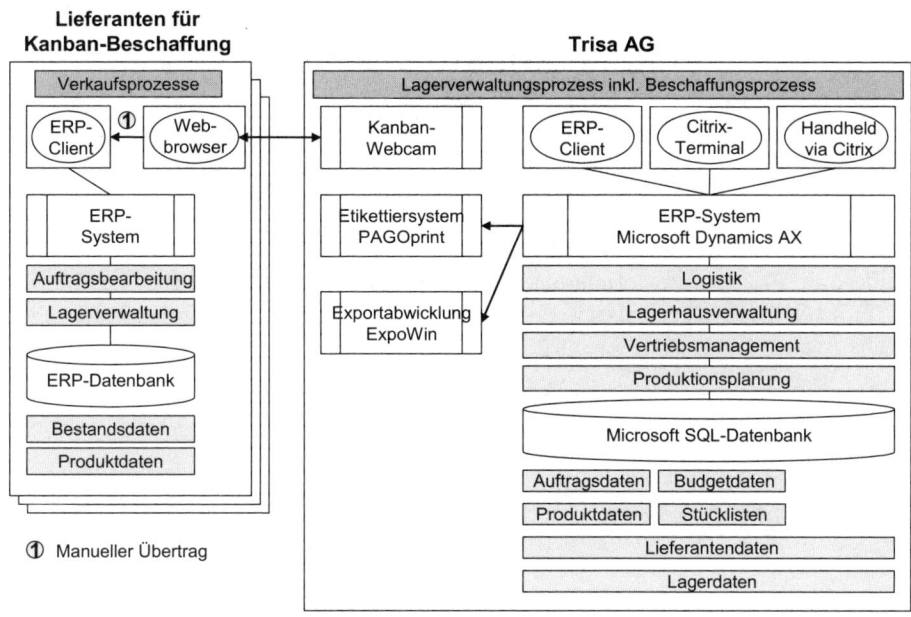

Abb. 18.4: Anwendungsübersicht Trisa

## 18.3.4  Technische Sicht

In der technischen Sicht werden die Elemente des internen Netzwerkes der Trisa dargestellt, die für die vorgestellte Lösung relevant sind.

Aus Abb. 18.5 wird ersichtlich, dass das ERP-System an sich sowie die Datenbank auf zwei verschiedenen Servern liegen. Diese befinden sich neben den fünf Citrix-Servern, den Microsoft Dynamics AX-Clients, den Citrix-Clients, den Handhelds und der Webcam in einem internen Netzwerk. Auf den Citrix-Servern läuft die Geschäftslogik, die normalerweise auf den Clients installiert ist, die die Handhelds bzw. Terminals aber technisch überfordern würde. Auf den Handhelds, die mit einem Barcode-Leser ausgestattet sind, laufen die Masken für die Benutzerführung und die Übermittlung der Benutzereingaben.

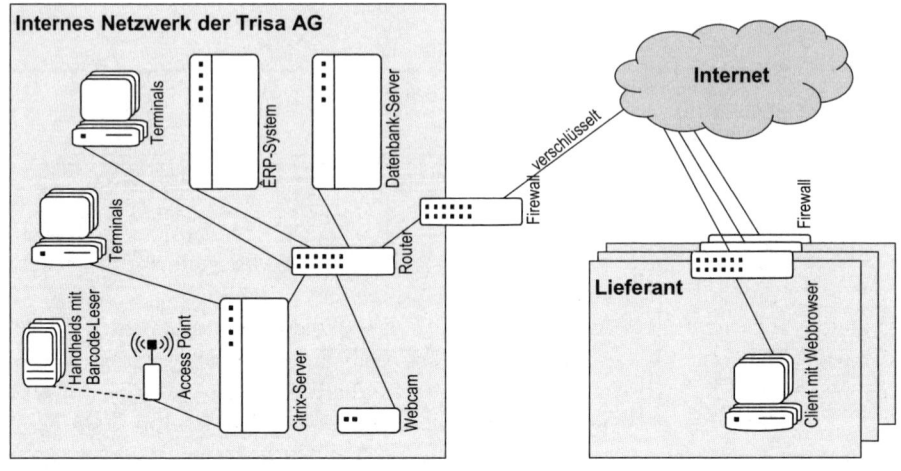

Abb. 18.5: Technische Sicht Trisa

Die Bilder der Webcam werden verschlüsselt über das Internet an die Kanban-Lieferanten übertragen.

## 18.4 Projektabwicklung und Betrieb

### 18.4.1 Projektmanagement und Entstehung der Lösung

Im Vorfeld der ERP-Einführung erfolgte zunächst unabhängig von der konkreten Lösung die Definition und Optimierung der Produktions- und Logistikprozesse mit Hilfe des externen Partners Dr. Acél & Partner AG. Darauf aufbauend begannen die Vorbereitungen zur Einführung der neuen ERP-Lösung. Dafür wurden die Anforderungen an die neue ERP-Lösung in Form eines Pflichtenheftes spezifiziert und bestehende Lösungen im Hinblick auf diese Anforderungen evaluiert. In diese Evaluation flossen nicht nur die verschiedenen ERP-Lösungen an sich ein, sondern es wurden gleichzeitig IT-Dienstleister bewertet, die die entsprechende Lösung dann im Unternehmen einführen sollten. Diese Phase der Anforderungsanalyse und Evaluation wurde durch die Inova Management AG unterstützt.

Bei der Evaluation wurden die Anbieter SAP und Microsoft in die engere Auswahl gezogen, da sich Trisa aufgrund der Grösse dieser Unternehmen und vor dem Hintergrund der Erfahrungen mit Miracle hier Investitionssicherheit versprach. Die Entscheidung fiel letztendlich auf Microsoft, da deren Lösung die Anforderungen der Trisa besser abdeckte. In den Augen der Geschäftsleitung war die SAP-Lösung in Bezug auf die Anforderungen der Trisa zu komplex und es hätten zu viele Anpassungen vorgenommen werden müssen. Ebenfalls für die Microsoft-Lösung sprachen die hohe Flexibilität bezüglich Anpassungen und die guten Integrationsmöglichkeiten zu Fremdsystemen. Schliesslich waren die Erfahrungen und Kenntnisse des IT-Dienstleisters KCS von hoher Bedeutung. KCS besitzt nicht nur einen Branchenfokus auf die Kunststoffindustrie, sondern zeichnete sich auch durch gute Referenzen und eine hohe Flexibilität aus.

Im letzten Quartal des Jahres 2002 fanden Vertragsverhandlungen mit der KCS statt und es wurde ein Vorprojekt gemeinsam mit Inova Management initialisiert. Dieses Vorprojekt, das bis Ende Januar 2003 dauerte, diente dazu, einen ersten Abgleich zwischen den Anforderungen der Trisa und den Funktionalitäten der Microsoft Dynamics AX-Lösung zu erstellen (Gap-Fit-Analyse). Ab Anfang Februar begann schliesslich das eigentliche Projekt zur Einführung der ERP-Lösung. Die Gap-Fit-Analyse wurde weiter detailliert und es wurden bis Juli 2003 Feinkonzepte erstellt. Diese stellten sogleich den ersten Meilenstein dar. Parallel zur Einführung der ERP-Lösung wurde Mitte des Jahres 2003 ein zweites Projekt zur Lageroptimierung durch mobile Datenerfassung als Add-on zur ERP-Einführung initialisiert. In diesem Projekt sollte die ERP-Lösung für die Benutzung auf Handhelds optimiert werden und es wurde ein entsprechendes Konzept erstellt.

Im dritten Quartal 2003 sollten beide Konzepte realisiert werden. Im Rahmen der ERP-Einführung erfolgte das Customizing der Microsoft Dynamics AX-Lösung und im Lageroptimierungsprojekt wurden die notwendigen Implementierungen für die Benutzeroberflächen der mobilen Lagerverwaltungsgeräte vorgenommen. Die Benutzung der ERP-Lösung auf den Handhelds war nicht von vornherein möglich. Um Microsoft Dynamics AX auf den Handhelds adäquat benutzen zu können, mussten die Masken des ERP-Systems auf diese kleinen Geräte übertragen werden. Zusätzlich mussten Verarbeitungsschritte, die normalerweise der Microsoft Dynamics AX-Client ausführt, ausgelagert werden, um die Performance der Handhelds nicht zu beeinträchtigen. Diese Auslagerung erfolgte durch die Zwischenschaltung von Citrix-Servern zwischen die Handhelds und das ERP-System. Den Abschluss des Customizings und der Implementierungen stellten den zweiten Meilenstein dar, der jedoch erst im vierten Quartal 2003 vollständig realisiert werden konnte.

Parallel zu den letzten Anpassungen des ERP-Systems bzw. den letzten Implementierungen erfolgte im vierten Quartal 2003 die Schulung der Mitarbeitenden. Dabei nahm KCS sog. Key-User-Schulungen bei ca. 10 Hauptnutzern des Systems vor. Trisa selbst führte bei ca. 60 Mitarbeitenden eine End-User-Schulung durch. Die Schulungen stellten den dritten Meilenstein dar, der termingerecht erreicht wurde. Schliesslich wurde die Microsoft Dynamics AX-Lösung zum 01.01.2004 termingerecht und erfolgreich in allen vorgesehenen Bereichen zum Einsatz gebracht.

## 18.4.2 Laufender Unterhalt

Der laufende Unterhalt lässt sich in drei Ebenen einteilen: Die erste Ebene betrifft die Wartung der IT (Server, Betriebssysteme etc.). Dies wird durch Trisa selbst durchgeführt. Daneben muss die Microsoft Dynamics AX-Lösung gewartet werden (2. Ebene). Hierfür hat Trisa einen Wartungsvertrag mit Microsoft und erhält dadurch regelmässig Service Packs sowie neue Releases. Die dritte Ebene betrifft den Software Support, d.h. die Unterstützung im Anwendungsbereich. Diese Ebene unterteilt sich in einen First-Level- und einen Second-Level-Support. Der First-Level-Support wird durch die IT-Abteilung der Trisa durchgeführt, während der Second-Level-Support von der KCS übernommen wird. Diese stellt dafür ein webbasiertes Request-System zur Verfügung, mit dessen Hilfe Anfragen und Probleme direkt an KCS übermittelt und dann entsprechend bearbeitet werden können.

In Bezug auf Änderungswünsche wird so verfahren, dass diese bei der Trisa zunächst gesammelt werden. Dann werden detaillierte Anforderungsprofile erstellt und eine Prioritätsreihenfolge auf Basis von Kosten-Nutzen-Abwägungen erstellt. Kleine Änderungswünsche werden über das webbasierte Request-System gelöst. Bei grösseren Änderungswünschen werden separate Verträge zwischen Trisa und KCS ausgehandelt.

## 18.5 Erfahrungen

### 18.5.1 Nutzerakzeptanz

Die Umsetzung des Kanban-Prinzips stiess zunächst teilweise auf Skepsis, da einige Mitarbeitende nicht an den Erfolg dieses neuen Logistikkonzeptes geglaubt hatten. Unabhängig davon existierte jedoch eine sehr hohe Motivation bei den Mitarbeitenden, die neue ERP-Lösung einzuführen, da der Leidensdruck hinsichtlich der Verfügbarkeit und Funktionalität des alten Systems zu gross geworden war. Die Nutzerakzeptanz ist seit der Einführung sehr hoch. Dies ist insbesondere auf die realisierten Effizienzsteigerungen sowie die hohe Verfügbarkeit des Systems zurückzuführen.

### 18.5.2 Zielerreichung und bewirkte Veränderungen

Die zu Beginn des Projektes aufgestellten Ziele wurden in vollem Umfang bzw. teilweise darüber hinaus erreicht. Trisa konnte durch die Einführung der Microsoft Dynamics AX-Lösung vollständig integrierte Prozesse umsetzen, wobei im Bereich der Kostenrechnung noch Anpassungen vorgenommen werden. Die Kanban-Philosophie wurde erfolgreich umgesetzt und die Lagerverwaltung wurde automatisiert. Zusätzlich konnte die Lagerbewirtschaftung durch eine mobile Datenerfassung auf Basis von Handhelds optimiert werden. Dadurch wurden deutliche Effizienzsteigerungen in der Lagerverwaltung realisiert. Das ERP-System erfüllt den Anspruch der hohen Verfügbarkeit und der Investitionsschutz ist durch den Anbieter Microsoft ebenfalls gewährleistet.

### 18.5.3 Rentabilität und Investitionen

Die vorherige ERP-Lösung von Miracle führte zu einer Einschränkung der Unternehmensleistung. Deshalb stand bei Trisa die Rentabilität des neuen Systems nicht primär im Vordergrund, sondern vielmehr die Erreichung der aufgestellten Projektziele. Auch aufgrund der Vielzahl der durchgeführten Rationalisierungsprojekte ist es nicht möglich, von einer abgrenzbaren Investition zu sprechen. Es lässt sich jedoch festhalten, dass die ERP-Einführung dazu beigetragen hat, ca. 15 bis 20 Mitarbeitende, insbesondere im Lager, einzusparen resp. anderweitig einzusetzen. Ausserdem wurden Planung und Budgetierung verbessert. Somit trägt die Microsoft Dynamics AX-Lösung dazu bei, das Unternehmensziel von 5 % Effizienzsteigerungen pro Jahr zu erreichen.

Die externen Investitionskosten für die Einführung der Microsoft Dynamics AX-Lösung bei Trisa betrugen knapp 2 Mio. CHF. Die Kosten lagen damit im eingeplanten Budget. Das System kann von 150 Nutzern verwendet werden, wobei Trisa eine Lizenz für 100 gleichzeitige Nutzer besitzt. Effektiv arbeiten momentan ca. 90 Nutzer gleichzeitig auf dem ERP-System. Somit ergeben sich Investitionskosten von ca. 22'000.- CHF pro Systemnutzer. Die Einführung der ERP-Lösung nahm ungefähr elf Monate in Anspruch. In dieser Zeit wurden 25 Manntage für die Entwicklung der Benutzeroberflächen der Handhelds investiert.

## 18.6 Erfolgsfaktoren

### 18.6.1 Spezialität der Lösung

Eine Spezialität der Lösung liegt darin, das Logistikkonzept Kanban zu integrieren. Bei der Kanban-Beschaffung ist eine IT-Unterstützung per se nicht vorgesehen. Um trotzdem den Mengen- und Wertefluss der Kanban-Artikel im ERP-System nachverfolgen zu können, erfolgt beim Wareneingang eine ERP-Schnellerfassung der Kanban-Artikel (vgl. Abb. 18.2). Dadurch besteht für Trisa die Möglichkeit, die Vorteile des Kanban-Prinzips auszunutzen und gleichzeitig den Mengen- und Wertefluss der Kanban-Artikel im ERP-System nachzuverfolgen sowie deren Abrechnung darüber zu erledigen.

Eine weitere Spezialität der eingeführten ERP-Lösung liegt darin, dass das System ebenfalls über Handhelds bedient werden kann. Dies wurde realisiert, indem die ursprünglichen Benutzeroberflächen entsprechend umgestaltet und neu programmiert wurden. Die Benutzung der Microsoft Dynamics AX-Lösung über Handhelds hat eine mobile Datenerfassung im Lager ermöglicht.

### 18.6.2  Reflexion der Prozessexzellenz

Im Bereich der Lagerverwaltung brachte die ERP-Lösung insbesondere durch die mobile Datenerfassung deutliche Effizienzgewinne. Diese zeigen sich z.b. in Form von Personaleinsparungen im Lager (vgl. Kap. 18.5.3) oder durch eine Reduktion des Umlaufvermögens. Daneben ermöglicht die Chargenverwaltung (vgl. Kap. 18.3.1) eine gezieltere und schnellere Problembehandlung, wodurch die Kundenzufriedenheit erhöht wird. Schliesslich verbesserte sich aufgrund der Einführung von Microsoft Dynamics AX die Lieferantenbeziehung, da auf Basis des Kanban-Prinzips die Beschaffung viel präziser gesteuert werden kann. Alle diese Aspekte verdeutlichen die Prozessexzellenz und tragen zu einer Kosteneinsparung und somit zu einer Verbesserung der Wettbewerbsfähigkeit bei.

### 18.6.3  Lessons Learned

Zum Erfolg der Lösung, insbesondere im Hinblick auf die Kürze der Realisierungsphase (ca. 11 Monate), haben verschiedene Faktoren beigetragen. Ein Erfolgsfaktor war die bereits im Vorfeld unabhängig von der ERP-Lösung durchgeführte Modellierung der angestrebten Soll-Prozesse mit einem externen Partner. Daneben wird auch die Unterstützung der Evaluationsphase durch einen externen Partner als Erfolgsfaktor angesehen, denn ohne ihn wäre es Trisa nicht möglich gewesen, in so kurzer Zeit ein entsprechendes Pflichtenheft zu erstellen. Ebenfalls zum Projekterfolg beigetragen hat die Branchenerfahrung des IT-Dienstleister KCS. Schliesslich sind die Mitarbeitenden zu nennen, die aufgrund der schlechten Erfahrungen mit dem alten ERP-System sehr motiviert waren und die Einführung der Microsoft Dynamics AX-Lösung zu einem Erfolg machten.

# 19 Schlussbetrachtung: Auftragsabwicklung

*Petra Schubert*

Die Auftragsabwicklung wird in fast allen Fallstudien dieses Buchs in verschiedenen Teilaspekten behandelt. In diesem speziellen Kapitel zur Auftragsabwicklung geht es vor allem um Logistikprozesse, die vor dem Hintergrund eines zunehmend internationalen Wettbewerbs steigenden Optimierungsansprüchen unterworfen sind. Im mit fünf Fallstudien umfangreichsten Kapitel wird deutlich, dass gerade Logistikprozesse Potenzial für Prozessexzellenz bergen – sowohl in der Eingangslogistik als auch in der Ausgangslogistik. Es wird gezeigt, wie die Logistikprozesse von Unternehmen national und international optimiert werden können. Mit dem integrierten Einsatz von ERP-Systemen und mobilen Erfassungsgeräten ergibt sich in einigen Fällen ein aus Sicht der untersuchten Unternehmen annähernd papierloser Waren- und Informationsfluss.

Die *Neoperl-Gruppe* ist mit Niederlassungen in mehreren Ländern präsent. Die Sanitärbranche erfordert die Ausrichtung des Produktportfolios an regional unterschiedliche Kundenbedürfnisse. Aus diesem Grund ist ein dezentraler Aufbau von Produktion und Distribution vorteilhaft. Auf die Datenbank des mandantenfähigen ERP-Systems der Unternehmensgruppe kann von dezentralen Standorten aus zugegriffen werden. Sie ermöglicht eine zentrale Steuerung einer dezentralen Organisationsstruktur. Die Stammdaten werden zentral gehalten und gepflegt, während die Vertriebs- und Logistikprozesse je nach Bedarf zentral oder dezentral ausgelöst und gesteuert werden können.

Die *Otto Fischer AG* konnte die Effizienz der Arbeitsleistung eines jeden einzelnen Mitarbeitenden in der Logistik mit dem Einsatz von mobilen Datenerfassungsgeräten steigern. Nebeneffekte waren eine erhöhte Flexibilität und eine Reduktion von Fehlern. Der Kommissionierungsprozess wird heute in einer Interaktion zwischen Mensch und Maschine abgewickelt, wie es nach Meinung des Managements gegenwärtig mit keinem vollautomatischen Lagersystem günstiger zu lösen wäre.

Die *felix martin Hi-Fi und Videostudios* zeigt, wie ein kleines KMU durch Spezialisierung auf seine Kernfähigkeiten und einen hohen Anspruch an die Informatikunterstützung in einer hart umkämpften Branche bestehen und seine Effizienz verbessern kann. Da das Unternehmen seine Informatik nicht selbst betreiben wollte, wird ein auf SAP basierendes Produkt „smart-HiFi" der Firma atlantis it solutions eingesetzt, das im Application Service Providing (ASP) bezogen wird.

Bei der *MIFA AG* in Frenkendorf wurden durch eine durchgängige Materialidentifikation mit Hilfe eines mobilen Scanverfahrens die Prozesse in der Lagerhaltung verbessert. Durch das mobile Scanverfahren kann heute der gesamte Prozess der Materialbewegung vom Wareneingang über die Logistik bis zur Produktion optimiert abgewickelt werden. Der Produktionsprozess wurde ausserdem infolge einer chargenorientierten Materialbewirtschaftung tief greifend verändert. Während früher die Materialien anhand von theoretischen Tageslosgrössen aus dem Lager an die Produktion geliefert wurden, fordern die Mitarbeitenden in der Produktion jetzt neue Materialien bedarfsgerecht aus dem Lager an. Durch diese Umstellung ergibt sich eine Reihe an Einsparpotenzialen, weil der Rücklauf überschüssigen Materials am Ende der Produktion viel geringer geworden ist.

Die *Trisa AG* erzielte durch die Einführung einer neuen ERP-Software im Bereich der Lagerverwaltung insbesondere durch mobile Datenerfassung deutliche Effizienzgewinne. Diese zeigen sich z.B. in Form von Personaleinsparungen im Lager oder durch eine Reduktion des Umlaufvermögens. Daneben ermöglicht die Chargenverwaltung eine gezieltere und schnellere Problembehandlung. Schliesslich verbesserte sich aufgrund der Einführung des ERP-Systems die Lieferantenbeziehung, da auf Basis eines Kanban-Prinzips die Beschaffung präziser gesteuert werden kann. Diese Aspekte verdeutlichen Prozessexzellenz und tragen zu einer Kosteneinsparung und somit zu einer Verbesserung der Wettbewerbsfähigkeit bei.

Kollaborative Auftragsabwicklung heisst, die Prozesse mehrerer Parteien gleichzeitig zu optimieren. Die gezielte Koordination mit Partnern und das Angehen von Prozessveränderungen, die ausserhalb des eigenen Unternehmens und damit auch ausserhalb der direkten Kontrolle liegen, ist ein mutiger Schritt, der in den beschriebenen Unternehmen zu Wettbewerbsvorteilen geführt hat. Exzellenz in der Auftragsabwicklung heisst, auf Wünsche von Partnern einzugehen und die Informatik in den Dienst einer kollaborativ optimierten Gesamtleistung zu stellen.

# 20 Logistikketten für Lebensmittel

*Ralf Wölfle und Philippe Matter*

Die einzelnen Tätigkeiten in der Lebensmittellogistik mögen trivial erscheinen: Ware aus dem Lager entnehmen, Palette packen, Palette in den LKW schieben und, einige Stationen später, Ware ins Regal einräumen. Die Koordination dieser Tätigkeiten ist es aber keinesfalls. In kaum einer Branche hat die „Nebenleistung" Logistik einen so grossen Stellenwert wie bei Lebensmitteln. Unzählige Einheiten müssen in ständig wiederkehrenden Transaktionen an unzählige Verkaufsstellen verteilt werden, dabei immer frisch sein und auf der Stufe des einzelnen Produkts lückenlos rückverfolgt werden können. Wer bei den knappen Margen in dieser Branche noch Geld verdienen will, muss all diese Einzeltätigkeiten zusammenführen und in der Summe optimieren.

## 20.1 Kein gemütliches Marktumfeld

Der Lebensmittelmarkt hat zwei gewichtige Stärken: er ist sehr gross und ziemlich stabil, da jeder Mensch täglich essen muss. Davon abgesehen ist die Marktentwicklung sehr anspruchsvoll. Das Marktvolumen als Ganzes ist seit fast 20 Jahren beinahe stagnierend. In den Sortimenten gibt es kontinuierlich Umschichtungen und Verlagerungen, z.B. zu mehr Fertigprodukten. Die für die Konsumenten zugängliche Sortimentsbreite wurde dabei ständig ausgeweitet, allein im Jahrzehnt der 90er Jahre dürfte sie sich um etwa 50 % erhöht haben [Biester 1997]. Für die Lebensmittelhersteller heisst das, dass die Absatzmengen je Produkt im Durchschnitt sinken, was tendenziell zu höheren Kosten führt.

Auf der Seite des Handels wurden, parallel zu dieser Entwicklung des Sortiments, die Absatzkanäle ausgeweitet und immer neue Einzelhandelsformate (Ladentypen) entwickelt. Wir finden es heute selbstverständlich, um 21:00 Uhr abends im Bahnhof oder an der Tankstelle noch etwas zu Essen kaufen zu können. Sogar das Geschäftsmodell der via Internet verkauften Lebensmittel ist im Jahr 2006 – bei marginalem Marktanteil – so weit entwickelt, dass man damit Geld verdienen kann [LeShop 2006]. Das stagnierende Marktvolumen wird auf einer in der Summe vergrösserten Verkaufsfläche angeboten. Der durchschnittliche Umsatz je Quadratmeter Verkaufsfläche sinkt deshalb. Kein Wunder also, dass der Handel den Druck auf seine Zulieferer erhöht. Dabei nimmt er auch die Logistikkonditionen immer stärker ins Visier.

Ein weiteres Merkmal des Lebensmittelhandels ist die starke Regulierung. Produkte werden subventioniert, kontingentiert und mit Zöllen belegt. Das politische Dauerthema löst immer wieder Aktionen aus, die zwar nicht grundsätzlich an der Regulierung rütteln, für einzelne Produkte aber dramatische Umschwünge darstellen können. Ein Beispiel ist die vollständige Liberalisierung des Käsehandels zwischen der EU und der Schweiz. Für den in anderen Branchen selbstverständlichen grenzüberschreitenden Warenverkehr gibt es weitere Hürden. Eine davon sind die heterogenen Vorschriften für die Warendeklaration auf den Etiketten. Sie betrifft Angaben zu Inhaltsstoffen, die unterschiedlich ausgewiesen werden müssen, oder Vorschriften zur Preisumrechnung, die den Kunden die Preisvergleichbarkeit erleichtern sollen (z.B. durch einen Preis je 100 g). Für den Handel mit der Schweiz kommen die marktspezifischen Gegebenheiten hinzu: die eigene Währung und drei Landessprachen bei einer Bevölkerung von „nur" gut 7 Millionen Einwohnern.

## 20.2 Chargenrückverfolgung

Die EU-Verordnung 178/2002 schreibt für Lebensmittel seit 2005 die lückenlose Rückverfolgbarkeit der Warenströme über alle Produktions-, Verarbeitungs- und Vertriebsstufen in der EU vor. Auch in der Schweiz orientieren sich viele Unternehmen an dieser Verordnung, obwohl sie im Schweizer Binnenverkehr keine Gültigkeit hat. Die EU-Verordnung sagt nichts darüber aus, welche Daten die Beteiligten für die Erfüllung der Verordnung im Einzelnen erheben müssen, wie die Datenerhebung zu erfolgen hat und wie die Daten archiviert werden müssen. Diese Festlegungen bleiben den Unternehmen überlassen. Das führt zu unterschiedlichen Lösungen, die sich auch in Bezug auf Effizienz und Zuverlässigkeit unterscheiden.

Verlässliche Lösungen für eine Chargenrückverfolgbarkeit liegen aber auch im Interesse der Unternehmen selbst. Neben der Erfüllung von Gesetzen und Vorgaben sowie dem allgemeinen Interesse des Verbraucherschutzes schafft sie im Fall von Qualitätsproblemen die Voraussetzungen für gezielte und „stille" Rückzüge. Diese begrenzen den materiellen Schaden eines Rückzugs und erhalten den Markenwert. Die durchgängige Chargenverfolgung schafft die Voraussetzungen dafür, dass bei Feststellung eines Mangels in irgendeiner Vorstufe der Fertigung die Auswirkung überhaupt wirksam bis zum Endprodukt weiterverfolgt werden kann.

Ein Vergleich mit den Handlungsoptionen ohne Chargenerfassung macht den Nutzen am besten sichtbar. Angenommen, mehrere Wochen nach der Herstellung einer Einsatzkomponente wird festgestellt, dass eine Qualitätsabweichung eines Rohstoffes die Temperaturstabilität eines Produktes reduziert hat. Werden Produkte mit dieser Einsatzkomponente 40 Grad warm oder mehr – was im Sommer in Autos ohne weiteres vorkommen kann –, kann ihr Verzehr gesundheitlich negative Folgen haben. Die Einsatzkomponente wurde in diversen Produkten verwendet. Welche Handlungsoptionen hat der Hersteller dieser Komponente? Wird er zu seinen Kunden gehen, den Herstellern der Lebensmittel, um ihnen zu sagen, dass sie ihre Produkte, die möglicherweise unter mehreren Markennamen laufen, zurückrufen müssen? Welche Produkte genau sind betroffen? Wenn das nicht eindeutig beantwortet werden kann, besteht nur die Möglichkeit, alle Produkte, die theoretisch betroffen sein könnten, zurückzurufen. Wahrscheinlich ein Vielfaches der tatsächlich betroffenen Menge, wenn sich diese nicht klar identifizieren lässt. Der Schaden könnte für den Hersteller eine existenzbedrohende Dimension annehmen.

Sofern eine Chargenrückverfolgung möglich ist, lassen sich die betroffenen Produkte zweifelsfrei benennen. Zunächst ist ihr aktueller Standort zu identifizieren: Sind sie noch nicht im Verkaufsregal des Einzelhandels, sondern lediglich auf dem Weg dorthin, ist ein «stiller» Rückruf möglich, d.h. ohne Öffentlichkeit und Schlagzeilen in der Presse. Aufgrund der beschleunigten Reaktionszeit ist die Chance eines „stillen" Rückrufs höher, Chargenrückverfolgung ist damit auch eine Investition in den Markenschutz. Und schlussendlich muss nur die tatsächlich betroffene Ware zurückgezogen und vernichtet werden, was die Kosten dafür auf einen Bruchteil reduziert und den Abverkauf der einwandfreien Produkte sicherstellt. Und last but not least kann die Verursacherfrage mit Chargenrückverfolgung genauer beantwortet werden [vgl. auch Wölfle/Brossok 2005].

## 20.3 Noch mehr Kundenorientierung

Margendruck als Folge sinkender Produktivität im Handel, regulative Anforderungen wie Chargenrückverfolgung und landesspezifische Produktauszeichnungen sowie die sich tendenziell öffnenden Landesgrenzen erfordern Lösungsstrategien, die über das einzelne Unternehmen hinausgehen. Die Lösungsansätze der Branche zielen einerseits auf noch mehr Kundenorientierung, andererseits auf eine schnelle und hocheffiziente Logistik.

Mehr Kundenorientierung aus Sicht des Handels bedeutet, dass er immer genau die Artikel bereit hält, die der Kunde gerade zu kaufen bereit ist. Nicht mehr, denn das bedeutet Kapitalkosten und das Risiko von Verderb oder Abschreibungen. Und nicht weniger, denn das hiesse, das teuer erschlossene Umsatzpotenzial nicht abzuschöpfen und womöglich an den Wettbewerb zu verlieren. Aber, was zu kaufen ist der Kunde gerade bereit? Und wie kann diese Vorhersage so gestaltet und logistisch umgesetzt werden, dass mit ausreichend Vorlauf und in grossen Mengen eingekauft werden kann, um von günstigen Einstandspreisen und geringem Overhead zu profitieren?

Die Antwort muss täglich neu gefunden werden: die kultige Fernsehserie, der Lebensmittelskandal, der unerwartet kühle August, das alles war schliesslich nicht vorhersehbar und wirkt sich dennoch auf das Kaufverhalten der Konsumenten aus. Je kurzfristiger der Handel bei seinen Lieferanten bestellen kann, desto eher können die Erfahrungen aus dem unmittelbar vorausgegangenen Abverkauf und neueste Trendänderungen in den Nachbestellungen berücksichtigt werden. Grundlage dafür sind die Verkaufszahlen der Vergangenheit, ggf. mit ihrem Kontext wie Saison, Wetter und Sondereinflüsse, das aktuelle Kaufverhalten der Kunden und die Erfahrungen über die Hebelwirkung von Verkaufsförderungsmassnahmen. Wie ein Pilot beim Landeanflug auf einen Flughafen, so hat der Disponent mit der Annäherung an einen Verkaufstag eine immer kleiner werdende Toleranz in Bezug auf seine Warenpositionen. Die Produktion der Ware erfolgt dann so weit wie möglich absatzgesteuert (Pull-Prinzip). Die Folge sind minimale Fertigwarenbestände und geringere Abschreibungen, was sich positiv auf die Rendite auswirkt.

Eine zweite Entwicklung ist die zunehmende Bedeutung von Saison- und Aktionsartikeln. Sie werden nicht dauerhaft bewirtschaftet und müssen logistisch deshalb gänzlich anders gesteuert werden (Push-Prinzip). Bei ihnen ist die Absatzprognose dadurch erschwert, dass keine kontinuierlichen Vergangenheitsdaten über die absetzbaren Mengen verfügbar sind.

## 20.4 Logistikketten für Lebensmittel

Eine Logistik, die diesen Anforderungen gerecht wird und gleichzeitig hocheffizient sein soll, muss die einzelnen Wertschöpfungsstufen miteinander verbinden und in der Summe das Optimum finden. Wobei hierfür die Lösung bei jedem Unternehmen unterschiedlich sein wird.

Die Probleme, die aus den aufgeteilten Versorgungswegen erwachsen, liegen nicht nur in den kumulierten Handlingkosten. Von jeder Stufe zur nächsten entsteht einerseits eine Verzögerung durch das Handling und die einzukalkulierenden Pufferzeiten, andererseits Intransparenz über die Nachfrageentwicklung. Um immer lieferfähig zu sein, werden auf jeder Stufe Sicherheitsbestände geführt, was zu unnötiger Kapitalbindung und erhöhtem Produktverderb führt. Nachfrageschwankungen werden bei den Zulieferern erst verspätet registriert – und wenn sie reagieren, ist der Schwankungsauslöser längst vorbei (Peitscheneffekt). Den Erfolg gegenüber dem Konsumenten kann deshalb nur die Versorgungskette als Ganzes bewirken.

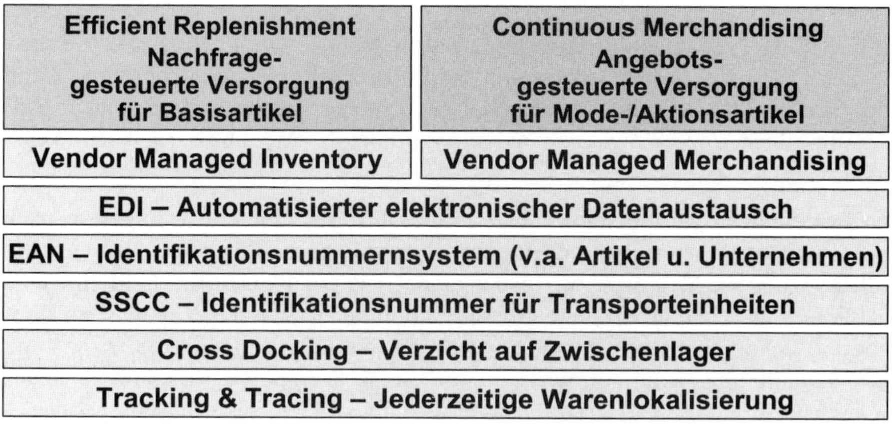

| Efficient Replenishment<br>Nachfrage-<br>gesteuerte Versorgung<br>für Basisartikel | Continuous Merchandising<br>Angebots-<br>gesteuerte Versorgung<br>für Mode-/Aktionsartikel |
|---|---|
| Vendor Managed Inventory | Vendor Managed Merchandising |

| EDI – Automatisierter elektronischer Datenaustausch |
|---|

| EAN – Identifikationsnummernsystem (v.a. Artikel u. Unternehmen) |
|---|

| SSCC – Identifikationsnummer für Transporteinheiten |
|---|

| Cross Docking – Verzicht auf Zwischenlager |
|---|

| Tracking & Tracing – Jederzeitige Warenlokalisierung |
|---|

Abb. 20.1: Begriffe und Methoden im Supply Chain Management (SCM)

Wettbewerb besteht nicht nur zwischen den einzelnen Unternehmen, sondern auch zwischen einer Wertschöpfungskette mit ihrer konkurrierenden. Verbesserungs-möglichkeiten werden deshalb in der stufenübergreifenden Logistikoptimierung gesucht, wofür zahlreiche Begriffe und Konzepte unter dem Dachbegriff Supply Chain Management stehen (Abb. 20.1). Die Ziele liegen auf der Hand: optimale Warenverfügbarkeit bei möglichst geringen Kosten. Die Warenverfügbarkeit oder das Out-of-stock-Problem sollte nicht unterschätzt werden. Im internationalen Durchschnitt wird davon ausgegangen, dass dem Handel etwa 4 % Umsatz ent-geht, weil gesuchte Produkte gerade nicht verfügbar sind. Stimmt diese Zahl auch für die Schweiz, sprechen wir von einem Umsatzvolumen von über einer Milliar-de CHF! Auf der anderen Seite stehen die Kosten. Alleine beim Einzelhandel machen die Logistikkosten ein Viertel der Gesamtkosten aus. Das in den Bestän-den gebundene Kapital beträgt in der Regel deutlich über 10 % des Umsatzvolu-mens. Bei jeder vorgelagerten Stufe fallen wiederum Logistikkosten an, genau so wie Kapitalbindung durch Warenbestände. Schliesslich gibt es noch Kosten, weil Produkte das Verfallsdatum erreichen, bevor sie verkauft worden sind. Die Her-ausforderung besteht also darin, die Versorgung trotz aller Nachfrageschwankun-gen sicherzustellen, eine möglichst kurze Nachlieferungsdauer mit möglichst we-nigen Zwischenlagern sicherzustellen und trotzdem keine Überkapazitäten in der Produktion zu haben. Die Herausforderung mag der Quadratur des Kreises ähneln, ist letztendlich aber vor allem eine Koordinationsaufgabe. Aus der optimalen Ko-ordination von an und für sich trivialen Einzeltätigkeiten in einer Versorgungskette können Spitzenleistungen und zusätzliche Erträge entstehen.

## 20.5 Stellenwert der Informatik

Eine Schlüsselressource zur Bewältigung der Herausforderungen ist die Informatik. Die Daten stehen am Anfang und am Ende des Versorgungskreislaufs. Denn über Scannerkassen verfügt der Handel heute über zeitnahe und ortsgenaue Abverkaufszahlen. Diese Abgänge wieder aufzufüllen ist Aufgabe der ganzen Logistikkette.

Die Bestellungen der Einzelhandelszentralen an ihre Zulieferer erfolgen je nach Stellenwert des Sortiments konventionell über disponierte Einzelbestellungen oder vollautomatisierte Regelzyklen, in denen der Lieferant regelmässig filialgerecht nachliefert. Daneben gibt es eine grosse Bandbreite an Zwischenformen. Das Konzept des Vendor Managed Inventory sieht vor, dass der Lieferant die Disposition der Nachlieferung vornimmt, während der Handel lediglich die Bandbreite seines Lagerbestandes definiert. Dazu müssen Bestandszahlen ausgetauscht werden – sinnvollerweise elektronisch und automatisiert. Aus diesem Grund hat sich die Datenübermittlung über EDI nach EANCOM – ein verbreiteter EDIFACT-Standard in der Konsumgüterindustrie – durchgesetzt. EDI steht für den automatisierten Austausch standardisierter elektronischer Nachrichten zwischen Computern, wobei auch Internettechnologien zum Einsatz kommen können. In der Konsumgüterindustrie kommen v.a. Nachrichten für folgende Zwecke zum Einsatz: Stammdatenaustausch, Bestellungen und Bestellbestätigungen, Lieferankündigungen, Rechnungen sowie Austausch von Abverkaufs- und Bestandsdaten.

Um an diesen Austauschprozessen teilnehmen zu können, sind einige Voraussetzungen zu erfüllen:

- Das eingesetzte Warenwirtschaftssystem muss EDI-fähig sein resp. über eine geeignete Schnittstelle verfügen.

- Das Kassensystem des Händlers muss Barcodes verarbeiten können.

- Die Hersteller müssen ihre Artikel eindeutig identifizieren, z.B. mit EAN.

- Die beteiligten Unternehmen und ihre Lokationen müssen eindeutig identifizierbar sein, dafür wird eine EAN.UCC Basisnummer benötigt (in Deutschland auch ILN Basisnummer genannt).

- Hersteller und Händler müssen Artikelstammdaten austauschen können, dazu müssen Hersteller über konsistente Artikelstammdaten verfügen. Ggf. kann der Stammdatenaustausch über einen Dienstleister erfolgen.

- Für den Nachrichtenaustausch ist eine Kommunikationsinfrastruktur erforderlich, sei es über eine eigene klassische EDI-Infrastruktur, sei es über entsprechende Service-Provider. Web-EDI – ein browsergestützter EDI-Zugang – kommt aufgrund der fehlenden Automatisierung nur bei geringem Nachrichtenaufkommen in Betracht.

Für weitergehende Anwendungen, z.B. die partnerübergreifende Disposition und Steuerung mit eigener Geschäftslogik, sind noch umfassendere Lösungen erforderlich. Sie werden an einem beliebigen Ort als Hub betrieben und zeichnen sich durch ihre Kommunikations- und Integrationsfähigkeit mit den bestehenden Systemen der Partner aus. Dabei wird zunehmend auf offene, d.h. anbieterunabhängige und lizenzfreie Standards gesetzt. Der Datenaustausch des Hubs mit seinen angeschlossenen Systemen erfolgt dabei in aller Regel automatisch. Geschieht dies asynchron, d.h. der Austausch erfolgt über voneinander unabhängige Einzelschritte mit Zwischenspeicherung wie bei einer E-Mail-Kommunikation, so spricht man von EDI, auch wenn die Übertragung XML-Strukturen nutzt und über das Internet erfolgt. Ein Web Service ist dagegen ein synchrones Verfahren, bei dem Anfrage und Antwort zwischen zwei Systemen als eine Einheit abgehandelt werden und die Grenzen der Einzelsysteme bedeutungslos werden.

Die Business Software und ihre Fähigkeit zur Integration mit den Systemen der Partner ist für die Durchgängigkeit der Geschäftsprozesse von zentraler Bedeutung. Aufgrund der relativ geringen Zahl unterschiedlicher Geschäftsnachrichten und internationaler Normen könnte davon ausgegangen werden, dass diese Integration ohne Weiteres umzusetzen wäre. Die Realität ist allerdings komplexer. Die Prozesse müssen laufend an geänderte Anforderungen angepasst werden, was auch zusätzliche Daten erfordert. Ein Beispiel dafür sind die Daten, die im Zusammenhang mit der Chargenrückverfolgung anfallen. Verschiedene Unternehmen finden für neue Anforderungen unterschiedliche Lösungen, die sie oft schon implementieren, bevor es einen Standard gibt. Bis die Standards nachziehen, hat sich bereits eine heterogene installierte Basis im Markt herausgebildet. Es wird also nie einen Standard geben, der alle Anforderungen abdeckt. Ausserdem hat ein Standard über seinen Lebenszyklus verschiedene Versionen. Das bedeutet, dass sich Unternehmen in der Lebensmittelindustrie trotz Standardisierung auf ein heterogenes Umfeld einstellen und mit verschiedenen Partnern unterschiedliche Lösungen implementieren müssen. Da sich die Unterschiedlichkeit nicht auf eins zu eins übersetzbare Datendefinitionen, sondern auch auf Datenstrukturen und ganze Prozesse auswirken kann, muss die Business Software eine entsprechende Vielfalt durch ein entsprechend offenes Daten- und Prozessmodell ermöglichen.

## 20.6 Kontraktlogistik

Hersteller und Händler, die die komplexen Aufgaben der Logistik und ihrer Steuerung nicht selbst bewältigen wollen oder können, haben die Möglichkeit, diese Tätigkeiten an spezialisierte Logistikdienstleister auszulagern. Diese können Leistungen erbringen, die weit über Lagerhaltung, Kommissionierung und Transport hinausgehen. Unter dem Begriff Kontraktlogistik erfüllen sie im Rahmen eines

Business Process Outsourcing Funktionen eigenverantwortlich und mit eigenem Gestaltungsspielraum. Zu den erweiterten Funktionen können gehören:

- Auftragsannahme durch Mail-/Call Center oder E-Commerce-Check-out

- Order-Management

- Bestandsmanagement und Disposition

- Datenmanagement, z.B. Qualitätsdaten, Haltbarkeitsdaten, Chargendaten

- Datenaustausch zwischen den beteiligten Geschäftspartnern

- Qualitätskontrolle

- Konfektionierung, z.B. in Form von Produktendmontage, Verpackung und Produktauszeichnung mit individuellen Kundendaten oder Bestücken von Aktionsdisplays

- Lieferschein-/Rechnungsausdruck und Versand auf Kundenbriefpapier

- Bonitätsprüfung, Debitorenmanagement und Inkasso bei Endabnehmern

Logistikdienstleister mit einem erweiterten Leistungsspektrum werden auch 3$^{rd}$ Party Logistics Provider (3PL) genannt. Sie erfüllen neben klassischen logistischen Aufgaben zusätzlich Steuerungs- und Optimierungsfunktionen innerhalb einer unternehmensübergreifenden Wertschöpfungskette. Eine zentrale Kompetenz liegt deshalb in der Integration der operativen EDV-Systeme der beteiligten Partner und in der Optimierung des kollaborativen Gesamtsystems (vgl. Fallstudie Lagerhäuser Aarau S. 233).

4$^{th}$ Party Logistics Provider (4PL) haben sich dagegen ganz auf Gestaltung, Konfiguration und Betrieb solcher IT-Plattformen spezialisiert. Dazu binden sie möglicherweise elektronische Transaktionsplattformen oder virtuelle Marktplätze mit ein. 4$^{th}$ Party Logistics Provider führen selbst keine physischen Dienstleistungen mehr aus.

# 21 Hero AG: Inter Company Supply Chain Hub

*Michael Quade*

Die Hero ist eine internationale Unternehmensgruppe für Markennahrungsmittel. Bisher wurden die meisten Produkte in den Ländergesellschaften nur für den jeweiligen Markt hergestellt. Für die Herstellung und den Vertrieb von neuen Produkten, wie das Lifestyle-Produkt Fruit2Day, werden in jüngster Zeit neue Wege eingeschlagen: Fruit2Day ist ein Frischeprodukt und wird nur an einem Standort produziert. Über eine straff organisierte Lieferkette wird es an die Länderorganisationen ausgeliefert. Um diesen Prozess optimal zu unterstützen und jederzeit unter Kontrolle zu wissen, wurde für Hero durch Ramco Systems der Inter Company Supply Chain Hub entwickelt und in Betrieb genommen.

Folgende Personen waren an der Bearbeitung dieser Fallstudie beteiligt:

Tab. 21.1: Mitarbeitende der Fallstudie

| Ansprechpartner | Funktion | Unternehmen | Rolle |
|---|---|---|---|
| Hanno Holm | Mitglied der Geschäftsleitung | Hero AG | Lösungsbetreiber |
| Dr. Franz Josef Weiper | Solution Management, Supply Chain Planning | Ramco Systems | IT-Partner |
| Michael Quade | Wissenschaftlicher Mitarbeiter | FHNW | Autor |

## 21.1 Das Unternehmen

Hero ist in Europa Marktführer bei Konfitüre und Marmeladen und hält starke Positionen bei Säuglingsnahrung, Getreideriegel und Backdekorationen.

### 21.1.1 Hintergrund, Branche, Produkt und Zielgruppe

Hero ist ein traditionsreiches, seit 1886 im schweizerischen Lenzburg beheimatetes Unternehmen. Als Holdinggesellschaft hält die Firma Mehrheitsbeteiligungen an 15 Ländergesellschaften. Diese sind dezentral organisiert und operieren weitgehend selbständig. Produkte werden nach länderspezifischen Rezepten und Rohstoffen (z.b. Schwartau Marmelade mit Erdbeeren aus Schleswig-Holstein) für den nationalen Markt hergestellt. Gründe für die unterschiedlichen Rezepturen sind auch die verschiedenen Geschmäcker in den Ländern, z.b. ist für die meisten Deutschen eine italienische Marmelade zu süss.

Neben den finanziellen Aufgaben der Holding sucht Hero aktiv nach möglichen Synergien zwischen den angeschlossenen Gesellschaften bei Produkten, deren Herstellung und Verpackung.

Hero positioniert sich heute als Markennahrungsmittelproduzent mit den Kernbereichen Fruchtverarbeitung (38 % der Verkäufe von 2004), Säuglingsnahrung (17 %), Getreideprodukte (8 %) und Backdekorationen (23 %). Im Jahr 2004 erzielte die Gruppe einen Umsatz von ca. 1.4 Mrd. CHF mit über 3'300 Angestellten.

Fruit2Day ist das erste Ländergesellschaften übergreifende Produkt, das Hero als Konzern zentral eingeführt und auf den Markt gebracht hat. Für das Projekt rund um Fruit2Day wurden die Kapazitäten zentral geplant und die Investitionen durch die Hero Holdinggesellschaft getätigt. Die Rezepte der vier Geschmacksrichtungen sind bei Fruit2Day für alle Länder gleich. Fruit2Day ist ein Lifestyle-Produkt. Zielgruppe sind primär weibliche Personen im Alter zwischen 30 und 45 Jahren, werktätige und Mütter. Letztere deshalb, weil sie beim Kauf der Lebensmittel den Entscheid fällen, was in der Familie konsumiert wird.

### 21.1.2 Unternehmensvision

Wir sind ein internationaler Lebensmittelkonzern, fokussiert auf die Herstellung von Markenprodukten für den Einzelhandel. Hochwertige Produkte und qualifizierte Angestellte sichern unsere ausgezeichnete Marktposition und das nachhaltige Wachstum in unseren Kernbereichen. Unsere finanzielle Stabilität macht uns zu einem zuverlässigen Partner für Angestellte, Kunden und Investoren.

## 21.2 Der Auslöser des Projekts

### 21.2.1 Ausgangslage und Anstoss für das Projekt

Fruit2Day ist ein Getränk aus einer Mischung von Fruchtsäften, Fruchtstückchen und Fruchtpüree. Es ist frei von Konservierungsmitteln und benötigt daher eine durchgängige Kühlungskette. Es ist nur 47 Tage haltbar und von dieser Zeit müssen dem Einzelhandel 26 Tage zugestanden werden. Die relativ kurze Haltbarkeit war der entscheidende Faktor für die Organisation der Supply Chain zwischen Produktion und Auslieferung an den Handel: Alle Prozesse rund um Produktion, Lagerung und Lieferung müssen stets kontrolliert und im vorgesehenen Takt ablaufen.

### 21.2.2 Vorstellung der Geschäftspartner

*Hero Ländergesellschaften*

Fruit2Day wurde durch Hero Nederland entwickelt und auf dem holländischen Markt zwei Jahre vor dem internationalen Vertrieb angeboten. Zurzeit wird Fruit2Day über Hero Ländergesellschaften auf den Märkten Niederlande, Deutschland, Grossbritannien und Schweiz vertrieben. Historisch bedingt und durch die dezentrale Organisation der einzelnen Ländergesellschaften werden zur Steuerung der betrieblichen Abläufe ERP-Systeme von verschiedenen Herstellern eingesetzt. Z.B. wird in Deutschland bei den Schwartau Werken SAP R/3 genutzt, Hero Nederland hingegen nutzt ein System von Baan.

*Distributionspartner*

Für jedes Land, in dem Fruit2Day vertrieben wird, wurde für die gesamte Marktorganisation ein einziger Distributionspartner gewählt. Dieser bewirtschaftet den Fruit2Day-Bestand und führt je nach Land auch die Kommissionierung und Verteilung an den Einzelhandel durch. Zum Beispiel wurde für die Schweiz die Firma Galliker gewählt, die auch Distributionspartner von Coop ist. Coop erhält die kommissionierten Fruit2Day-Gebinde direkt durch Galliker an die Filialen geliefert.

*Institut für Business Engineering IBE der FHNW*

Das Institut für Business Engineering IBE ist ein Kompetenzzentrum der Fachhochschule Nordwestschweiz FHNW und ist in den Bereichen Supply Chain Management, Logistik-Systeme, Management von Kooperationsnetzwerken und Geschäftsprozessgestaltung tätig. Im Rahmen von Dienstleistungsaufträgen gestaltet das Institut mit seinen Kunden organisatorische und technische Prozesse.

*Ramco Systems*

Gegründet im Jahr 1989, ist Ramco Systems heute der weltweit führende indische Anbieter von Standardanwendungssoftware und E-Business-Softwarelösungen, die Prozesse in Unternehmen und über Unternehmensgrenzen hinweg integrieren. Mit mehr als vierzehn Niederlassungen in sieben Ländern bietet Ramco Systems über 1'000 Kunden in mehr als zwanzig Ländern Unternehmenslösungen und kosteneffektive Offshore-Anwendungsentwicklung.

## 21.3 Inter Company Supply Chain Hub

Die länderübergreifenden Prozesse für die Absatz-, Produktions- und Bestandsplanung zu Fruit2Day, werden wesentlich durch die für Hero entwickelte Anwendung „Inter Company Supply Chain Hub" unterstützt. Im Folgenden wird die auf Basis von Ramco Virtual Works entwickelte und betriebene Lösung aus der Geschäftssicht, der Prozesssicht, der Anwendungssicht und der technischen Sicht betrachtet.

### 21.3.1 Geschäftssicht und Ziele

Ausgangspunkt des Projektes war die Suche nach einem realisierbaren Konzept, das eine länderübergreifende Supply Chain für ein gekühltes Frischprodukt ermöglicht und dabei Versorgungssicherheit und Effizienz gewährleistet. Das Konzept wurde in Zusammenarbeit mit Studierenden der FHNW unter der Leitung von Prof. Werner Lüthy entwickelt.

Das Konzept sieht vor, dass die frisch hergestellten Fruit2Day-Chargen von den Produktionslinien direkt in Lastwagen geladen und unmittelbar zu den Verteilzentren der Distributionspartner in den Marktorganisationen transportiert werden. Aus dem Bestand dieser Verteilzentren kann der Einzelhandel im entsprechenden Land innerhalb von 24 Stunden beliefert werden. Am Produktionsstandort selbst ist kein Lager für Fertigprodukte vorgesehen. Es gibt in der zu betreuenden Lieferkette somit nur einen Lagerpunkt zwischen Produktion und Lieferung an den Einzelhandel.

Die Supply Chain wird dabei von den Hero Ländergesellschaften und der Fruit2Day-Produktion mittels regelmässiger Webkonferenzen und Datenaustausch geplant und überwacht. Das Business Szenario in Abb. 21.1 zeigt die beteiligten Organisationen mit den involvierten Geschäftseinheiten und den wichtigsten Prozessen.

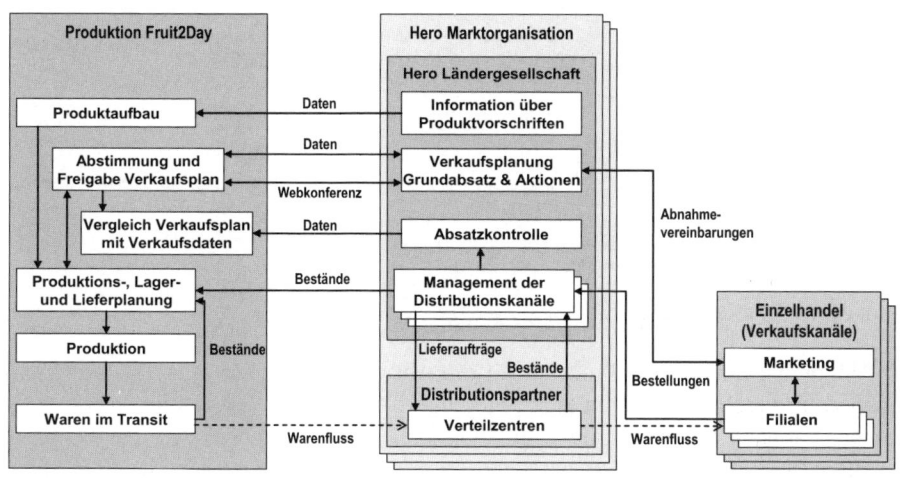

Abb. 21.1: Produktion und Vertriebsprozesse zu Fruit2Day

## 21.3.2 Prozesssicht

Der Inter Company Supply Chain Hub erhält täglich Verkaufspläne, Lagerbe-standszahlen und Verkaufszahlen aus den angeschlossenen ERP-Systemen der Ländergesellschaften (Abb. 21.2). Die Wochenplanungen für Verkauf und Promo-tionen werden wöchentlich und die Monatsplanung einmal pro Monat von den Sales Managern der Ländergesellschaften aktualisiert. Die empfangenen Plandaten werden einmal pro Woche durch den Inter Company Supply Chain Hub zu einer einzigen Verkaufsplanung konsolidiert.

Mit der konsolidierten Planung kann der Supply Chain Planner nun überprüfen, ob für den Zeitraum über 13 Wochen Produktions- und Lieferengpässe auftreten. Tritt ein Engpass auf, hat er mehrere Möglichkeiten:

Er hat die Möglichkeit, Promotionen der Ländergesellschaften, die für den glei-chen Zeitpunkt geplant sind, in Absprache mit den Sales Managern zu verschieben oder, zweitens, mit den Beständen zu variieren, wenn es die Mengen erlauben. Er kann z.B. eine Woche vorher die Bestände in den Lagern der Distributionspartner erhöhen, um sie während der Promotion dann auf das definierte Minimum absin-ken zu lassen.

Der Planer hat zudem die Möglichkeit, die Kapazitäten für die Produktion anzu-passen, um Engpässe zu bereinigen. D.h. innerhalb der Lösung kann er das Schichtmodell, den Kalender etc. für die Produktion verändern.

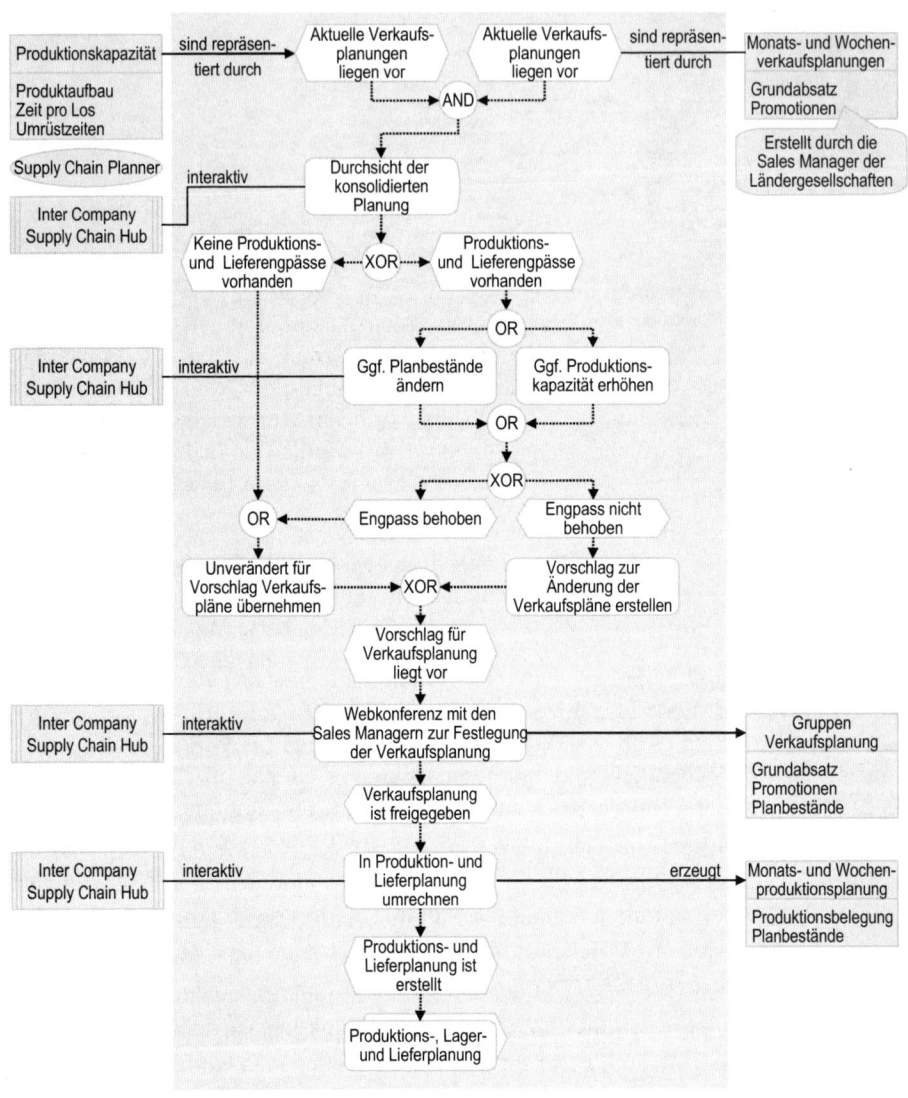

Abb. 21.2: Prozessabstimmung und Freigabe Verkaufsplan

Die Bestandsreichweite darf nie unter eine Woche fallen und nicht über drei Wochen steigen. Innerhalb dieser Bandbreite liegt das Optimum zwischen Lieferbereitschaft und Kosten. Diese Kennzahlen werden pro Ländergesellschaft und pro Produktvariante erhoben und in die Berechnung der neuen Endbestände mit einbezogen. Die entsprechenden Zielgrössen können im System für jede Variante vorgegeben werden.

Das System unterstützt den Supply Chain Planner dabei insoweit, dass alle Informationen zu Produktaufbau und Zeiten, die für die Herstellung einer Charge benötigt werden, im System hinterlegt sind und automatisch in die Berechnung der Produktionsbelegung mit einbezogen werden. Mit vier Fruit2Day-Sorten, verschiedenen Verpackungsgrössen (Einzelflasche, Duopack oder Sixpack) und der länderspezifischen Etikettierung sind zurzeit ca. 80 Produktvarianten möglich.

Lässt sich der Engpass nicht durch die Veränderung der Bestandsreichweite, durch Verschieben von Promotionen oder durch Kapazitätserhöhungen beheben, kann der Supply Chain Planner anlässlich einer Webkonferenz eine neue Verkaufsplanung mit den Sales Managern aushandeln. Dabei liegen die Moderation und der Entscheid alleine beim Supply Chain Planner, er bestimmt, welche Länderorganisation schlussendlich welche Menge geliefert bekommt. Der in Kooperation mit den Sales Managern konsolidierte Verkaufsplan wird so zum Plan für die Ländergesellschaften.

Der Supply Chain Planner verwendet die freigegebenen Verkaufsplanungen, um die tagesgenauen Pläne für Produktion und Lieferung mit dem lokalen PPS-System zu erstellen. Ziel der Tagesplanung ist es, die für die nächste Woche berechneten Endbestände zu erreichen. Die Tagesplanung wird jeweils am Donnerstag und Freitag für die nächste Woche erstellt.

### 21.3.3  Anwendungssicht

Der Import und Export von Bestands-, Verkaufs- und Planungsdaten zwischen dem Inter Company Supply Chain Hub, den ERP Systemen der Hero Ländergesellschaften und dem PPS-System am Produktionsstandort wird via File Transfer Protokoll (FTP) ausgeführt. Die Daten werden in Form von strukturierten Textdateien übermittelt (Abb. 21.3).

Die Anwendung verwendet zur Berechnung der Produktionsplanung Informationen über den Aufbau der Produkte, über die Produktionskapazität und die gewünschten Bestandsreichweiten.

Der Produktaufbau von Fruit2Day ist über eine hierarchische Struktur mit vier Stufen im System beschrieben: zuoberst steht das Produktprogramm. Auf der zweiten Stufe das Basisprodukt, die vier Geschmacksrichtungen von Fruit2Day. Es sind dazu Daten hinterlegt wie: Welche Geschmacksrichtung belegt für die Herstellung eines Loses eine Produktionslinie für welche Zeit, wie gross ist ein Los etc. Auf der dritten Stufe wird erfasst, welche Etikettierung ein Basisprodukt erhalten kann (die pro Ländergesellschaft anders sein muss). Auf der vierten Stufe wird festgehalten, in welchen Einheiten das Produkt verpackt werden kann (Einzelflasche, Duopack, Sixpack).

Im System sind auch Regeln hinterlegt, wie z.B. die gewünschten Lagereckdaten (Sicherheitsbestand, Minimum- und Maximumbestand in Tagen), die zulässige Lagerdauer eines bestimmten Produkts oder die Umrüst- und Reinigungszeiten einer Produktionslinie, die bei jeder Produktabfolge auftritt.

Die im Inter Company Supply Chain Hub implementierten Hierarchien und Regeln wurden bewusst generisch entwickelt, um sie auch für die Produktionsplanungen anderer Produkte einsetzten zu können.

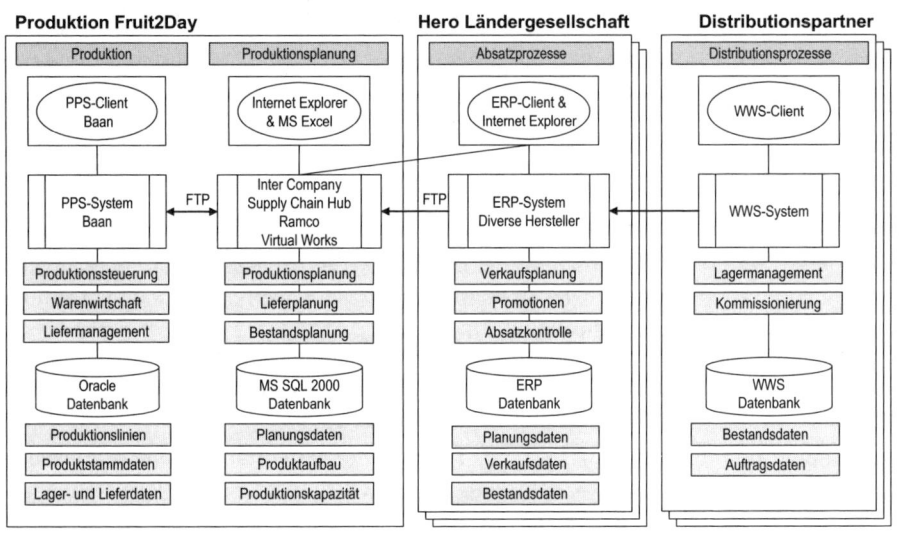

Abb. 21.3: Anwendungsübersicht und Integrationsschema

### 21.3.4 Technische Sicht

Die Server für den Inter Company Supply Chain Hub werden am Produktionsstandort betrieben. Der Zugriff durch die Hero Ländergesellschaften erfolgt über das Internet. Ebenso werden die Verkaufsplanungen und die Bestandsdaten via Internet übermittelt (vgl. Abb. 21.4).

Da auf die Server vom Internet und vom Intranet aus zugegriffen werden muss, sind sie in der „Demilitarized Zone" (DMZ) angeschlossen. Die DMZ ist eine Netzwerkzone, in der Systeme über die Firewall vom Internet aus für ausgewählte Verbindungen angesprochen werden können. In diesem Fall ist die DMZ für den

Webzugriff und für den Datentransfer via FTP freigegeben. Zugriffsversuche aus dem Internet in das Intranet werden durch die Firewall abgeblockt.

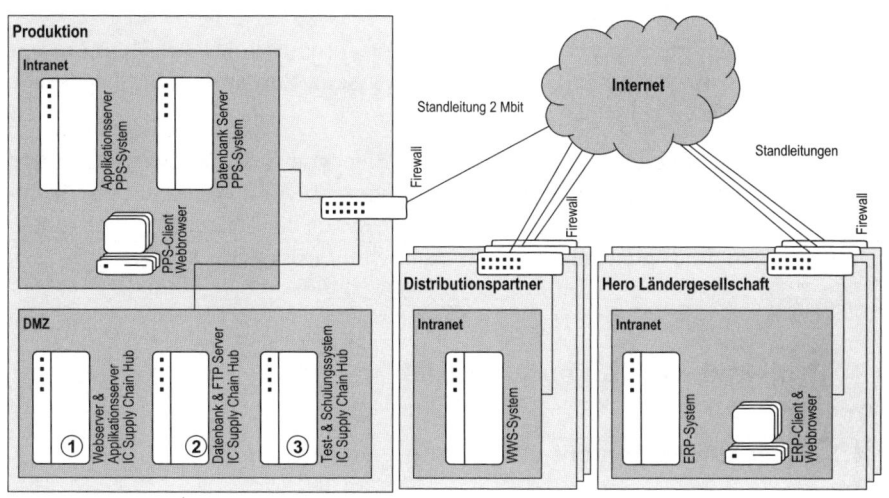

Abb. 21.4: Systemkomponenten der Fruit2Day-Lösung

Tab. 21.2: Inter Company Supply Chain Server Hard- und Software

| Server | Hardware | Software |
|---|---|---|
| ① Webserver und Applikationsserver | CPU: Intel Xeon 3.2GHz<br>RAM: 3GB<br>HDD: 170GB | BS: MS Windows 2000 Server SP4<br>AW: Ramco Virtual Works<br>AW: MS IIS 6.0<br>AW: Fusion Chart 2.3<br>MW: MS XML 4.0<br>MW: MS Data Access Components 2.8 |
| ② Datenbank- und FTP Server | CPU: Intel Xeon 3.2GHz<br>RAM: 3GB<br>HDD: 170GB | BS: MS Windows 2000 Server SP4<br>MW: MS XML 4.0<br>DB: MS SQL Server 2000 |
| ③ Test- und Schulungssystem | CPU: Intel Xeon 3.2GHz<br>RAM: 3GB<br>HDD: 170GB | BS: MS Windows 2000 Server SP4<br>AW: Ramco Virtual Works<br>AW: MS IIS 6.0<br>AW: Fusion Chart 2.3<br>MW: MS XML 4.0<br>MW: MS Data Access Components 2.8<br>DB: MS SQL Server 2000 |

CPU: Prozessor, RAM: Arbeitsspeicher, HD: Festplattenspeicher, BS: Betriebssystem, AW: Anwendungssoftware, MW: Middleware, DB: Datenbanksoftware

Die für den Inter Company Supply Chain Hub verwendeten Server sind aus Gründen der Netzwerksicherheit und der Verwendung ausschliesslich für diese Anwendung vorgesehen. Die Server werden im Moment von ca. zehn Personen genutzt, im Endzustand werden es ca. 40 Personen sein.

Für den Zeitpunkt, zu dem der Hub von weiteren Produktlinien der Hero Gruppe genutzt werden soll, ist geplant, die Anwendung samt Server von den Niederlanden in die Schweiz zu verschieben.

Das Test- und Schulungssystem dient zum Prüfen von Softwareänderungen und wird bei der Ausbildung der Sales Manager eingesetzt. Vor Testläufen und Schulungen werden jeweils die aktuellen Informationen aus der Datenbank des produktiven Systems in die Datenbank des Test- und Schulungssystems kopiert.

## 21.4　Projektabwicklung und Betrieb

### 21.4.1　Projektmanagement und Change Management

Die Softwareentwicklung wurde nach der strukturierten Methode von Ramco Systems durchgeführt. Das Vorgehen wird dabei durch Ramco Virtual Works vorgegeben. Die Spezifikation erfolgt dabei über sechs Ebenen hinweg (vgl. Abb. 21.5).

Auf Geschäftsprozessebene werden die von der Lösung abzudeckenden Prozesse festgelegt. Diese werden zu einer Abfolge von Funktionen und Ereignissen detailliert. Eine Funktion entspricht dem Verantwortungsbereich eines Aufgabenträgers innerhalb des Prozesses. Im modell- und prozessorientierten Ansatz von Ramco Virtual Works ist eine Funktion zudem gleichbedeutend mit einer Softwarekomponente. Somit lassen sich vorgefertigte Bausteine erprobter Prozessketten einfach neu kombinieren und konfigurieren oder auch durch neue Komponenten ergänzen.

Komponenten können umfangreich an die spezifischen Anforderungen des Unternehmens angepasst werden. Sie werden dazu ihrerseits in eine Abfolge von Aktivitäten zerlegt. Aktivitäten bestehen aus einer oder mehreren aufeinander folgenden Masken, deren Abarbeitungsreihenfolge durch den User-Interface-Ablauf spezifiziert wird. Die Interaktionselemente dieser Masken repräsentieren so genannte Tasks. Die Vorbedingungen und Auswirkungen von Tasks werden durch Geschäftsregeln festgelegt. Auf den oberen fünf Spezifikationsebenen werden die Vorgaben zu Prozessen, Funktionen, Aktivitäten etc. einem vorgegebenen Modell entsprechend in einem Repository hinterlegt.

Im vorliegenden Fallbeispiel wurden zunächst die Prozessmodelle mit speziellen Microsoft Visio Vorlagen bis auf Ebene Aktivitätsablauf erstellt und in der Folge in Ramco Virtual Works importiert. Beim Importieren wurden die Ablaufdiagramme bezüglich der Systematik validiert. Anschliessend wurden mit Ramco

Virtual Works die weiteren Ebenen gemäss Abb. 21.5 formuliert. Lediglich bei den Geschäftsregeln erfolgt ohnehin eine textuelle Spezifikation, da hier erfahrungsgemäss immer wieder Anforderungen auftreten, die sich einem schematischen Ansatz entziehen und daher natürlichsprachig beschrieben werden sollten.

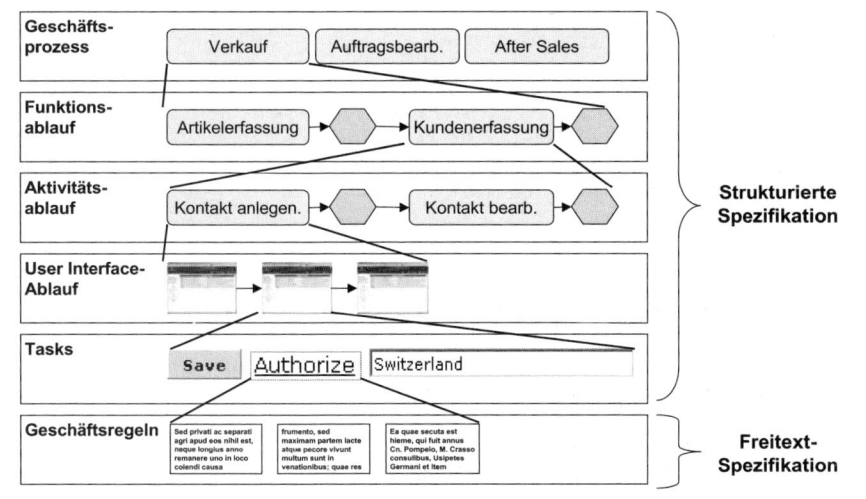

Abb. 21.5: Spezifikationsebenen bei Ramco Virtual Works

Diese Methodik ermöglicht es, jederzeit aus dem Repository einen Prototypen abzuleiten, der bereits das vollständige Look & Feel des späteren Systems aufweist – inklusive der Möglichkeit, durch Menüs und Masken zu navigieren. Die Spezifikation lässt sich somit sehr detailliert von den späteren Nutzern des Systems evaluieren und Änderungswünsche können entgegengenommen werden, noch bevor eine einzige Zeile Code programmiert wurde. Lediglich der Zugriff auf Daten und die Funktionalität der Tasks ist in den Prototypen noch nicht gegeben.

Die genannten Spezifikationen bilden als „Blue Print" die Grundlage für Generierung und Test von ausführbarem Programmcode, der jeweils in der Software-Factory von Ramco Systems in Chennai (Indien) erstellt wird. Aus den Daten des Repository kann ein Grossteil des Codes automatisch generiert werden. Lediglich für die natürlichsprachig spezifizierten Teile ist manuelle Programmierarbeit erforderlich. Diese „industrialisierte" Softwareerstellung führt zu niedrigen Kosten bei der Entwicklung und bei späteren Anpassungen. Zugleich gewährleistet sie hohe Sicherheit und Qualität und beschleunigt das Vorgehen erheblich.

*Partnerwahl*

Bei der Ausschreibung der Softwarelösung fiel die Wahl auf Ramco Systems, die in ihrem Angebot eine massgeschneiderte Lösung offerierten, die genau die Funktionen enthielt, die für den Inter Company Supply Chain Hub benötigt wurden. Preislich lag die Offerte von Ramco Systems bei einem Viertel der anderen Anbieter, die mit mächtigen Supply Chain Lösungen den Bedarf von Hero abdecken wollten. Von diesen ERP-Systemen wäre nur ein Bruchteil der Funktionen benötigt worden. Zusätzlich zeigte Ramco Systems im Angebot auf, wie die bestehenden EPR-Systeme in den Ländergesellschaften mit geringem Aufwand in die Lösung eingebunden werden könnten.

## 21.4.2 Entstehung und Roll-out der Software

Die vorgestellte Lösung ist eine Mixtur aus bestehenden Modulen der Ramco Virtual Works Library und der massgeschneiderten Neuentwicklung für die Planung. Für den Inter Company Supply Chain Hub wurden die zentralen Module Forecast-Planung und Lagerplanung kundenspezifisch entwickelt. Sie wurden ergänzt durch Standardmodule wie Kalender, Kapazitätsmanagement und Berechtigungssystem.

Neben der Installation der Anwendung auf Serversystemen benötigt die Lösung auf dem Client nur den Microsoft Internet Explorer. Zur Anzeige von Diagrammen und Tabellen im Internet Explorer wird ein ActiveX Control von Fusion Chart verwendet. Dieses wird auf einem Client beim ersten Anmelden eines Nutzers am Inter Company Supply Chain Hub über das Netzwerk installiert.

## 21.4.3 Laufender Unterhalt

Ramco System hat für die Überwachung der Schnittstellen des Inter Company Supply Chain Hub ein eigenes Modul entwickelt. Das Modul Interface Management erlaubt die vollständige Kontrolle des Datentransfers. Es protokolliert, von welchem angeschlossenen EPR-System Daten empfangen wurden und an welches System Daten gesendet wurden. Die dabei auftretenden Fehler werden ebenfalls protokolliert.

In der Einführungsphase des Systems benötigte ein Mitarbeitender der Informatik ca. einen Arbeitstag zur Überprüfung des laufenden Betriebs und zur Kontrolle der Qualität der empfangenen Daten. Der Aufwand hat sich unterdessen auf das Nachvollziehen allfälliger Fehler reduziert.

## 21.5 Erfahrungen

### 21.5.1 Nutzerakzeptanz

Die Nutzer wurden bereits beim Prototyping bezüglich der Bedienung der Oberfläche mit einbezogen. Die Akzeptanz der Nutzer konnte mit diesem Vorgehen frühzeitig gesichert werden.

Anfänglich war die Performance des Netzwerkes am Produktionsstandort für das Arbeiten mit dem System ungenügend. Nachdem jedoch alle Serversysteme des Inter Company Supply Chain Hub in der DMZ angeschlossen wurden, verbesserte sich die Geschwindigkeit des Systems deutlich. Als Ursache wurde das Firewall System identifiziert. Dieses bremste den Netzwerkverkehr zwischen den Serversystemen stark ab.

### 21.5.2 Zielerreichung und bewirkte Veränderungen

Der Inter Company Supply Chain Hub unterstützt den Supply Chain Planner und die beteiligten Sales Manager in ihrer täglichen Arbeit.

Der Hub wurde zur Drehscheibe eines sich selbstregulierenden Systems: Die Produktion hat ein Produktionsbudget und das Interesse, dass alles, was produziert wird, auch verkauft werden kann. Im Gegensatz dazu haben die Sales Manager der Länderorganisationen ein Verkaufsbudget und sind interessiert daran, dass sie alles, was sie verkaufen sollen, auch geliefert bekommen.

### 21.5.3 Investitionen und Kennzahlen

Für die Erstellung der IT-Lösung hat Hero 450'000.- CHF ausgegeben. Zusätzlich wurden durch Hero ca. 150 Manntage in den Projektphasen Solutioning und Roll-out investiert.

Die geforderten Werte für die Produktlinien konnten bisher mit Unterstützung des Inter Company Supply Chain Hub jederzeit erreicht werden. Für die operative Steuerung liefert das System die Kennzahl „Bestandsreichweite" für jede der ca. 80 Produktvarianten. Zudem werden folgende Kennzahlen mit dem System erhoben:

- Die Ausfallkosten durch abgelaufene Haltbarkeit (soll unter 2 % liegen)

- Die Lieferbereitschaft (soll einen Grad von 95 % aufweisen)

- Die Genauigkeit der einzelnen Verkaufsplanungen im Vergleich zum tatsächlichen Absatz (Abweichung kleiner als 20 %)

## 21.6 Erfolgsfaktoren

### 21.6.1 Spezialitäten der Lösung

Mit Ramco Virtual Works bekommt der Kunde einen Mix aus Standard- und Individual-Komponenten. Die Funktionen des Inter Company Supply Chain Hubs wurden 1:1 auf die Prozesse von Hero zugeschnitten.

Weiter benötigt die Lösung auf den Clients nur den Microsoft Internet Explorer, der bei allen aktuellen Versionen von Microsoft Windows bereits installiert ist. Die Betriebs- und Wartungskosten für Clients konnten damit bei dem international genutzten Inter Company Supply Chain Hub praktisch vernachlässigt werden.

### 21.6.2 Reflexion der „Prozessexzellenz"

Die Exzellenz der Lösung zeigt sich darin, dass es gelingt, ein Frischeprodukt von einem einzigen Produktionsstandort aus in mehrere Länder Europas zu verteilen. Dank einer bedarfsgesteuerten Logistik mit lediglich einer Lagerstufe zwischen Produktion und Handel werden die konkurrierenden Grössen Produktionskapazität, Warenverfügbarkeit und Ausfallkosten optimal ausbalanciert, was sich unmittelbar auf den Ertrag des Produkts auswirkt.

### 21.6.3 Lessons Learned

Werden Prozesse mit einer Business Software umgesetzt, die standardmässig in der Anwendung nicht abgebildet sind, ist der Betreiber weitgehend selber für die Korrektheit der neuen Prozesse verantwortlich, d.h. dass man selber mit entsprechendem Wissen z.B. bezüglich Supply Chain an der Gestaltung der Prozesse mitwirken muss.

Hero sieht sich zudem in der Annahme bestätigt, dass man dann Erfolg hat, wenn die IT lediglich Mittel zum Zweck ist und die Leute, die die Prozesse oder die IT definieren, nicht dem Business vorauseilen.

Unerwartet war, dass durch zusätzliche Anforderungen an die Lösung, z.B. neue Funktionen zur Verbesserung der grafischen Ausgabe von Daten, die Lösung immer wieder aufs Neue getestet werden musste. Die Einführung der Verkaufs- und die Bestandsplanung verzögerten sich dadurch um etwa zwei Monate.

Als eine besondere Erfahrung stellte sich für Hero die Zusammenarbeit mit Ramco Systems heraus: „Es war gut, einen Softwareanbieter zu haben, der mir zuhört, der nicht von vornherein alles besser weiss!", so Herr Holm.

# 22 Lagerhäuser Aarau: Kontraktlogistik mit Chargenrückverfolgung

*Michael Koch*

Die Lagerhäuser Aarau sind ein moderner Logistik Service Provider, der als Kontraktlogistik-Dienstleister für national und international agierende Hersteller, speziell aus der Lebensmittelindustrie, unterschiedliche Teilprozesse in der Kundenlogistik abwickelt. Nach der Einführung eines neuen ERP-Systems können mehr Informationen zu Waren und Warenbewegungen abgebildet und verwaltet werden als im Vorsystem. Dadurch konnten Geschäftsprozesse mit Kunden und Lieferanten besser elektronisch integriert und die gesetzlich vorgeschriebene Chargenrückverfolgung gewährleistet werden. Die Marktattraktivität der angebotenen Leistungen wurde erhöht bei gleichzeitig schnelleren, günstigeren und transparenteren Geschäftsprozessen.

Folgende Personen waren an der Bearbeitung dieser Fallstudie beteiligt:

Tab. 22.1: Mitarbeitende der Fallstudie

| Ansprechpartner | Funktion | Unternehmen | Rolle |
|---|---|---|---|
| Ulrich Gloor | Leiter Logistik | Lagerhäuser Aarau | Lösungsbetreiber |
| Peter Imthurn | Geschäftsführer | GUS Schweiz | IT-Partner |
| Dr. Michael Koch | Privatdozent | Technische Universität München | Autor |

Teile dieser Fallstudie stützen sich auf den Wettbewerbsbeitrag der Lagerhäuser Aarau für den Schweizer Logistik-Preis 2003 der Schweizer Gesellschaft für Logistik [Gloor/Bernasconi 2003].

## 22.1 Das Unternehmen

### 22.1.1 Hintergrund, Branche, Produkt und Zielgruppe

Die Logistik stellt eine Querschnittsaufgabe in den Geschäftsprozessen von Handel und Industrie dar. Auch wenn Unternehmen aus Industrie und Handel logistische Aufgabenstellungen als eine Kernkompetenz ihrer eigenen unternehmerischen Aktivitäten wahrnehmen, weist der Trend der vergangenen Jahre deutlich in Richtung Logistik-Outsourcing. Das bedeutet, dass die zentralen Aufgaben wie Bestandsmanagement, Lagerung, Verpackung, Co-Packing, Preisauszeichnung, Kommissionierung, Disposition und Transport an externe Spezialisten abgegeben werden. Nach Schätzungen wurden im Jahr 2002 bereits rund 20 % aller logistischen Aufgaben (Transport, Umschlag, Lagerung sowie Bestandsmanagement, Kommissionierung/Assemblierung und Logistik-Administration) fremdvergeben.

Die Lagerhäuser Aarau bieten logistische Dienstleistungen sowie ganzheitliche Logistiklösungen für national und international (grenzüberschreitend) agierende Kunden. Neben den klassischen Logistik-Dienstleistungen Transport, Lagerung und Umschlag werden dabei Dienstleistungen wie Bestandsmanagement, Qualitätskontrolle, Verpackung, Auszeichnung und Konfektionierung übernommen. Die Lagerhäuser Aarau übernehmen damit entscheidende Teile der Logistikprozesse ihrer Kunden. Dieses Angebot ist mit speziellen Anforderungen verbunden:

- durchgängige Geschäftsprozesse über Unternehmensgrenzen hinweg zwischen Industrie, Logistik und Handel,

- rascher und chargenorientierter Umschlag der Ware (zum Beispiel nach Mindesthaltbarkeitsdatum, Qualitätskriterien),

- flexible und sichere Umsetzung von Kundenanforderungen wie Kommissionieren und Konfektionieren.

In diesem Aufgabenumfeld sind die Lagerhäuser Aarau insbesondere spezialisiert auf die logistischen Herausforderungen im Bereich Nahrungs- und Genussmittel. Zu den Kunden in diesem Marktsegment zählen Masterfoods, Nestlé, Royal Canin, Gustav Gerig und Ricola. Für den Kunden Masterfoods beliefern die Lagerhäuser Aarau zum Beispiel den Einzelhandel (teilweise über Verteilzentren) und Grossabnehmer in der Gesamtschweiz. Dabei werden sowohl Ganzpaletten als auch kommissionierte Ware sowie im Kundenauftrag konfektionierte Displays ausgeliefert.

Darüber hinaus werden im Non-Food-Sektor Kunden wie Elcotherm, Swatch, Vespa, Piaggio, FORS Liebherr, Sibir, Titan und Electrolux bedient.

Die Firmengeschichte der Lagerhäuser Aarau geht zurück auf das Jahr 1873, in dem die Brüder Riggenbach in Aarau die „Lagerhäuser der Centralschweiz" gegründet und von der Eidgenössischen Zollverwaltung die Bewilligung für ein

„Eidgenössisches Alkoholdepot" erhalten haben. Bis heute wurde der Geschäftszweig der Kontraktlagerung beibehalten und über die Zeit mit anderen Logistikdiensten ergänzt, zum Beispiel mit einer internationalen Spedition inklusive Verzollungsdienstleistungen.

Das Unternehmen wies im Geschäftsjahr 2004/2005 eine Bilanzsumme von 236 Mio. CHF bei einem Umsatz von 782 Mio. CHF auf. Am Ende des Geschäftsjahres 2004/2005 wurden 750 Mitarbeitende beschäftigt und 180 Fahrzeuge betrieben.

## 22.1.2 Unternehmensvision

Das Ziel der Lagerhäuser Aarau ist es, basierend auf ihrer jahrzehntelangen Erfahrung im Bereich Lagerung, Customizing und Distribution von Lebensmitteln für international und national agierende Unternehmen individuell angepasste Logistikdienstleistungen bereitzustellen, die sich nahtlos in die Logistikprozesse der Kunden einfügen. In der Firmenpräsentation heisst es dazu:

Die Lagerhäuser Aarau sind ein moderner Logistik Service Provider, fokussiert auf Food-Logistik mit komplettem Dienstleistungsangebot und umfassendem Know-how. Ziel ist die Übernahme von Logistikaufgaben für Kunden in partnerschaftlichen, langfristig angelegten Kunden-Dienstleister-Beziehungen.

## 22.1.3 Stellenwert von Informatik und E-Business

Informationstechnologie (IT) und der elektronische Austausch von Daten zwischen Geschäftspartnern spielen heute in der Logistik eine zentrale Rolle. Dabei wird IT zu verschiedenen Zwecken eingesetzt: neben der normalen Geschäftsabwicklung sind dies vor allem die Erhöhung der Effizienz einzelner Prozesse, die Ermöglichung neuer Funktionen und die bessere Prozessintegration mit Kunden.

Als Kontraktdienstleister sind die Lagerhäuser Aarau besonders daran interessiert, ihren Kunden möglichst viel Mehrwert zu bieten. Dazu gehören Transparenz, z.B. durch den Zugriff auf aktuelle Bestandsdaten und „rollende Inventur", ein Höchstmass an Flexibilität und Planungssicherheit sowie die möglichst einfache Integration mit den IT-Systemen der Kunden.

Ohne den Einsatz von IT undenkbar wäre die Abdeckung der ganzen Logistikkette durch einen Ansprechpartner im Hause, was einen besonderen Service für die Kunden darstellt. Eine weitere Funktionalität, die erst durch IT-Einsatz und die Koppelung von ERP-Systemen ermöglicht wurde, ist die Rückverfolgbarkeit von Chargen, auf die noch näher eingegangen wird.

## 22.2 Der Auslöser des Projekts

### 22.2.1 Ausgangslage und Anstoss für das Projekt

Anstoss für das hier näher vorgestellte Projekt war der Kundenwunsch, eine lückenlose Rückverfolgbarkeit von Waren auf Chargenbasis zu ermöglichen. Hintergrund des Wunsches war die inzwischen vom Gesetzgeber bei Lebensmitteln zwingend geforderte Rückverfolgbarkeit der Qualitätsinformationen auf Chargenebene eines Artikels (Chargenrückverfolgung, EU-Verordnung 178/2002 – General Food Law). Das bedeutet, dass ein durchgängiger Informationsfluss vom Lieferanten der Vorprodukte über den Hersteller bis zum Handel hergestellt wird. Die Logistik muss hierzu Chargeninformation vom Hersteller übernehmen können und über alle Arbeits- und Veredelungsschritte zum Handel weiterführen.

### 22.2.2 Vorstellung der Geschäftspartner

*Anbieter von Business Software, Implementierungspartner*

Die GUS Group ist ein Anbieter von Unternehmensanwendungen (ERP-Lösungen) mit Schwerpunkten in den so genannten Life Science Industries (Pharma, Chemie, Food) sowie von Komplettlösungen für den Distanzhandel und für Logistiksysteme. Die GUS Group entwickelt, vertreibt und implementiert Komplettlösungen für Enterprise Resource Planning, Qualitätsmanagement, E-Commerce und Logistik.

*Geschäftspartner*

Masterfoods ist als Markenartikelhersteller von Süsswaren, Snacks, Lebensmitteln sowie Produkten für Heimtiere weltweit aktiv. Masterfoods beliefert in der Schweiz Einzelhandelsketten (direkt und über Verteilzentren) und Grosskunden.

## 22.3 Integrierte Kontraktlogistik für Lebensmittelhersteller

### 22.3.1 Geschäftssicht und Ziele

Im Auftrag von Lebensmittelherstellern beliefern die Lagerhäuser Aarau in der Schweiz die Einzelhandelsketten und Grosskunden mit der gesamten Produktpalette (vgl. Abb. 22.1). In dieser Fallstudie werden die Leistungen beispielhaft für den Kunden Masterfoods beschrieben. Dort beinhaltet das umfassende Logistik-Outsourcing die Teilaufgaben Order Management, Bestandsmanagement, Chargenrückverfolgung, Kommissionierung und Konfektionierung sowie Transport.

Dabei sind die Lagerhäuser Aarau in den Kommunikationsprozessen zwischen Hersteller und Kunden voll integriert. Wesentliche Kommunikationselemente wie Bestandsinformation, Aufträge, Aktionsdaten (erforderlich wegen der Produktion von Displays für Sonderaktionen in den Filialen) sowie Lieferavisierungen werden durch die integrierte Logistiklösung bei den Lagerhäusern Aarau wie auf einer Informationsdrehscheibe zwischen den Partnern vermittelt:

- Ausgehend von der Absatzplanung zwischen Masterfoods und dem Einzelhandel erhalten die Lagerhäuser Aarau täglich Auftragsdaten aus der Masterfoods-Zentrale.

- Daraus generieren die Lagerhäuser Aarau die Kommissionier- und Lieferaufträge für die interne Logistik und die Verteilung in der ganzen Schweiz.

- Auf der Basis der Lieferdaten erhält der Einzelhandel Lieferavisierungen (Despatch Advices).

- Masterfoods erhält regelmässig aktualisierte Bestandsinformationen (rollende Inventur).

- Auf der Basis der Bestandsdaten und der Absatzplanung generiert Masterfoods eigene Produktionsaufträge in den Werken und beliefert die Lagerhäuser Aarau.

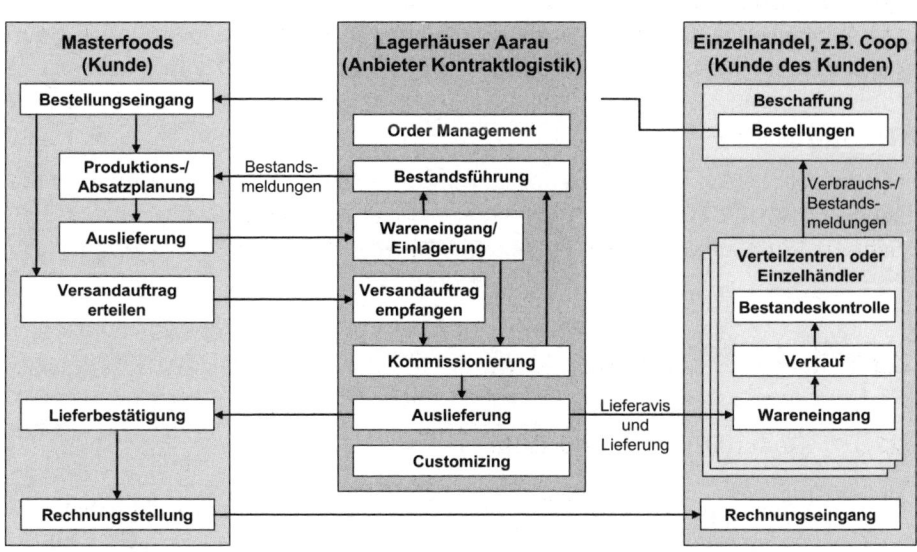

Abb. 22.1: Integration mit Masterfoods und Einzelhandel

Die Lagerhäuser Aarau lagern für Masterfoods einen Warenbestand je nach Produkt von wenigen Tagen bis zu drei Monaten. Die Produkte werden im Normalfall innerhalb von 24 bis 48 Stunden nach Bestelleingang ausgeliefert. Die Anforderungen an die Liefergenauigkeit und die Qualität der Lieferung sind dabei sehr hoch.

Die mit diesem integrierten Logistik- und IT-Konzept erreichte Qualitätsorientierung zielt insbesondere auf die im Nahrungs- und Genussmittelsektor geforderte Chargenrückverfolgung. Im Ergebnis kann Masterfoods über die Chargennummer eines Artikels nachvollziehen, welche Ware an welchen Kunden geliefert wurde. Damit ist auch die Voraussetzung für die schnelle und gezielte Durchführung eventueller Rückrufaktionen gegeben.

## 22.3.2 Prozesssicht

Die Lagerhäuser Aarau unterteilen den Logistikprozess in Wareneingang/Einlagerung, Order Management, Kommissionierung und Customizing. Customizing beinhaltet Tätigkeiten wie das Ausfalten von Promotionsdisplays und deren Bestückung mit einem definierten Warenmix. Zusätzlich sind ein prozessbegleitendes Qualitätsmanagement und die Chargenrückverfolgung zu betrachten. Diese von Masterfoods und Lagerhäuser Aarau gemeinschaftlich und kooperativ geleistete Aufgabe sichert einen hohen Grad an Liefergenauigkeit. Hierzu ist zu bemerken, dass die Bestandsführung nach FEFO (First Expired, First Out) arbeitet. Das Produkt mit dem jeweils nächsten Verfalldatum wird unabhängig vom Eingangsdatum als erstes ausgeliefert. Durch die strikte Chargen- und Verfallsdatumsüberwachung wird sichergestellt, dass keine Ware mit zu kurzer Resthaltbarkeit in die Absatzkanäle der Kundschaft gelangen kann.

Die Basisprozesse können für jeden Kunden speziell angepasst oder erweitert werden, um sich in die Logistikprozesse des Kunden einzufügen. Im Folgenden werden die beiden Prozesse Order Management und Kommissionierung näher beschrieben, wie sie für Masterfoods angepasst worden sind.

### *Order Management*

- Dreimal täglich (5:00 Uhr, 10:30 Uhr, 14:30 Uhr) werden über eine Standleitung die Auftragsdaten von Masterfoods in das ERP-System der Lagerhäuser Aarau übernommen.

- Wenn die Ware am Lager ist, wird der Auftrag an die Kommissionierung und die Auslieferungs-Vorplanung weitergeben. Andernfalls wird eine Out-of-Stock-Meldung generiert und an Masterfoods übermittelt.

- In der Vorplanung werden die Aufträge einer Versandzone zugeordnet. Die detaillierte Tourenplanung erfolgt anschliessend in der Transportabteilung.

- Die Lieferavisierungen an den Einzelhandel werden automatisch per Electronic Data Interchange (EDI) oder per Fax versendet.

- Mit dem Tagesabschluss werden täglich die bearbeiteten Lieferaufträge und Bestandsmeldungen an Masterfoods zurückgemeldet.

### *Kommissionierung und Nachschubhandling*

- Aus den von Masterfoods übernommenen Auftragsdaten werden Kommissionieraufträge generiert, die im Zwei-Schicht-Betrieb abgearbeitet werden.

- Die Kommissionieraufträge werden Weg-optimiert sortiert per Datenfunk via Funkterminals an die Kommissioniergeräte übertragen. Das ERP-System übernimmt im Dialog mit dem Funkterminal automatisch die Rückbestätigung sowie die Restmengenzählung zur Aktualisierung des Bestandes.

- Bei Unterschreiten einer Mindestbestandsmenge im Kommissionierlager wird automatisch ein Umlagerungsbefehl aus dem Hauptlager (nach FEFO) auf das Funkdisplay der Staplerfahrer geschickt.

- Jede physische Bewegung (Einlagerung, Nachschub, Auslagerung usw.) wird innerhalb des Lagerbereichs durch das ERP-System verfolgt und damit die lückenlose Kontrolle über den Warenfluss und die Verfallsdaten garantiert.

- Jeder Kommissionierauftrag wird mit dem automatischen Druck einer Palettenetikette (EAN 128) an einem Drucker in der Kommissionierung abgeschlossen.

## 22.3.3 Anwendungssicht

Die dargestellten Geschäftsprozesse sowie die damit verbundene unternehmensübergreifende Kommunikation stützen sich ganz wesentlich auf das von der GUS Schweiz AG bereitgestellte und angepasste chargenorientierte ERP-System GUS ERP CHARISMA als zentrales Logistik-Leitsystem (vgl. Abb. 22.2). Über GUS ERP CHARISMA werden

- Kundendaten, Auftragsdaten, Artikelstämme sowie Bestände, Chargeninformationen sowie Leistungsdaten geführt,

- eingehende Aufträge automatisch in Kommissionier- bzw. Konfektionier-Aufträge umgewandelt und die Kommissionierung gesteuert,

- Bestandszahlen bei jeder Ein-/Auslagerung aktualisiert (rollende Inventur),

- Bestandsinformationen regelmässig an die Kunden rückgemeldet und

- Lieferavise per EDI oder Fax an den Einzelhandel gesendet.

Zusätzlich stellen die Lagerhäuser Aarau über eine via Internet zugängliche IT-Plattform den anliefernden Spediteuren die Möglichkeit zur Verfügung, Zeitfenster für das Abladen ihrer Ware zu reservieren. Dadurch wird die Planung der Wareneingänge für die Lagerhäuser Aarau und die Transportplanung der Spediteure wesentlich erleichtert.

### Software

GUS ERP CHARISMA ist eine konfigurierbare Standardsoftware für das Logistik-Management, die auf die Bedürfnisse der Kunden angepasst wird. Bei den Lagerhäusern Aarau ist die für die iSeries-Plattform entwickelte Version der Software im Einsatz. Diese Version erfordert noch eine Zusatzprogrammierung bei der für jeden Kunden notwendigen Anpassung von Prozessen. CHARISMA kann aber mit GUS-OS ERP for Life Sciences, der neu entwickelten offenen Unternehmenssoftware der GUS Group, koexistent betrieben werden, was eine Workflow-basierte Prozessanpassung oder Erweiterung ohne Änderung des Programmcodes erlaubt.

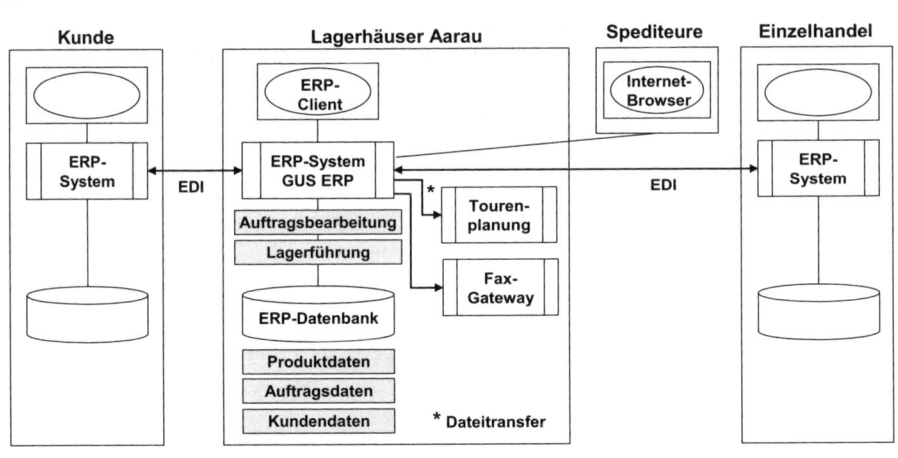

Abb. 22.2: Anwendungsübersicht Lagerhäuser Aarau

### Palettenidentifikation

Voraussetzung für die Chargenrückverfolgung und ein genaues Bestands- und Qualitätsmanagement sind die eindeutige Identifizierung von Paletten und die Verwaltung von Zusatzinformationen zu den umgeschlagenen Paletten. Diese Information wird elektronisch zwischen Masterfoods, Lagerhäuser Aarau und dem Einzelhandel ausgetauscht. Zusätzlich wird die Information zur Sendungsidentifikation auch in Form von EAN 128 Etiketten auf den Paletten angebracht. EAN 128 Etiketten codieren die EAN 13 Codes der auf der Palette untergebrachten Produkte, Zusatzinformationen wie Chargennummer und Haltbarkeitsdaten sowie den Serial Shipping Container Code (SSCC) zur Identifikation der Palette selbst.

Bei der Ausgestaltung der Codes und EAN 128 Etiketten war zu beachten, dass insbesondere die Grossabnehmer im Einzelhandel jeweils eigene Anforderungen an den Aufbau des Codes haben (im Rahmen des relativ offenen Standards). So muss die Software unterschiedliche Fälle unterscheiden und verschieden handhaben.

### *Stammdaten*

Für die Realisierung der Chargenrückverfolgung und ein genaues Bestandsmanagement ist es zudem essentiell, dass auch Teile von Paletten genau angesprochen werden können. Hierzu sind Informationen über den Aufbau von Paletten notwendig (Stammdaten) – z.B. wie viele Lagen eine Palette hat und wie viele Einheiten (Kartons) pro Lage gestapelt werden. Diese Daten werden den Lagerhäusern Aarau grundsätzlich zur Verfügung gestellt. Die Wareneingänge aus allen Regionen der Welt entsprechen jedoch nicht immer den erwarteten Formaten. In diesen Fällen wird die Ware im Rahmen der Wareneingangskontrolle standardisiert und damit erst die anforderungsgerechte Weiterverwendung in der nachfolgenden Logistikkette ermöglicht.

## 22.3.4 Technische Sicht

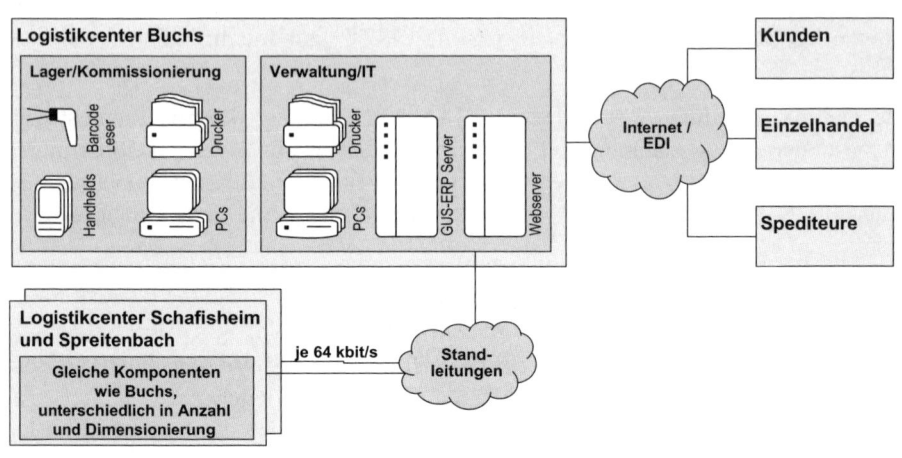

Abb. 22.3: Systemübersicht Lagerhäuser Aarau

Das ERP-Systen wird bei den Lagerhäusern Aarau am Standort Schafisheim auf einem IBM iSeries AS/400 System betrieben. Aufgrund der Ausgangslage wurde eine zentralisierte Lösung mit Zugang über Internet bzw. VPN gewählt (vgl. Abb. 22.3). GUS ERP Charisma kann via Internetzugang vollumfänglich bedient werden. Ausserdem stehen verschiedene passwortgeschützte Portale zur Verfügung.

Die Lagerhäuser Aarau räumen der Sicherheit der EDV-Einrichtungen sowie der Verfügbarkeit der Daten und Informationen höchste Priorität ein. Deshalb erfolgt eine EDV-Datenspiegelung sämtlicher relevanten Daten auf dem Hauptsystem im Hauptsitz Buchs AG, im Verteilzentrum Spreitenbach und im Aussenlager in Schafisheim.

Der Austausch mit den Kunden und dem Einzelhandel erfolgt über Internet oder EDI, in einigen Fällen auch noch über Fax.

## 22.4 Projektabwicklung und Betrieb

Das Projekt zur Ablösung der bisherigen ERP-Lösung, um Chargenrückverfolgbarkeit und Verbesserung des Bestands- und Qualitätsmanagements zu erreichen, wurde bereits 1997 auf den Weg gebracht, nachdem sich auf der Gesetzgeberseite eine entsprechende Forderung abgezeichnet hatte und von Kunden entsprechende Wünsche an die Lagerhäuser Aarau herangetragen worden sind.

Zuerst wurde ein Pflichtenheft durch die Firma ROMAG, ein spezialisiertes Ingenieurunternehmen, und die Mitarbeitenden der Lagerhäuser Aarau erstellt. Damit wurde das Projekt ausgeschrieben. Auf die Ausschreibung gab es 30 Einreichungen, von denen nach einer Vorprüfung vier in die engere Wahl genommen wurden.

Die Entscheidung für die Auftragsvergabe fiel schliesslich auf die GUS Group aus Deutschland. Grund dafür war hauptsächlich deren Erfahrung mit Chargenrückverfolgung in der Chemie. Weiterhin sprach für die GUS Group, dass sie eine Niederlassung in der Schweiz planten, die es zwischenzeitlich in St. Gallen gibt.

Die Lösung wurde von der GUS Group entsprechend dem Pflichtenheft in ihrem Produkt GUS ERP CHARISMA implementiert. Die Inbetriebnahme war ursprünglich Ende 1999 geplant. Aufgrund der Unsicherheiten über die Auswirkung der Datumsumstellung von 1999 auf 2000 wurde sie jedoch in das Jahr 2000 verschoben.

Nach der Einführung wurden aus verschiedenen Gründen Anpassungen und Erweiterungen nötig. Dazu gehörten

- Neubau oder Hinzunahme von Lagern,

- Änderungen von „Standards" oder Prozessen bei den Kunden, z.B. Barcodes,

- neue Schnittstellen zu den Kundensystemen,

- laufende Prozessoptimierungen,

- Erweiterung des angebotenen Services (u.a. zur Dienstleistungsfakturierung, mit der die Logistikkosten den Kunden aufgeschlüsselt nach Lieferkreis übermittelt werden können).

Die Flexibilität der GUS-Lösung hat sich in diesen Belangen bewährt. Anpassungen wurden von einem speziell dafür abgestellten Mitarbeiter der GUS Schweiz in Zusammenspiel mit Lagerhäuser Aarau und, falls relevant, den betroffenen Kunden geplant und durchgeführt. Als Partner der Lagerhäuser Aarau ist die GUS Schweiz AG mit Fachwissen und Lösungen lokal oder vom Standort St. Gallen in laufende Prozesse oder neue Projekte mit eingebunden.

## 22.5 Erfahrungen

### 22.5.1 Nutzerakzeptanz

Das System läuft seit dem Jahr 2000 produktiv und wird erfolgreich eingesetzt. Die Akzeptanz bei den Kunden ist hoch – erstens, da der Wunsch nach mehr Informationen zur Chargenrückverfolgbarkeit von den Kunden selbst kam, und zweitens, weil die zusätzlichen Möglichkeiten einen Mehrwert für die Kunden darstellen.

Bei den Nutzern in der Kommissionierung waren bei der Einführung des Systems einige Umstellungen bei den Prozessen – insbesondere in der Kommissionierung – notwendig. So muss nun eine höhere Disziplin bei der Eingabe von Restmengen und bei der Entnahme von Teilmengen eingehalten werden. Trotzdem konnten die Prozessumstellungen problemlos durchgeführt werden.

## 22.5.2 Zielerreichung und bewirkte Veränderungen für Kunden der Lagerhäuser Aarau

Die von Masterfoods gesetzten Anforderungen wurden vollumfänglich erfüllt. Das realisierte, integrierte Logistikkonzept eröffnet für Masterfoods eine Effizienzsteigerung, mehr Transparenz und Kostenersparnis:

- Die von Masterfoods vorzuhaltende Lagerfläche reduziert sich auf die bereitzustellenden Vorprodukte und die damit verbundenen Zwischenlager.

- Die Belieferung des Einzelhandels erfolgt von einem zentralen Standort, obwohl die Produkte aus verschiedenen Werken stammen.

- Die Durchlaufzeiten im Lager konnten signifikant verkürzt werden.

- Die Direktübernahme der Auftragsdaten vermeidet Übertragungsfehler.

- Die Fehlerquote wurde auf wenige Promille reduziert.

- Die Liefertreue in der Auslieferung wurde erhöht.

- Die Chargenrückverfolgung wurde durchgängig realisiert. Die EU-Verordnung 178/2002 wird laufend erfüllt.

- Das durchschnittliche Gewicht pro Auftrag wurde deutlich erhöht. Daraus ergibt sich eine Reduzierung der Transportkosten.

- Durch die rollende Inventur (Bestandsführung) entfällt teilweise die aufwändige Jahresinventur.

- Die auflaufenden Logistikkosten können transaktionsbezogen bis auf Stufe Lieferschein aufgelöst und ausgewertet werden (Activity Based Costing). Dem Auftraggeber steht damit ein Werkzeug zur detaillierten Kostenanalyse seiner Verkaufs- und Absatzkanäle zur Verfügung.

## 22.6 Erfolgsfaktoren

Die Lagerhäuser Aarau haben Kundenanforderungen und die regulative Anforderung der Chargenrückverfolgbarkeit zu einer Zeit aufgegriffen, als dies gesetzlich noch nicht vorgeschrieben war. Damit haben sie eine proaktive Haltung zur Ausgestaltung ihrer Dienstleistungen rund um die Logistik-Kernleistungen eingenommen. Gleichzeitig wurden Prozessoptimierungen und bessere Integration im B2B-Geschäft ermöglicht.

Für die Realisierung haben die Lagerhäuser Aarau eine Infrastruktur aufgebaut, die ihren Kunden vielfältige Optimierungspotenziale bietet, und dabei auch die Möglichkeit geschaffen, dass unterschiedliche Kunden ihre Prozesse verschieden ausgestalten.

### 22.6.1 Reflexion der „Prozessexzellenz"

Ein wichtiger Aspekt des Geschäftsmodells der Lagerhäuser Aarau ist die flexible Übernahme von Teilprozessen aus der Logistik ihrer Kunden. Die Lagerhäuser Aarau haben ihre Geschäftsprozesse und ihr ERP-System so ausgestaltet, dass sie relativ einfach an die Prozess- und Systemarchitektur der Kunden an- oder sogar eingebaut werden können. Damit das für die Kunden attraktiv ist, muss die Performance der Lagerhäuser Aarau höher sein als die Kunden sie selbst auf wirtschaftliche Weise bewerkstelligen könnten. Die Faktoren für dieses „Bessermachen" sind Zuverlässigkeit, Geschwindigkeit und Transparenz sowie die Kenntnis des Schweizer Marktes – selbstverständlich bei niedrigen Kosten. Der Schlüssel zu diesen Faktoren ist ein Informationssystem, das die Einzelvorgänge automatisiert, möglichst lückenlos erfasst und steuert. Da jede Branche, jeder Kunde und sogar Kunde vom Kunden eigene Anforderungen in das Gesamtsystem einbringt, gibt es nicht einen richtigen Prozess für die Lebensmittelindustrie, sondern es gibt viele – und in diesen Varianten liegen schliesslich auch die Differenzierungsmerkmale der Kunden.

Die Kompetenz der Lagerhäuser Aarau liegt darin, die Vielfalt einerseits aufzunehmen und andererseits auf standardisierte und im Sinne einer definierten Qualität einheitliche Teilvorgänge herunterzubrechen. Die Business Software ist dabei insofern eine zentrale Komponente, als dass die Vielfalt nur abgebildet werden kann, wenn das Datenmodell entsprechend erweiterbar und die Prozesse flexibel abgebildet werden können. Die Realisierung der durchgängigen Chargenrückverfolgung ist dabei eigentlich nur ein Beispiel einer grundsätzlichen Haltung und Kompetenz.

Sowohl für die Lagerhäuser Aarau als auch für Kunden wie Masterfoods lassen sich durch die optimierte und automatisierte Supply Chain Prozesskosten sparen, Durchlaufzeiten verkürzen und wichtige qualitative Ziele erreichen und dokumentieren. Das erhöht die Wettbewerbsfähigkeit der beteiligten Unternehmen.

Die Lagerhäuser Aarau haben sich mit der konsequenten Ausgestaltung der logistischen und informationstechnischen Infrastruktur als Spezialist für die Lebensmittellogistik in der Schweiz etabliert und in der Folge zusätzliche Kunden gewinnen können.

## 22.6.2 Lessons Learned

Mit ihrer ERP-Lösung haben sich die Lagerhäuser Aarau eine Basis geschaffen, mit der sie gut für die Anforderungen der Zukunft hinsichtlich grösserer Integration von Logistik-Dienstleistungen in die Prozesse ihrer Kunden gerüstet sind.

Als wichtige Punkte bei der Auswahl eines IT-Partners für ein solches Projekt nennen die Lagerhäuser Aarau:

- Die Zusammenarbeit mit einem Unternehmen, das eine Niederlassung in der Schweiz hat, ist einfacher, da es dann zu weniger Kultur- und Mentalitätskonflikten kommt.

- Bei der Auswahl von Anbietern haben die Lagerhäuser Aarau gute Erfahrungen damit gemacht, sich auf solche zu konzentrieren, die das nachgefragte Produkt schon vorweisen konnten und nicht erst entwickeln mussten („Jeder kann alles – aber ...").

# 23 MGM Group Corporation: ERP aus der Steckdose

*Thomas Myrach*

Die MGM Group Corporation ist ein Kleinunternehmen, das sich auf den Handel mit Gourmet-Produkten spezialisiert hat. Aufgrund der Besonderheiten des Lebensmittelhandels ergibt sich eine relativ hohe Komplexität bei den Geschäftsprozessen. Das ASP-Modell erlaubt es der MGM, sowohl in finanzieller als auch in organisatorischer Hinsicht eine komplexe ERP-Software zu nutzen. Dadurch ist es möglich, die internen Geschäftsprozesse transparent und nachvollziehbar abzuwickeln, was eine Voraussetzung dafür ist, effizient arbeiten zu können und den Anforderungen des Marktes zu entsprechen. Um dieses Modell erfolgreich umzusetzen, ist ein zum Unternehmen passender IT-Partner von zentraler Bedeutung.

Folgende Personen waren an der Bearbeitung dieser Fallstudie beteiligt:

Tab. 23.1: Mitarbeitende der Fallstudie

| Ansprechpartner | Funktion | Unternehmen | Rolle |
|---|---|---|---|
| Matti Weinberg | Unternehmensleiter | MGM-Group Corporation | Lösungsbetreiber |
| Thomas Steinmann | Projektleiter und Mitglied der Geschäftsleitung | atlantis it-solutions | IT-Partner |
| Thomas Myrach | Universitätsprofessor | Universität Bern | Autor |

Bei der im Vordergrund stehenden ASP-Lösung handelt es sich um ein intern genutztes ERP-System. Der Webauftritt des Unternehmens kann mit der URL www.mgm-group.com aufgerufen werden. Der den Geschäftspartnern vorbehaltene geschützte Bereich ist nicht öffentlich zugänglich. Es handelt sich jedoch im Wesentlichen nur um Excel-Preislisten für das Produktsortiment.

## 23.1 Das Unternehmen

### 23.1.1 Hintergrund, Branche, Produkt und Zielgruppe

Die MGM Group Corporation ist ein Kleinunternehmen, das 1996 gegründet wurde. Derzeit beschäftigt es vier Mitarbeitende, wobei zwei weitere Stellen ausgeschrieben sind. Geschäftszweck ist der Import und Vertrieb von Gourmet-Produkten. Die gehandelten Produkte werden an Geschäftskunden vor allem in der Schweiz verkauft. Damit ist das Unternehmen dem Lebensmittel-Zwischenhandel zuzuordnen. Primäre Zielgruppe ist der Detailhandel. Daneben werden auch die Gastronomie und andere Unternehmen beliefert.

Die Lieferanten des Unternehmens sind überwiegend ausländische Produzenten von exklusiven und hochwertigen Spezialitäten im Lebensmittelbereich. Diese Produkte zeichnen sich vor allem durch eine qualitativ sehr hochwertige und naturnahe Verarbeitung aus und sind dem Premium- und Super-Premium-Segment zuzuordnen. Die Produkte kommen aus verschiedenen Ländern, wobei Spezialitäten aus Italien besonders umfangreich vertreten sind.

Neben dem reinen Vertrieb der gehandelten Produkte ist MGM auch im Geschenk-Business tätig. Für Unternehmen werden Geschenkpackungen an Geschäftspartner und Mitarbeitende zusammengestellt. Derzeit wird darüber nachgedacht, in der Zukunft Geschenkpackungen auch direkt an Endkunden zu verkaufen. Darüber hinaus führt MGM auch Spezialprojekte durch. Es handelt sich dabei etwa um Privat-Label-Konzepte sowie um die Beschaffung von Komponenten für verarbeitende Unternehmen.

Besonderheiten des Geschäfts ergeben sich einerseits aus der Natur der gehandelten Produkte und zum anderen aus der spezifischen Situation der Schweiz. Bei der Lebensmittelbranche handelt es sich um einen Bereich, der stark reguliert ist. Dazu gehört neben der Pflege des Mindesthaltbarkeitsdatums und der Chargenverwaltung die Rückverfolgbarkeit der gehandelten Produkte. Da die Hersteller vor allem im Ausland angesiedelt sind, müssen die zu verkaufenden Produkte zuerst in die Schweiz importiert werden. Durch die spezifische schweizerische Zollgesetzgebung, wie etwa die Verzollung nach Gewicht, entsteht zusätzlicher administrativer Aufwand.

### 23.1.2 Unternehmensvision

Als kleines Unternehmen mit einem sehr speziellen Produktprogramm verfolgt MGM eine ausgesprochene Nischenstrategie. Natürlich ist die Freude und Passion für das eigene Geschäft sowie die Identifikation mit den Produkten wesentlich: Gourmet-Produkte im Premium-Segment sind ein emotionales Gut, das kulturübergreifend und -verbindend ist. Darüber hinaus folgt MGM einem Selbstverständnis, das sich an den Eckpunkten Innovation, Partnerschaften und Prozessexzellenz festmachen lässt.

MGM versteht sich nicht als ein Standard-Schweizer-KMU. Man will anders sein und eigene Wege gehen. Ein wichtiges Merkmal ist dabei Offenheit, die es erlaubt, sich immer wieder an neue Situationen anzupassen, die besten Wege dafür zu finden und spannende, eigenständige Lösungen zu entwickeln. Ein zentraler Grundsatz ist das Eingehen langfristiger Beziehungen und Partnerschaften. In die Partnerschaften wird viel Zeit investiert. Partner finden sich im gesamten Umfeld: Kunden, Hersteller, Banken, Logistikdienstleister, Hoster usw. Weiterhin wird angestrebt, möglichst effizient zu arbeiten. Dies ist eine besondere Herausforderung, da der Vertrieb von Lebensmitteln relativ aufwändig ist. Es gibt viele gesetzliche Regulatorien für den Import und Handel, wie Verpackungsdeklarationen, Mehrsprachigkeit usw. Dies alles in einem kleinen Markt, in dem die Aufwendungen überproportional hoch sind.

### 23.1.3  Stellenwert von Informatik und E-Business

Der Stellenwert der IT ist hoch. Sie wird als ein wichtiges Instrument für die Erhaltung der Wettbewerbsfähigkeit und als Voraussetzung für ein organisches Wachstum gesehen. Das ERP-System ist das Herz der Unternehmung. Es ermöglicht Transparenz und Nachvollziehbarkeit der Prozesse. Dies ist in der Lebensmittelbranche zwingend, um Anforderungen wie Rückverfolgbarkeit zu erfüllen. In diesem Sinne ist der Einsatz einer skalierbaren und den externen Einflüssen anpassbaren ERP-Lösung auch aus der Perspektive eines Kleinunternehmens sehr wichtig.

Das Bekenntnis zu einer leistungsfähigen IT wird auf eine pragmatische Weise umgesetzt. Es sollen nicht unnötig komplexe Lösungen realisiert werden. Das Unternehmen und seine Mitarbeitenden sollten möglichst wenig mit dem Betrieb von IT-Lösungen belastet werden. Dieser Leitgedanke führt fast selbstverständlich zu einer weitgehenden Ausgliederung der IT-Infrastruktur, wie er sich in folgender Aussage des Unternehmensleiters niederschlägt:

> Wir konzentrieren uns auf das, was wir gut können und selbst machen müssen, den Rest übernehmen unsere Partner. Mit der ASP-Lösung haben wir Sicherheit auf der Ebene Verfügbarkeit, Wartung und Back-Up. Auch wenn uns jemand gratis einen Server hereinstellte und jemand würde das warten, so würde uns das nicht interessieren.

## 23.2 Der Auslöser des Projekts

### 23.2.1 Ausgangslage und Anstoss für das Projekt

Die betriebswirtschaftlichen Abläufe des Kleinunternehmens MGM mit seinerzeit nur zwei Mitarbeitenden waren über die Jahre organisch gewachsen. Die administrativen Prozesse wurden weitgehend papierbasiert abgewickelt. Mit einer professionellen ERP-Lösung sollten die operativen Geschäftsprozesse verbessert und die Mitarbeitenden von administrativen Tätigkeiten entlastet werden. Das Wunschsystem sollte leistungsfähig und ausbaufähig sein sowie eine langfristige Perspektive haben. Schon dazumal liebäugelte Herr Weinberg mit der ERP-Lösung von SAP, deren Leistungsfähigkeit und Zukunftssicherheit ihn überzeugten. Eine erste kurze Evaluation liess dieses System jedoch als zu gross, komplex und teuer erscheinen. Aufgrund der Verfügbarkeit der Software im Rahmen eines ASP-Modells entschloss er sich dann im Jahre 2000, diese in seinem Unternehmen einzuführen.

### 23.2.2 Vorstellung der Geschäftspartner

*Implementierungspartner und Betreiber der Business Software*

Im Zentrum der gegenwärtigen IT-Architektur steht eine ERP-Lösung von SAP, die im ASP-Modell betrieben wird. Seit 2005 wird die Lösung von der Firma atlantis it-solutions GmbH betrieben. Diese Firma mit Sitz im schweizerischen Wollerau, Kanton Schwyz, wurde 2001 gegründet und ist selbst ein KMU. Das Unternehmen unterstützt die Kunden bei der Verwirklichung von Geschäftsprozessen, die durch Standardsoftware von SAP unterstützt werden.

Um den spezifischen Bedürfnissen von KMUs entgegenzukommen, hat atlantis ein als Smart-Tools bezeichnetes Konzept zur Implementierung von SAP-Systemen entwickelt. Ausgangspunkt dieses Konzeptes ist ein modifiziertes ASP-Modell, das auf vordefinierten Templates basiert. Diese realisieren branchenspezifische Lösungen, welche die jeweils benötigten Geschäftsprozesse abbilden. Ausgehend davon beginnt die eigentliche Projektarbeit. Dabei werden die Kundenanforderungen mit den vordefinierten Prozessen verglichen und, sofern notwendig, Individualisierungen vorgenommen. Daraus entsteht ein kundenspezifisches System. Dieser Ansatz ermöglicht, das SAP-System inklusive Schulung in 10 bis 20 Tagen einzuführen, was eine Investition von etwa 50'000.- CHF erfordert. Zudem strebt atlantis an, möglichst viele kleine Projekte abzuwickeln und in diesen mit nur maximal zwei bis drei Beratern tätig zu werden. So kann atlantis vergleichbare Leistungen deutlich günstiger anbieten als IT-Unternehmen, die eher auf Grossprojekte spezialisiert sind.

## 23.3 Unterstützung der Geschäftsprozesse mittels ASP

### 23.3.1 Geschäftssicht und Ziele

Das zentrale Anliegen des Projektes war es, eine integrierte ERP-Lösung mit transparenten und nachvollziehbaren Geschäftsprozessen zu verwirklichen. Dies wurde als eine Voraussetzung gesehen, um effizienter und strukturierter arbeiten zu können und die Mitarbeitenden von administrativen Aufgaben zu entlasten.

MGM betreibt Lagergeschäfte und Streckengeschäfte. Beim Lagergeschäft werden die Produkte entsprechend einer Bedarfsdisposition bei den Herstellern beschafft und beim Eintreffen vorerst eingelagert. Bei Vorliegen eines Kundenauftrages wird dieser prinzipiell vom Lager erfüllt. Beim Streckengeschäft werden die beschafften Produkte nicht eingelagert, sondern direkt an den Kunden versandt. Ein Streckengeschäft wird stets durch einen Kundenauftrag initiiert, der zu einer entsprechenden Beschaffung führt. Es handelt sich dabei um speziell für die Kunden produzierte Waren, die oft auch mit dem Label des Kunden ausgezeichnet werden (Private Label). Das Business Szenario in Abb. 23.1 zeigt die beteiligten Geschäftspartner beim Handelsprozess.

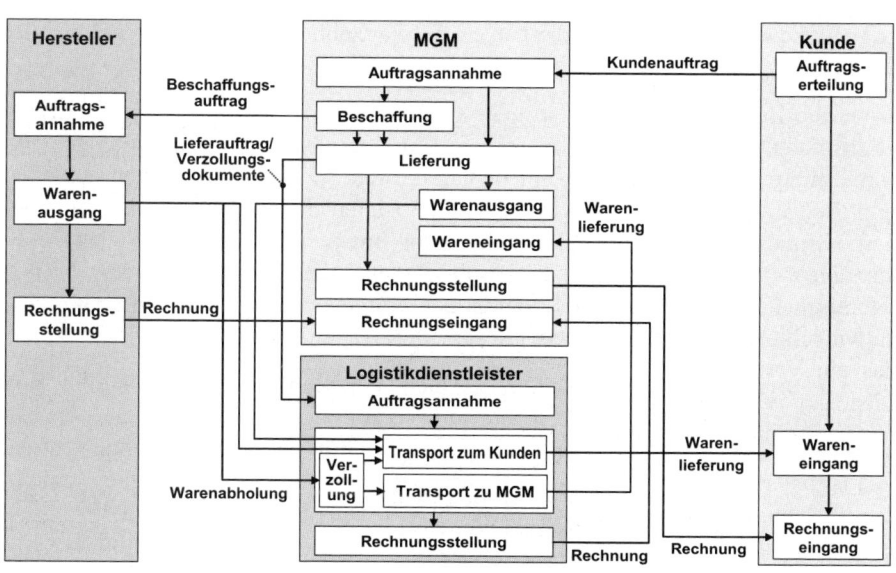

Abb. 23.1: Business Szenario MGM: Handelsprozess

Im Handelsprozess sind bis zu vier Partner involviert: der Hersteller, der Kunde, der Logistikdienstleister und gegebenenfalls ein Verzollungsagent. Der Hersteller stellt je nach Vereinbarung die Ware bei sich oder an der Grenze zur Verfügung. Der Logistikdienstleister holt die Ware beim Hersteller respektive an der Schweizer Grenze ab und bringt sie an den gewünschten Zielort. Dies ist entweder ein Lager der MGM (Lagergeschäft) oder das Lager eines Kunden (Streckengeschäft). Bei einem Import in die Schweiz muss die Ware verzollt werden. Dies wird entweder vom Logistikdienstleister selbst vorgenommen, wie im Business Szenario unterstellt, oder es wird ein externer Verzollungsagent eingeschaltet.

### 23.3.2 Prozesssicht

Nachfolgend wird der Beschaffungsprozess sowohl für das Streckengeschäft als auch das Lagergeschäft beschrieben. Das Prozessdiagramm in Abb. 23.2 zeigt den Ablauf des Streckengeschäfts.

Der erste Akt beim Streckengeschäft ist der Auftrag vom Kunden (Customer Order). Dieser wird im System erfasst und daraus eine BANF generiert. Daraus lässt sich dann direkt ein Beschaffungsauftrag ableiten. Beim Lagergeschäft wird der Beschaffungsprozess durch eine Bedarfsdisposition ausgelöst. Der aus dem System generierte Beschaffungsauftrag (Purchase Order) wird ausgedruckt und zum Hersteller gesandt. Begleitet wird dieser Ausdruck durch ein Dokument, auf dem alle notwendigen Instruktionen bezüglich der Lieferung enthalten sind, etwa wer der Logistikdienstleister ist, wo und wann er die Ware abholen soll usw. Der Hersteller muss bestätigen, ob er entsprechend dieser Vorgaben liefern kann.

Wenn die Bestätigung erfolgt ist, geht ein Lieferauftrag (Shipping Order) an den Logistikdienstleister. Lieferaufträge erfolgen über E-Mail. Es handelt sich um vordefinierte Standardaufträge, auf denen alle relevanten Informationen enthalten sind. Bei Streckengeschäften wird zudem ein Lieferschein seitens der MGM generiert. Grundsätzlich ist ein Lieferschein im Streckengeschäft durch den SAP-Standard nicht vorgesehen. Im Hinblick auf die Abdeckung des MGM-spezifischen Bedürfnisses hat atlantis den vorgegebenen SAP-Standardprozess individuell ergänzt und angepasst.

Bei Lieferungen in die Schweiz muss eine Verzollung erfolgen. Parallel zum Lieferauftrag gehen dann Dokumente mit Verzollungsinformationen an den Logistikdienstleister oder den Verzollungsagenten. Für sämtliche Produkte wurden standardisierte Dokumente mit den benötigten Verzollungsinformationen erstellt, die auf den Auftrag angepasst werden können. Dies geschieht auf der Basis von Excel-Formularen. Im Materialstamm sind sämtliche relevanten Stammdaten hinterlegt, so dass jederzeit für das Material in einem Vertriebsauftrag und der daraus resultierenden Menge das entsprechende Gewicht, die Verpackungsabmessungen sowie ein EAN-Code ermittelt werden können.

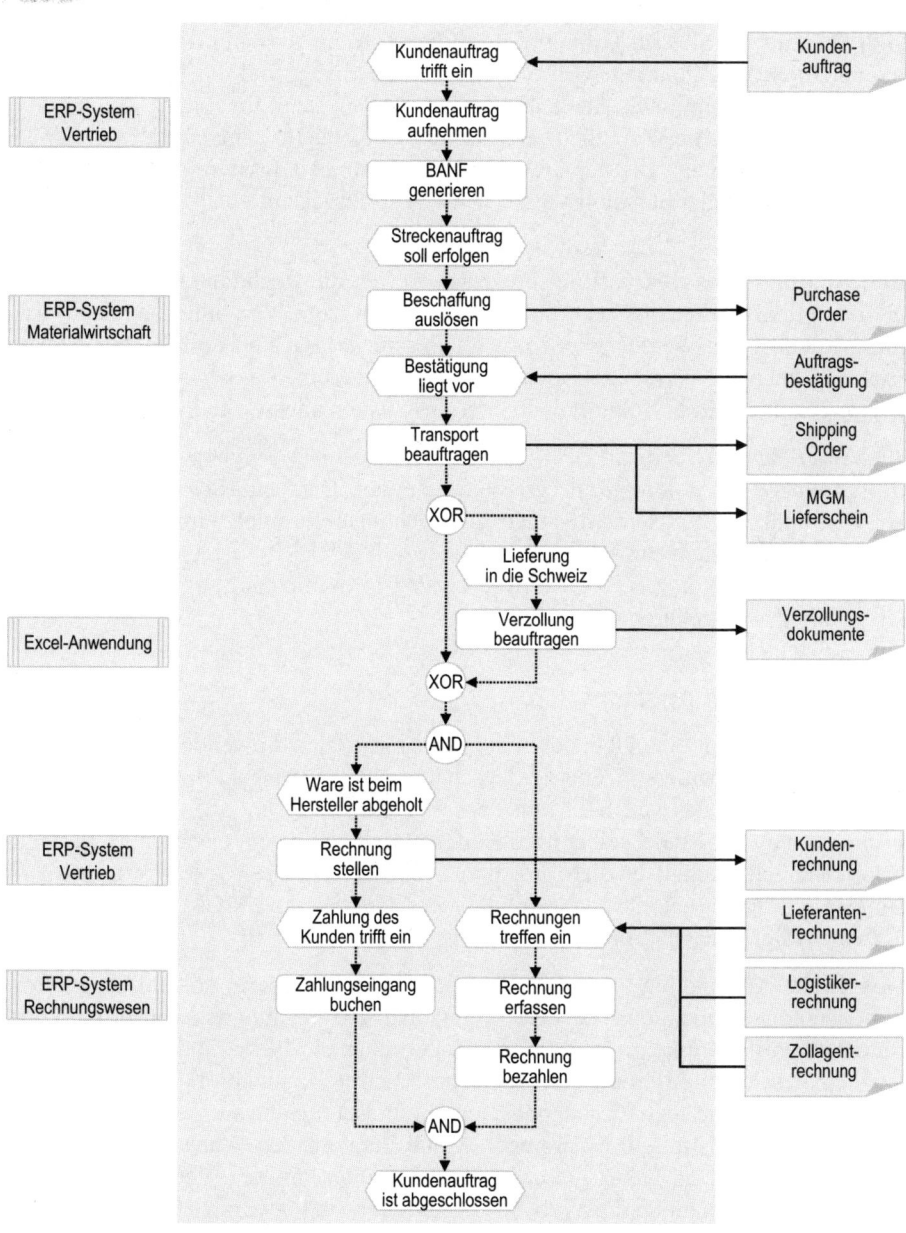

Abb. 23.2: Streckengeschäft bei MGM

Wenn die Ware bei einem Lagergeschäft ankommt, findet eine Wareneingangskontrolle statt. Ist alles in Ordnung, wird die Ware im System erfasst. Aus Gründen der Rückverfolgbarkeit wird mit Chargen gearbeitet und das Mindesthaltbarkeitsdatum aufgenommen. Auch dies ist im SAP-System abgebildet. Beim Streckengeschäft wird die Ware nicht in das Lager eingebucht, zumal auch Materialien betroffen sein können, die gar nicht als Lagermaterial erfasst sind. Nachdem die Ware beim Hersteller abgeholt wurde, wird beim Streckengeschäft eine Rechnung an den Kunden generiert.

Zum Abschluss des Beschaffungsprozesses treffen die Rechnungen vom Hersteller, dem Logistikdienstleister und allenfalls auch vom Verzollungsagenten ein. Diese Rechnungen werden wiederum im System erfasst und dort buchungstechnisch automatisch verarbeitet. Die Zahlung läuft derzeit noch manuell. Dieser Vorgang soll jedoch in Zukunft auch über das System abgewickelt werden.

Ein Vorteil des verwendeten ERP-Systems ist, dass viele Vorgänge buchungstechnisch vom System automatisch verarbeitet werden. Dies entlastet von der laufenden Buchführung. Ausserdem stehen die buchungsrelevanten Finanzdaten tagesaktuell zur Verfügung. Im Weiteren zeichnet sich das ERP-System auch für Controlling-Aufgaben wie z.B. die Analyse der Wirtschaftlichkeit auf Kunden-, Artikel- und/oder Herstellerebene aus.

### 23.3.3 Anwendungssicht

Die Abb. 23.3 zeigt eine Übersicht über die eingesetzten Anwendungen. Die zentrale Rolle bei der Unterstützung der Geschäftsprozesse von MGM nimmt die ERP-Lösung auf der Basis von SAP ein. Dieses System läuft im ASP-Modell, d.h. es wird nicht von der MGM selber betrieben, sondern von einem externen IT-Partner. In diesem Fall handelt es sich um die Firma atlantis. Diese garantiert eine 24-Stunden-Verfügbarkeit der Anwendung. Der Zugriff von MGM auf das ERP-System erfolgt über das Internet.

Eine zweite Anwendung ist der Webauftritt der MGM. Dieser hat im Augenblick keine zentrale Bedeutung, sondern unterstützt die Kommunikationspolitik des Unternehmens mit allgemeinen Informationen über die Firma und ihre Produkte. In einem geschützten Bereich sind noch spezielle Informationen für Geschäftspartner (Kunden) hinterlegt. Es handelt sich im Wesentlichen um Excel-Preislisten. MGM kann mit Hilfe von Macromedia Contribute auf den Webauftritt zugreifen und diesen ändern. In naher Zukunft wird zusammen mit der Webagentur Future Connection ein Relaunch der Website durchgeführt und bei dieser Gelegenheit auf das Content Management System Typo 3 gewechselt werden. Der Webauftritt wird von einem externen IT-Partner betrieben. Dabei handelt es sich derzeit um die Firma Netsolution.

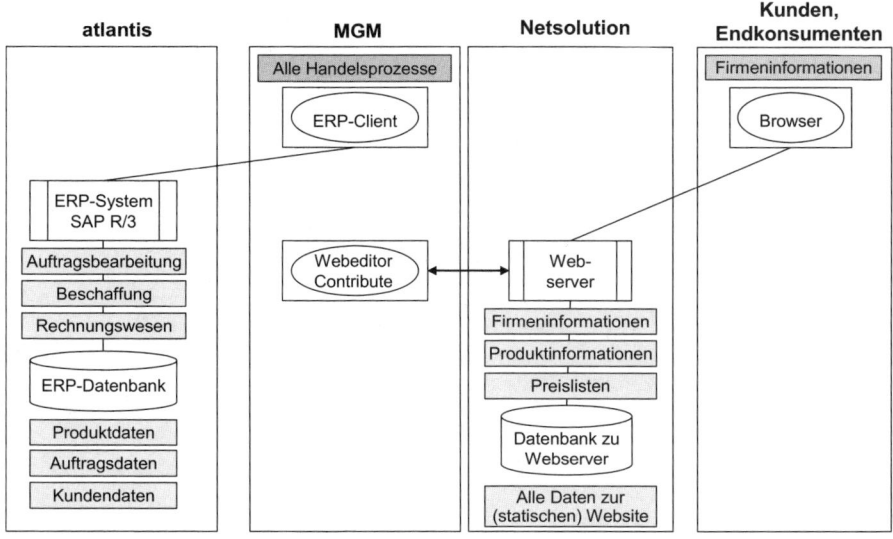

Abb. 23.3: Anwendungsübersicht MGM

Bisher existiert keine Integration der ERP-Lösung zu Systemen externer Partner, insbesondere Kunden oder Lieferanten. Allerdings ist in Abklärung, ob mit bestimmten Grosskunden eine Prozessintegration gemäss dem Konzept des Vendor Managed Inventory implementiert werden soll. Dies würde eine Anwendungsintegration der betreffenden Geschäftskunden mit dem ERP-System bedingen. Auch wird für den Fall eines zukünftigen Verkaufs über das Web über eine Anbindung eines Onlineshops an das ERP-System nachgedacht. Voraussetzung dafür ist die SAP-Plattform Net Weaver, die ca. Anfang 2007 eingeführt werden soll.

### 23.3.4 Technische Sicht

In Abb. 23.4 wird die technische Infrastruktur der Lösung dargestellt. Da die MGM ihre Anwendungssysteme von externen IT-Partnern betreiben lässt, ist die eigene IT-Infrastruktur vergleichsweise einfach. Jeder Mitarbeitende hat eine eigene PC-Workstation, auf der auch die üblichen Bürosysteme installiert sind. Die PCs sind durch ein LAN miteinander verbunden und erhalten über einen Router einen Anschluss an das Internet. Als ISP dient die Firma Cablecom mit einem Angebot für Geschäftskunden. Zum Schutz vor der Aussenwelt wird eine Firewall eingesetzt. Der Zugriff auf das ERP-System erfolgt über ein VPN, das für die Mitarbeitenden der MGM transparent ist.

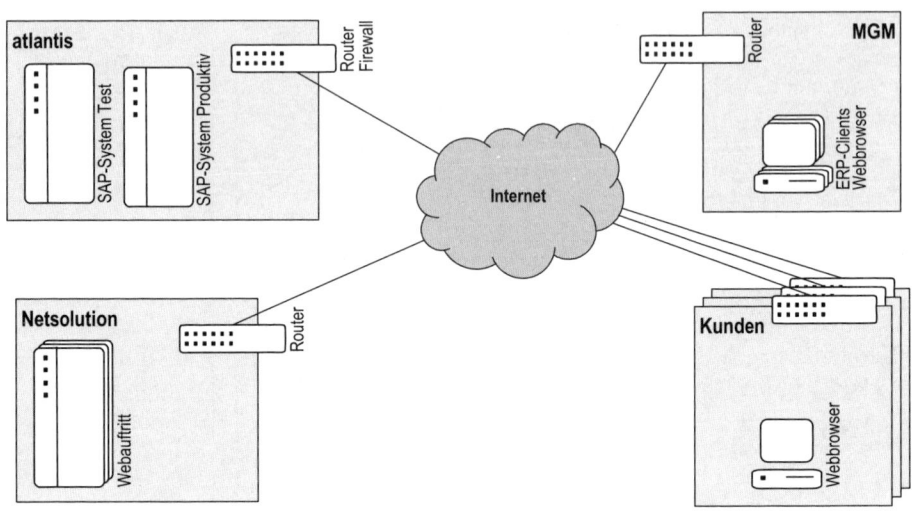

Abb. 23.4: Technische Sicht MGM: Netzwerk und IT-Systeme

Das Hosting des ERP-Systems erfolgt bei der Firma atlantis. Für die MGM stehen zwei IBM-Server mit RAID-Systemen im Einsatz, einer für die Testumgebung und einer für die Produktivumgebung. Diese Server basieren auf einem Unix-Betriebssystem. Zusätzlich werden die Daten des Produktivsystems auf einem räumlich separierten Back-Up-System gespiegelt.

## 23.4 Projektabwicklung und Betrieb

### 23.4.1 Projektmanagement und Entwicklung der Lösung

Das Projekt wurde im Jahr 2000 mit einem anderen IT-Partner initiiert. Dabei handelt es sich um ein grosses IT-Unternehmen, das unter dem Namen Connect&Go eine ASP-Lösung mit vorkonfigurierten Prozessen auf der Basis von SAP entwickelt hatte. Die Lösung wurde im Zeitraum 2000/2001 bei MGM eingeführt. Seitens MGM war die Projektorganisation recht einfach, da alle Unternehmensmitglieder direkt vom Projekt betroffen waren. Seitens des damaligen IT-Partners betreute es ein Projektleiter und etliche weitere Modul-Spezialisten wurden einbezogen. An einer zweitägigen Schulung wurden die MGM-Mitarbeitenden in die SAP-spezifische Terminologie und die grundsätzliche Funktionsweise eingeführt.

Im Verlaufe der Einführung und des Betriebs zeigte sich, dass die ursprüngliche ASP-Lösung trotz der vordefinierten Standardprozesse nicht ganz ausgereift war. MGM war einer der ersten Anwender dieser Lösung und musste einige „Kinderkrankheiten" durchmachen. Einige Voreinstellungen waren aus der Sicht von MGM falsch, Prozesse waren nicht durchdacht und unterbrochen. Das wurde oft erst später entdeckt und erforderte einen erheblichen Korrekturbedarf. Zudem mussten spezifische Anforderungen von MGM berücksichtigt werden, wie z.B. die Chargenverwaltung.

Im Jahre 2003 kam es zu einem ungeplanten Wechsel des IT-Partners. Das grosse IT-Unternehmen zog sich aus diesem Geschäft zurück und übergab die ASP-Lösung und deren Kunden an eine andere Firma. Ab dem Jahr 2005 wurde die Betreuung der ASP-Lösung im allseitigen Einvernehmen durch den heutigen IT-Partner atlantis übernommen. atlantis hat die Connect&Go-Konfiguration weitgehend übernommen und nur einige geringfügige Anpassungen durchgeführt. Dafür wurden insgesamt ca. 10 Tage aufgewendet. Entsprechend dem oben beschriebenen Konzept von atlantis steht MGM eine eigenständige Implementation zur Verfügung. Dies hat verschiedene Vorteile: So kann etwa im Unterschied zur ursprünglichen ASP-Lösung ein individueller Release-Wechsel erfolgen.

### 23.4.2 Laufender Unterhalt

Der laufende Unterhalt ist weitgehend unproblematisch. Da die ERP-Lösung im ASP-Modell betrieben wird, liegt die Verantwortung für den störungsfreien Betrieb beim IT-Partner. Daneben erfolgt ein laufendes Fine-Tuning der Lösung. Neue Anforderungen ergeben sich aus geänderten Umweltbedingungen und dem Bestreben, die Möglichkeiten der verwendeten Anwendung immer weiter auszuschöpfen und zusätzliche Funktionen zu nutzen. In dieser Hinsicht erweist sich atlantis aus der Sicht von MGM als dynamischer und effektiver IT-Partner, dessen Mitarbeitende über ein breites Wissen verfügen und die verschiedenen Aspekte einer Problemstellung schnell erfassen. In Verbindung mit einer günstigen Kostenstruktur ermöglicht dies MGM, aktiv neue Projekte anzugehen.

## 23.5 Erfahrungen

### 23.5.1 Nutzerakzeptanz

Die Erfahrung mit der Nutzung des ERP-Systems ist positiv. Die Akzeptanz ist grundsätzlich gegeben. Auch neue Mitarbeitende konnten sich bisher ohne grössere Probleme in das System einarbeiten. Sobald man verstanden hat, wie das SAP-System funktioniert, erweist sich seine Bedienung als relativ logisch. Aufgrund der Komplexität werden nicht alle Funktionen vollkommen durchschaut. Der Unternehmensleiter vergleicht dies mit einem Mobiltelefon, bei dem man ja auch nicht alle Funktionen kenne, geschweige denn nutze.

Unzufriedenheiten sind zeitweilig bezüglich der Zusammenarbeit mit dem ursprünglichen IT-Partner aufgekommen. Im Zuge der notwendigen Anpassungsprozesse wurde offenbar, dass die Unternehmenskulturen von MGM und dem weltweit tätigen Anbieter nicht zusammen passten. Dieser konnte sich auf die spezifischen Bedürfnisse eines KMU nur unvollkommen einstellen. Aus Sicht der MGM waren zu viele Modul-Spezialisten involviert. Ein KMU kann es sich aber weder zeitlich noch finanziell leisten, seine Anliegen mit vielen unterschiedlichen Spezialisten zu klären. Es war somit nicht möglich, über ein Problem schnell und breit zu sprechen und dieses dynamisch zu lösen. Der erste Partnerwechsel, der durch den Rückzug des Anbieters bedingt war, führte auch nicht zu einer wirklich befriedigenden Situation. Mit dem Übergang der Betreuung auf atlantis hat sich die Lage verbessert. Da diese Firma auf die Betreuung von Kleinkunden spezialisiert ist, entspricht die MGM deren Kundenprofil offenbar viel besser. Seitens der MGM werden der leichte Zugang, die Flexibilität, die schnelle Umsetzung von Anforderungen und die günstige Preisstruktur positiv hervorgehoben.

### 23.5.2 Zielerreichung und bewirkte Veränderungen

Die mit der Einführung der ERP-Software angestrebten Ziele wurden erreicht, auch wenn sich manche Hoffnungen auf eine schnelle, problemlose Einführung nicht erfüllt haben. Tatsächlich konnte die Transparenz und Nachvollziehbarkeit der wesentlichen operativen Prozesse hergestellt werden. Dies hat dazu beigetragen, den administrativen Aufwand bei der Durchführung der operativen Geschäftsprozesse zu begrenzen und somit ein organisches Wachstum zu ermöglichen.

### 23.5.3 Investitionen, Rentabilität und Kennzahlen

In den ersten Jahren war das System noch nicht so ausgereift und der Partner nicht der ideale. Die Lösung hat sehr viel gekostet, vor allem auch Zeit. Der mit Einführung, Betrieb und Änderungsbedarf anfallende Kostenblock war überproportional. Mit dem neuen Partner geht die Rechnung auch in finanzieller Hinsicht langsam auf. Die vier Lizenzen, mit denen MGM heute arbeitet, wurden am Ende eines Leasingvertrages erworben. Der laufende Betrieb der ASP-Lösung verursacht direkte Kosten in der Grössenordnung von 40'000.- CHF pro Jahr. In diesem Betrag sind auch punktuelle Anpassungen und Optimierungen bestehender und die Implementierung neuer Geschäftsprozesse enthalten. Auch die Netzanbindung ist mittlerweile sehr viel günstiger. Früher musste MGM für die VPN-Verbindung 1'000.- CHF pro Monat bezahlen und es handelte sich um eine sehr langsame Leitung. Mit der aktuellen Internetanbindung ist der 15-fache Durchsatz zu einem

Viertel des Preises möglich. Diese Einsparungen resultieren vor allem aus der Preisentwicklung bei Breitbandanbindungen an das Internet.

## 23.6 Erfolgsfaktoren

### 23.6.1 Spezialitäten der Lösung

Bei der hier im Vordergrund stehenden ERP-Lösung handelt es sich um eine konfigurierbare Standardsoftware von SAP, die weltweit bekannt und verbreitet ist. Die Besonderheit besteht zum einen darin, dass diese im Umfeld eines ausgesprochenen Kleinunternehmens realisiert wurde und zum anderen, dass sie im ASP-Modell betrieben wird. Beim ASP-Ansatz wird idealtypisch unterstellt, dass alle Nutzer auf der gleichen Systemkonfiguration arbeiten. Der IT-Partner atlantis hat eine Vorgehensweise entwickelt, mit der die Standardvorgaben mit sinnvollem Aufwand in Teilbereichen modifiziert und auf die spezifischen Bedürfnisse des Kunden angepasst werden können. Somit ist die realisierte Lösung irgendwo zwischen einem reinen ASP-Ansatz und einer kundenindividuell konfigurierten Standardlösung einzuordnen. Dadurch wird ein gewisses Mass an Flexibilität möglich, die für KMU mit ihren spezifischen Anforderungen entscheidend sein kann, ohne die grundsätzlichen Vorteile einer kostengünstig zu realisierenden Lösung ganz Preis zu geben.

### 23.6.2 Reflexion der „Prozessexzellenz"

Das Thema der Verbesserung von Prozessen zieht sich wie ein roter Faden durch die Fallstudie. Es schlägt sich nieder in Begriffen wie Transparenz und Nachvollziehbarkeit. Die Beherrschung von Prozessen und ihre Dokumentation werden als ein wesentliches Element der täglichen Arbeit deutlich. Die IT-Lösung ist ein wichtiges Werkzeug, um dies zu erreichen. Sie erlaubt es, auf standardisierte Geschäftsprozesse und ein umfassendes Prozess-Know-how zurückzugreifen, wie sie im Rahmen der SAP-Systemwelt zur Verfügung stehen. Die Automatisierung von Buchhaltungs- und Controllingprozessen im Zuge der Abwicklung der Geschäftsprozesse entlastet die Mitarbeitenden von administrativer Arbeit und erlaubt ihnen, sich auf ihr Kerngeschäft zu konzentrieren.

### 23.6.3 Lessons Learned

Die Tatsache, dass ein Unternehmen klein ist, muss nicht notwendigerweise bedeuten, dass seine Geschäftsprozesse simpel sind. Auch Kleinunternehmen haben unter Umständen komplexe Anforderungen an ihre Geschäftsprozesse, deren angemessene Unterstützung eine leistungsfähige Software erfordert. Diese Anforderungen können aus der Komplexität des Umfeldes herrühren. In diesem Fall sind dies das breit gefächerte Geschäftsportfolio sowie komplexe Regulatorien, wie sie im Lebensmittelbereich und im Importgeschäft, speziell in der Schweiz, herrschen. Auch werden vom Markt immer öfter dieselben hohen Anforderungen an KMU gestellt, wie sie bei Grossunternehmen üblich sind.

Kleinunternehmen sind grundsätzlich in der Lage, komplexe IT-Lösungen einzuführen und sie entsprechend ihren Bedürfnissen angemessen zu nutzen. Dies gilt auch für die ERP-Anwendung von SAP, die im Markt den Ruf einer aufwändig und schwer zu implementierenden Lösung hat. Das Konzept des ASP ist dabei von grosser Bedeutung. Das ASP-Modell sollte so ausgelegt sein, dass im Grundsatz vordefinierte Geschäftsprozesse übernommen werden können und somit eine schnelle und kostengünstige Implementierung sichergestellt werden kann. Dabei soll das System aber so offen sein, dass sich punktuelle und kundenspezifische Anpassungen der Prozesse rasch und einfach realisieren lassen. Nur damit kann den spezifischen Anforderungen eines KMUs Rechnung getragen werden.

Der Auswahl des IT-Partners ist grosse Beachtung zu schenken. Dabei sollte nicht nur die eigentliche Sachkompetenz zählen, sondern auch die Frage gestellt werden, ob die Unternehmenskultur des IT-Partners zum eigenen Unternehmen passt. Ein IT-Partner, der vor allem auf Projekte mit Grosskunden ausgerichtet ist, kann für ein KMU problematisch sein. Der Fall zeigt, dass es unter Umständen besser ist, bei einem eher kleineren IT-Partner ein A-Kunde zu sein, als bei einem grossen und renommierten Unternehmen ein C-Kunde. Dabei ist es im vorliegenden Fall jedoch müssig darüber zu spekulieren, wie das Projekt verlaufen wäre, wenn man von Anbeginn mit dem passenden IT-Partner gearbeitet hätte. Dazumal hatte es nur diese eine Option gegeben und die Entwicklung des Unternehmens wäre ohne diese Lösung trotz aller Probleme so nicht möglich gewesen.

# 24 Schlussbetrachtung: Logistikketten für Lebensmittel

*Ralf Wölfle*

Die Lebensmittelbranche ist eine der aktivsten Branchen bei der Entwicklung von durchgängig IT-unterstützten Geschäftsprozessen. So kommt es, dass das Competence Center E-Business Basel diese Branche 2006 bereits im zweiten Jahr nacheinander mit einer Reihe von Fallstudien beleuchtet. In den Fallstudien des Jahres 2005 – Fresh & Frozen Food, Pasta Premium und Schwab-Guillod – standen die Bestellverfahren zwischen Lebensmittelherstellern und Handel im Vordergrund [Wölfle/Schubert 2005]. Die Lösungen dieses Jahres fokussieren auf Fragestellungen der Disposition und Logistikabwicklung.

Im Kern geht es darum, dass der Handel immer kurzfristiger bestellen will. Die Verantwortung für die Verfügbarkeit der Produkte soll so weit als möglich von den Herstellern übernommen werden – einschliesslich den damit verbundenen Risiken aus der Lagerhaltung. Ein weiterer Treiber ist die Anforderung einer zuverlässigen Chargenrückverfolgung, deren Realisierung ohne automatisierte Erfassung und Übergabe der entsprechenden Zusatzinformationen bei jedem einzelnen Vorgang nicht wirtschaftlich bewerkstelligt werden kann.

Die in diesem Buch vorgestellten Fallstudien zeigen drei Projekte, die zu Lösungen ganz unterschiedlicher Art für die grundsätzlich gleiche Problemstellung geführt haben. MGM findet als Kleinstunternehmen einen Weg, mit einer Best Practice Lösung zu arbeiten. Lagerhäuser Aarau zeigen die Flexibilitätsbandbreite eines Kontraktlogistik-Dienstleisters und Hero demonstriert, dass man ein Frischprodukt mit nur einer Lagerstufe europaweit verteilen kann.

Es war die niederländische Tochtergesellschaft der Hero-Gruppe, die das Lifestyle-Produkt Fruit2Day in ihrem nationalen Markt mit Erfolg einführte. Als es darum ging, die Innovation auf andere europäische Länder zu übertragen, hatte der Konzern keine bestehende Infrastruktur, mit der man dieses Frischprodukt hätte logistisch abwickeln können. Also wurde auch dafür eine neue Lösung gesucht, eine, die das Potenzial moderner Informationstechnologien von vornherein mit einbezog. Mit Unterstützung eines Instituts der Fachhochschule Nordwestschweiz wurde eine Lösung gefunden, bei der die Produkte von der zentralen Produktion direkt an die einzige Lagerstufe im jeweiligen Land ausgeliefert werden. Von dort erfolgt die Feinverteilung an den Handel. Erfolgsentscheidend ist dabei das durch die internetbasierte Plattform „Inter Company Supply Chain Hub" von Ramco unterstützte Dispositionsverfahren. Es sorgt dafür, dass die aus den vier Basisprodukten abgeleiteten 80 Endprodukte (verschiedene Verpackungseinheiten und länderspezifische Etiketten) verbrauchs- und plangesteuert produziert werden. Dazu werden die konkurrierenden Grössen Produktionskapazität, Warenverfügbarkeit und Ausfallkosten optimal ausbalanciert, was sich unmittelbar auf den Ertrag des Produkts auswirkt. Die wöchentliche Abstimmung, in der Plan und Ist laufend miteinander verglichen werden, sorgt für einen kontinuierlichen Lernprozess und ist damit eine Grundlage zum Erreichen von Prozessexzellenz.

Die Fallstudie zur Kontraktlogistik der Lagerhäuser Aarau zeigt das Potenzial, das durch die Zusammenarbeit mit einem spezialisierten Logistikdienstleister entsteht. Er übernimmt die vielen Detailaufgaben zwischen dem Warenausgang des Herstellers und dem Wareneingang des Handels, z.B. Bestandsführung, nachfragegerechte Feinverteilung und elektronischer Geschäftsverkehr. Ein Erfolgsfaktor ist auch hier die IT-Plattform. Über sie werden die für jeden Kunden individuell eingerichteten Prozesse in einheitliche Mikrovorgänge übersetzt, gesteuert und dokumentiert. Die Modularisierung der Unternehmensleistungen ist das Instrument, um trotz flexiblen Eingehens auf Kundenanforderungen die Komplexität in Griff zu behalten und positive Skaleneffekte bei den Teilleistungen zu erzielen

MGM als Kleinstunternehmen und Spezialist für Gourmet-Produkte hat schon beim Stand von zwei Mitarbeitenden nach einer IT-Lösung gesucht, die die volle Komplexität der Transaktionen in dieser Branche abdeckt. Konsequent wird outgesourct, was keine Kernkompetenz ist, und dazu gehört die Informatik. Die Lösung dazu heisst Application Service Providing (ASP), und MGM ist gewissermassen ein ASP-Pionier. Nach zwei Partnerwechseln wurde ein Modell gefunden, das die wegen ihrer Komplexität gefürchteten SAP-Lösungen für ein Kleinstunternehmen erschliesst. So kann MGM mit Best Practice in der Branche mithalten und seine eigenen Ressourcen ganz auf die Kunden und exzellente Angebote ausrichten.

Logistik ist ein Koordinationsgeschäft. Es gilt, die richtige Ware zur richtigen Zeit am richtigen Ort zu haben, dabei den Überblick zu behalten, die Qualität jederzeit dokumentieren zu können und bei Bedarf chargengenau handlungsfähig zu sein. Exzellenz in der Logistik heisst, aus trivialen Einzeltätigkeiten durch eine optimale Koordination der Teilleistungen eine Spitzenleistung zu erreichen.

# 25 Prozessexzellenz mit Business Software: Fazit aus den Fallstudien

*Petra Schubert*

Das Schlusskapitel widmet sich einer zusammenfassenden Analyse der 14 Fallstudien dieses Buchs. Hier wird deutlich, welchen hohen Stellenwert Business Software bzw. in ihrem Kern das ERP-System für die Unterstützung von kritischen Geschäftsprozessen im Unternehmen hat. Gemäss einer aktuellen Studie von Capgemini richtet sich die Aufmerksamkeit von Führungskräften in Deutschland, Österreich und der Schweiz zurzeit (neben der Sicherheit) vor allem auf die Konsolidierung und Harmonisierung von ERP-Systemen [Capgemini 2006]. Laut dieser Studie ist auch die Nutzung mobiler Lösungen mittlerweile durchaus verbreitet, was verschiedene Fallstudien in diesem Buch bestätigen (Otto Fischer, Serto, MIFA, Trisa). Das Ende des Kapitels gibt eine Antwort auf die Frage von Nicolas Carr „does IT matter?", indem der Nutzen betrachtet wird, den die untersuchten Unternehmen aus der Informationstechnologie ziehen.

## 25.1 Exzellenzbegründende Prozesse der Fallstudien

Die KMU-Studie „Netzreport 2006" zeigt, dass ERP-Systeme bei den ca. 1'000 befragten Unternehmen vor allem für *unterstützende Aktivitäten* [Porter 1986] genutzt werden. Die intensivste Nutzung findet man im klassischen Bereich des Finanz- und Rechnungswesens (94.9 %), gefolgt vom Personalwesen (80.5 %) und der Geschäftsführung/dem Management (77.7 %) [Schubert et al. 2006]. Diesen Eindruck bestätigen auch die Ergebnisse des Netzreport'5 [Dettling et al. 2004], in dem die Module Finanzwirtschaft, Personalwirtschaft und Controlling am häufigsten genannt wurden.

Geschäftsprozesse, die ein Geschäftsmodell so weit prägen, dass sie einen Wettbewerbsvorteil darstellen (vgl. Kapitel 1 „Prozessexzellenz mit Business Software"), sind naturgemäss eher *primäre* Geschäftsprozesse, die unmittelbar auf die

Erfüllung von Kundenbedürfnissen ausgerichtet sind. In Tab. 25.1 sind die Fallstudien den abgebildeten Prozessen zugeordnet.

Tab. 25.1: Einordnung der Fallstudien in die Systematik der Prozesse

| Hauptprozess | Beschriebene Detailprozesse der Fallstudien |
|---|---|
| **Kundenauftrag** (Verkaufsprozess) | **Lyreco**: Kundenbestellprozess (Artikelsuche, Warenkorb, Bestellung) |
| | **felix martin**: Auftragsabwicklung (Beratungs- und Verkaufsprozess) |
| | **e+h**: Kundenauftragsbearbeitung (Kommissionierung, Versand, Fakturierung) |
| | **Serto**: Kundenseitige Beschaffung und Lagerverwaltung (Logistik, Kanban) |
| **Lieferantenauftrag und Eingangslogistik** (Beschaffung) | **MGM**: Auftragsabwicklung (Beschaffung für Streckengeschäft und Lagergeschäft) |
| | **Trisa**: Eigene Beschaffung und Lagerverwaltung (Logistik, Kanban) |
| **Auftragsabwicklung** (inkl. Planung/Disposition) | **Wyser**: Auftragsabwicklung (Serviceaufträge) |
| | **MTF Micomp**: Auftragsabwicklung (Import Artikelstammdaten, kundenseitiger Bestellprozess) |
| | **Aebi**: Kundenservice und Fehlermanagement |
| **Produktion** (inkl. Planung, Fertigung, Lagerlogistik) | **Neoperl**: Auftragsabwicklung mit Assemblierung (Built-to-Order) |
| | **Hero**: Zentrale Verkaufsplanung (für dezentrale Absatzmengen) |
| | **MIFA**: Wareneinlagerungsprozess mit mobilen Geräten und Produktionsprozess (Warennachschub und Rückschub) |
| **Ausgangslogistik** (Kommissionierung, Versand) | **Otto Fischer**: Auftragsabwicklung (papierlose Kommissionierung) |
| | **Lagerhäuser Aarau**: Transportlogistik für Lebensmittel als Dienstleistung (Order Management und Kommissionierung/ Nachschubhandling) |

Das folgende Kapitel ordnet die in den Fallstudien dargestellten Prozesse in eine Systematik ein (Abb. 25.1). Die Systematik lehnt sich an die von Wölfle in Kapitel 1.3 (S. 10) vorgestellte generische Prozessarchitektur und die eXperience Begriffssystematik zu Business Software (Kapitel 2.4, S. 22) an.

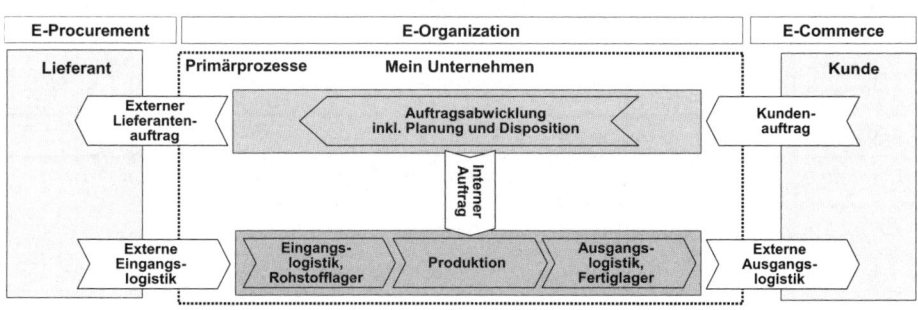

Abb. 25.1: Systematik der Prozesse

## 25.2 Unterscheidungsmerkmale im Vergleich

In seinem Einleitungskapitel zur Prozessexzellenz mit Business Software (S. 5) streicht Wölfle heraus, dass ein Unternehmen, das *exzellente* Leistungen anbieten will, aus seinen Kernkompetenzen geeignete Geschäftsprozesse ableiten muss. Diese Geschäftsprozesse sind so zu gestalten, dass die angestrebten Unterscheidungsmerkmale im Vergleich zu den Leistungen der Wettbewerber erreicht werden. Tab. 25.2 zeigt, welche Unterscheidungsmerkmale die Autoren für die beschriebenen Fallstudien identifiziert haben.

### *Kundenauftrag (Fokus Verkaufsprozess)*

*Unterscheidungsmerkmale: Optimierung des Kundenprozesses durch elektronische 1:1-Anbindung; Orientierung am Kundennutzen für optimale IT-Anbindung; Fokussierung auf Kernkompetenz durch IT-Outsourcing; Serviceorientierung und Anpassungsbereitschaft*

An der *Kundenschnittstelle* zeigt sich die individuelle Ausrichtung auf die Bedürfnisse der Kunden als wichtigstes Kriterium besonders deutlich. Lyreco wartet hier mit einer B2B-Integrationslösung auf, die dem Kunden einen durchgängigen, transparenten und systemkonformen Prozess von der Beschaffung bis zur Rechnungsprüfung ermöglicht. e+h fokussiert ebenfalls auf die Bestellenden und bietet drei verschiedene, kundenorientierte Optionen für die Eingabe von Bestellungen an (Webshop, elektronischer Marktplatz, Barcode-Erfassung). Auch das Kleinunternehmen felix martin setzt IT gezielt für seine Verkaufsunterstützung ein und bezieht die Software von einem ASP-Dienstleister. Diese Fokussierung auf die Kernkompetenzen beschert dem Unternehmen einen steigenden Umsatz und einen zunehmenden Gewinn. Serto beliefert einen Kunden in einem Kanban-Verfahren mit C-Artikeln für die Produktion und entlastet ihn damit im Bereich des Beschaffungsmanagements.

Tab. 25.2: Erfolgsfaktoren der exzellenzbegründenden Geschäftsprozesse in den Fallstudien

| Fallstudie | Unterscheidungsmerkmal |
|---|---|
| Lyreco: | Optimierung des Kundenprozesses durch elektronische 1:1-Anbindung |
| felix martin: | Fokussierung auf Kernkompetenz durch IT-Outsourcing |
| e+h: | Orientierung am Kundennutzen für optimale IT-Anbindung |
| Serto: | Serviceorientierung und Anpassungsbereitschaft |
| MGM: | Fokussierung auf Kernkompetenz durch IT-Outsourcing |
| Trisa: | Optimierte Lagerverwaltung durch Chargenverwaltung und mobile Datenerfassung |
| Wyser: | Effiziente Auftragsbearbeitung durch den Anschluss an Netzwerke |
| MTF Micomp: | Hoher Automatisierungsgrad durch IT-Unterstützung |
| Aebi: | Hervorragender Kundendienst und permanente Qualitätsverbesserung |
| Neoperl: | Optimierung zentraler Unternehmenssteuerung und lokaler Kundenausrichtung |
| Hero: | Optimierte absatzgesteuerte Produktion für dezentralen Verkauf |
| MIFA: | Optimierte Lagerverwaltung durch eindeutige Materialnummern |
| Otto Fischer: | Optimierung Mensch-Maschine-Interaktion in der Kommissionierung |
| Lagerhäuser Aarau: | Outsourcing von Distributionslogistik |

Die Erfahrungen von Lyreco zeigen, dass für derartig individuelle, elektronische Anbindungen das jeweils *erste* Implementierungsprojekt verhältnismässig aufwändig ist. Ab der zweiten Einführung kann man auf bereits entwickelte Module zurückgreifen und eine weitere Kundenanbindung als Customizing durchführen. Eine ähnliche Lernkurve wird auch der IT-Partner von felix martin durchlaufen, der mit seinen „smart-tools" branchenspezifische Lösungen anbietet und ebenfalls beim ersten Kunden einen höheren Aufwand haben wird als bei weiteren Projekten. Lyreco kombiniert die Leistungen eines Büromaterialanbieters mit denen eines IT-Serviceproviders und löst damit Kundenprobleme aus einer Hand.

e+h schafft es, mit ihrer Orientierung am Kundennutzen („die Kunden wählen den für sie optimalen Kanal") Wettbewerbsvorteile zu erzielen. Ähnlich wie Lyreco sieht sich e+h nicht nur als reines Handelsunternehmen, sondern als Lösungsanbieterin.

In der Fallstudie Serto wird die äusserst effiziente *Materialbewirtschaftung und Beschaffung* bei einem Kunden durch den durch Serto durchgeführten Kanban-

Prozess beschrieben. Bei der Lösung handelt es sich um einen pragmatischen Ansatz, der wirkungsvoll, einfach und zugleich überschaubar und bedienerfreundlich ist. Die Etablierung des Unterscheidungsmerkmals beanspruchte nur eine geringe Investition in Infrastruktur und ermöglicht dem Unternehmen die Flexibilität, sich auch weiterhin an geänderte Situationen anzupassen.

In allen vier Fallstudien wird deutlich, dass die Entwicklung von Standardmodulen und die Standardisierung interner Prozesse ein wesentlicher Faktor für die Optimierung der Kundenschnittstelle ist.

### *Lieferantenauftrag und Eingangslogistik (Beschaffung)*

*Unterscheidungsmerkmale: Fokussierung auf Kernkompetenz durch IT-Outsourcing; Optimierte Lagerverwaltung durch Chargenverwaltung; mobile Datenerfassung*

Auch die *Beschaffungsseite* eines Unternehmens birgt Potenziale für Prozessoptimierungen. Bei MGM ergibt sich der Fokus der Beschaffung zum einen aus der speziellen Natur der gehandelten Produkte (Lebensmittel) und zum anderen aus der spezifischen Situation in der Schweiz (Zollbestimmungen, Lebensmittelgesetze). Die Lebensmittelbranche ist stark reguliert und es gibt Anforderungen wie z.B. die Pflege des Mindesthaltbarkeitsdatums oder Vorschriften zu den Inhalten von Produktetiketten. Da die Lieferanten von MGM vor allem im Ausland angesiedelt sind, müssen deren Produkte den Schweizer Zoll passieren. Durch die spezifische Zollgesetzgebung, wie etwa die Verzollung nach Gewicht, entstehen zusätzliche Anforderungen an die Prozessunterstützung durch das ERP-System.

Die IT-Lösung von MGM ermöglicht einen optimierten Prozess für das Lager- und Streckengeschäft im Lebensmittelhandel, der den Anforderungen nach Transparenz und Nachvollziehbarkeit nachkommt. Die Prozessexzellenz zeigt sich hier in der Beherrschung von Logistikprozessen und ihrer Dokumentation. In der ERP-Software selbst sind bereits standardisierte Geschäftsprozesse implementiert, die auf ein umfassendes Prozess-Know-how des Herstellers zurückgreifen.

Bei Trisa brachte die ERP-Software in Kombination mit einer mobilen Datenerfassung vor allem im Bereich der Lagerverwaltung deutliche Effizienzgewinne. Diese zeigen sich in Form von Personaleinsparungen im Lager und durch eine Reduktion des Umlaufvermögens. Daneben verfügt Trisa wie MGM und Lagerhäuser Aarau über eine Chargenverwaltung, die eine gezielte und schnelle Problembehandlung ermöglicht. Schliesslich verbesserte sich aufgrund der Einführung des ERP-Systems die Lieferantenbeziehung, da auf Basis des eingeführten Kanban-Prinzips die Beschaffung präziser gesteuert werden kann.

Die optimierten Prozesse im Bereich der Beschaffung und der Wareneingangs-logistik tragen bei beiden Unternehmen zu Kosteneinsparungen und zu einer Verbesserung der Wettbewerbsfähigkeit bei.

### *Auftragsabwicklung (inkl. Planung/Disposition)*

*Unterscheidungsmerkmale: Effiziente Auftragsbearbeitung durch den Anschluss an Netzwerke; hoher Automatisierungsgrad durch IT-Unterstützung; hervorragender Kundendienst und permanente Qualitätsverbesserung*

Ruile weist in seinem Einleitungsartikel zur *Auftragsabwicklung* (ab S. 131) darauf hin, dass der Begriff „Auftrag" in fast allen Fallstudien in unterschiedlicher Bedeutung und Ausprägung benutzt wird. Im folgenden Abschnitt werden unter diesem Titel Prozesse beschrieben, die durch die von ihm genannten *externen* Geschäftsvorfälle wie Kundenauftrag, Bestellung oder Verbrauchernachfrage ausgelöst werden.

Bei den beiden Unternehmen Wyser und MTF Micomp liegt die Exzellenz in einem Prozess für die unternehmensübergreifende Auftragsabwicklung über E-Business-Netzwerke. Hierdurch wird es möglich, unterschiedliche ERP-Systeme verschiedener Parteien zu integrieren, ohne dass hierfür eine individuelle Punkt-zu-Punkt-Schnittstelle (wie z.B. bei Lyreco) geschaffen werden muss. Wyser erzielt dadurch eine effiziente Auftragsbearbeitung, die zu langfristigen Wettbewerbsvorteilen führt. Die Lösung von MTF Micomp birgt einen äusserst hohen Automatisierungsgrad und die Möglichkeit, die Systeme vom Firmenkunden bis zum Distributor vollständig zu integrieren. Somit werden zahlreiche Aktivitäten, die früher zwischen den involvierten Partnern manuell erledigt wurden, vom System übernommen.

Positive Skaleneffekte ergeben sich für die bisherigen Beteiligten vor allem über die Zeit, wenn sich weitere Lieferanten und Kunden an die Netzwerke anschliessen und sich damit der Aufwand für die einmalige Anbindung gegenüber dem Einrichten individueller Schnittstellen auszahlt.

Die Fallstudie Aebi zeigt besonders gut, dass Exzellenz aus der Kombination spezieller Eigenschaften der Produkte und ergänzender Leistungen eines Unternehmens erwachsen kann. Aufgrund des sehr spezifischen Geschäfts mit den langlebigen landwirtschaftlichen Mehrzweckmaschinen wurde ein hervorragender Kundendienst und permanente Qualitätsverbesserung als Unterscheidungsmerkmal identifiziert. Ein Maschinenausfall beim Endkunden muss umgehend durch den Aebi-Service behoben werden können. Die Raschheit und die Präzision der damit verbundenen Prozesse, nicht nur intern, sondern auch im Verbund mit Händlern, stützen sich wesentlich auf Funktionalitäten, die erst mit einer Wissensdatenbank und einem ergänzenden CRM-Werkzeug möglich wurden. Hier wird das Unterscheidungsmerkmal erst durch den speziellen Einsatz von IT möglich.

### Produktion (inkl. Planung, Fertigung, Lagerlogistik)

*Unterscheidungsmerkmale: Optimierung zentraler Unternehmenssteuerung und lokaler Kundenausrichtung; Optimierte absatzgesteuerte Produktion für dezentralen Verkauf; optimierte Lagerverwaltung durch eindeutige Materialnummern*

Im eigentlichen Kernbereich der Leistungserstellung, dem Bereich der *Produktion* (inkl. Produktionsplanung, Fertigung, Assemblierung, Logistik), finden sich drei spezielle Beispiele für optimierte Prozesse.

Die Unternehmen Neoperl und Hero zeigen, wie man mit einer *zentralen* Applikation *dezentrale* Aktivitäten in einem Konzern steuern kann. Bei beiden Unternehmen wird mit dem ERP-System im Stammhaus die Produktions- und Vertriebsplanung optimiert und eine starke, lokale Kundenausrichtung erreicht.

Bei Neoperl laufen die Grundprozesse im Vertrieb und in der Logistik gruppenweit einheitlich ab. Prozessdetails lassen sich standortspezifisch anpassen. Die Auslösung und Steuerung von Vertriebs- und Logistikprozessen kann nach Bedarf zentral (vom Headquarter aus) oder dezentral (in den Länderniederlassungen) erfolgen. Die Geschäftstätigkeit der Länderniederlassungen und die Kundenentwicklung werden vom Neoperl Headquarter aus koordiniert und kontrolliert. Dadurch können weitere Länderniederlassungen mit geringerem Risiko und niedrigeren Kosten aufgebaut werden. Das Unterscheidungsmerkmal besteht bei dieser Lösung somit in einer starken Standardisierung der dezentral eingesetzten Prozesse.

Die Exzellenz der Hero-Lösung zeigt sich darin, dass es gelingt, ein Frischeprodukt von einem einzigen Produktionsstandort aus in mehrere Länder Europas zu verteilen. Dank einer bedarfsgesteuerten Logistik mit lediglich einer Lagerstufe zwischen Produktion und Handel werden die konkurrierenden Grössen Produktionskapazität, Warenverfügbarkeit und Ausfallkosten optimal ausbalanciert, was sich unmittelbar auf den Ertrag des Produkts auswirkt.

Die MIFA optimierte mit der Einführung eindeutiger Materialnummern ihre Wareneingangslogistik und die Lagerverwaltung. Durch die eindeutige Identifizierung jedes Materials im Lager kann die Haltbarkeit heute besser kontrolliert werden.

### Ausgangslogistik (Kommissionierung, Versand)

*Unterscheidungsmerkmale: Optimierung Mensch-Maschine-Interaktion in der Kommissionierung; Outsourcing von Distributionslogistik*

Unter die Überschrift *„Ausgangslogistik"* fallen Aufträge, bei denen es sich um die von Ruile genannten *internen Aktivitäten* (wie hier z.B. Transportauftrag, Rüstauftrag oder Kommissionierauftrag) handelt [Ruile, S. 131].

Bei den beiden Unternehmen Otto Fischer und Lagerhäuser Aarau handelt es sich um Handelsunternehmen, die eine Prozessexzellenz in den Bereichen Logistik und Kommissionierung erzielt haben.

Otto Fischer verfügt heute über einen optimierten, papierlosen Prozess in der Auftragsabwicklung. Der Kommissionierprozess wird *hybrid* (also nicht komplett IT-gestützt) in einer Interaktion zwischen Mensch und Maschine derart effizient abgewickelt, wie es nach Meinung der Beteiligten mit keinem vollautomatischen Lagersystem in dieser Art möglich wäre. In einer hart umkämpften Branche erzielt das Unternehmen auf diese Weise mit der effizienten Belieferung seiner Kunden entscheidende Wettbewerbsvorteile.

Das Geschäftsmodell der Lagerhäuser Aarau basiert auf der flexiblen Übernahme von Teilprozessen aus der Logistik ihrer Kunden. Für die Optimierung der Geschäftsprozesse wurde das ERP-System so ausgestaltet, dass die eigenen Leistungen relativ einfach an die System- und Prozessarchitektur der Kunden an- oder sogar eingebaut werden können. Dies ist für die Kunden dann attraktiv, wenn die Performance der Logistikdienstleistungen der Lagerhäuser Aarau höher ist als die eigene. Die Unterscheidungsmerkmale sind hier Zuverlässigkeit, Geschwindigkeit und Transparenz sowie die Kenntnis des Schweizer Marktes.

Die Fallstudien zeigen, dass man im Bereich der Logistik durch eine optimierte und automatisierte Supply Chain Prozesskosten sparen und Durchlaufzeiten verkürzen kann. Das erhöht die Wettbewerbsfähigkeit der beteiligten Unternehmen nachhaltig.

Zusammenfassend kann man sagen, dass die Ausbaubarkeit auf weitere Kunden als ein generelles Erfolgskriterium in mehreren Fallstudien genannt wird. Auch handelt es sich häufig um hybride Lösungen, bei denen neben IT-gestützten Schritten auch manuelle Vorgänge eingewoben werden, wenn das Kosten-Nutzen-Flexibilitäts-Verhältnis dies als beste Lösung ausweist.

## 25.3 Kosten-/Nutzenbetrachtung

Die Kosten der beschriebenen Projekte bewegen sich in einer grossen Bandbreite von fast keinen zusätzlichen Investitionen (Serto) bis zu 2.2 Mio. CHF (Trisa). Dabei zeigen sich allerdings gewisse kostenmässige Übereinstimmungen für Projekte, die ähnliche Ziele und einen vergleichbaren Umfang hatten. Die Kosten sind generell schwierig zu vergleichen, da einige Autoren lediglich die *externen* Kosten aufführen, andere wiederum bei den Investitionen auch die *internen* Personalkosten hinzurechnen. Die angegebenen Werte können daher nur einer groben Einschätzung dienen.

Der Einstieg in eine SAP-Lösung im ASP-Betrieb für kleine Unternehmen dürfte wohl typischerweise bei um die 45'000.- CHF liegen (felix martin: 47'000.- CHF). In diesem Preis sind die Kosten für die gesamte Einführung, Schulung und zwei Lizenzen enthalten. Die Angaben zu den *jährlichen* Kosten liegen hier zwischen 9'000.- CHF bei felix martin (zwei Lizenzen) für monatliche Pauschalen an die Provider und 40'000.- CHF für direkte Kosten bei MGM (vier Lizenzen).

Die Kosten für KMU, die ihre ERP-Systeme mit Schnittstellen für Geschäftsnetzwerke ausgestatten haben, lagen im letzten Jahr [Schubert 2005] mit 5'000.- bis 28'000.- CHF sehr niedrig. Die Firma Wyser weist in diesem Jahr mit 15'000.- CHF einen ähnlichen Betrag für den Anschluss an VIAM aus. Die Betriebskosten sind volumenabhängig und betragen bei Wyser momentan 2.8 % der über VIAM abgewickelten Aufträge.

Die externen Kosten für Einführungen von mittleren bis grossen ERP-Systemen liegen in den Fallstudien zwischen 450'000.- CHF (Neoperl, 100 User) und 2.2 Mio. CHF (Trisa, 120 User). Dabei nennen Neoperl und Hero interessanterweise exakt denselben Betrag von 450'000.- CHF für die Einführung ihrer Systeme. Bei Neoperl verursacht der laufende Betrieb der Software jährliche Kosten in Höhe von etwa 150'000.- CHF. Die beiden Microsoft Dynamics AX-Einführungen liegen mit 1.6 Mio. CHF (e+h, 80 User) und 2.2 Mio. CHF (Trisa, 120 User) etwas höher. Allerdings ist bei beiden Unternehmen die Kennzahl „Kosten pro Nutzer" identisch, was darauf hinweist, dass bei grösseren ERP-Installationen die Einführungskosten ungefähr proportional zur Anzahl Nutzer ist.

Im Bereich der „weiteren Lösungen", gehen die Investitionskosten über eine Bandbreite von 430'000.- CHF (Aebi, CRM-System), 862'000.- CHF (MIFA, Lagerverwaltung), 1.25 Mio. CHF (Otto Fischer, drahtlose Kommissionierung) bis zu 5 Mio. CHF (Lyreco, E-Business-Lösung, Entwicklung über *sieben* Jahre). Über den Lyreco-E-Shop wird heute ein Umsatz von 70 % erwirtschaftet, so dass er einen integralen Bestandteil des operativen Geschäfts darstellt und als solches nicht in den Investitionsvergleich passt. Die Kosten im Bereich der Nicht-ERP-Systeme eignen sich allgemein nicht für einen direkten Vergleich.

In den Fallstudien des Jahres 2005 [Schubert 2005] zeigte sich eine Payback-Zeit von zwei Jahren als typischer Wert für Integrationsprojekte (z.B. Fallstudien Hoval und Sixmadun). In diesem Jahr machten drei Fallstudien konkrete Aussagen zurzeit bis zu einem positiven Return on Investment (ROI) und bestätigten annähernd den Wert von 2005. Bei Otto Fischer wurde der im Vorfeld auf unter drei Jahre berechnete ROI „problemlos in kürzerer Frist erreicht". Für felix martin hat sich die Investition ebenfalls gelohnt: „Schon im ersten Jahr konnten die Kosten amortisiert werden." Bei MTF Micomp war man sich bereits zu Beginn des Projekts darüber bewusst gewesen, dass der ROI erst nach frühestens drei Jahren positiv sein würde. Aufgrund der Erfolg versprechenden, langfristigen Auswirkungen entschloss man sich dennoch für die Investition.

Drei Unternehmen gaben an, dass es zur Einführung der ERP-Software keine Alternative gab. Bei Neoperl liess sich die internationale Ausrichtung der Geschäftstätigkeit nur durch die vorgenommene Abbildung im ERP-System realisieren. e+h gibt an, dass die Rentabilität im Sinne eines rein monetären Kosten-Nutzen-Vergleichs nicht im Vordergrund ihres Einführungsprojektes stand. Eine unkontrolliert gewachsene Individualsoftware mit hohem internen Betreuungs- und Wartungsaufwand musste durch eine flexible Standardlösung ersetzt werden. Eine ähnliche Situation ergab sich für die Firma Trisa: Die vorherige ERP-Lösung von Miracle führte zu einer Einschränkung der Unternehmensleistung. Die Rentabilitätsberechnung des neuen Systems stand daher auch hier nicht primär im Vordergrund, sondern vielmehr die Erreichung der aufgestellten Projektziele.

Bei der Firma Aebi ergab sich eine Erhöhung der Managementeffektivität anhand der nun praktisch in Echtzeit vorliegenden Kennzahlen und den daraus ableitbaren Hinweisen für Produktionsverbesserungen. Das System kann heute Wissen, das bis anhin nur in den Köpfen einzelner, langjähriger Mitarbeitender vorhanden war, elektronisch speichern. Dabei wird von einer erhöhten „Wissenserschliessungsproduktivität" von etwa 10 % ausgegangen.

Die Fallstudien machen deutlich, dass es verschiedene Motivationsgründe für das Aufsetzen eines Einführungsprojekts für Business Software gibt. Nur in den seltensten Fällen geht es um eine rein finanzielle Kosten-/Nutzenbetrachtung. Meist wurden die Projekte lanciert, um die Wettbewerbsfähigkeit des eigenen Unternehmens durch eine verbesserte Leistung zu steigern und bestehende Prozesse „zur Exzellenz zu führen".

## 25.4 Das ERP-System als Commodity? Antworten aus den Fallstudien

Die Frage nach dem Wert, der durch den Einsatz von Informations- und Kommunikationstechnik (IT) geschaffen wird, ist eines der zentralen Themen des Informationszeitalters. Die Frage, ob man einen „Wert" aus dem Gebrauch elektronischer Medien zieht, würden die meisten Privatpersonen wahrscheinlich spontan mit „ja, natürlich" beantworten. Schon lange sind Mobiltelefone, Internet und PDAs ein Bestandteil der westlichen Lebens- und Arbeitswelt geworden. Die Beantwortung der Frage stellt sich durchaus anders dar, wenn man sich den Einsatz von IT in Unternehmen ansieht. Dabei stehen sich oft zwei Meinungen diametral gegenüber. Die eine Fraktion glaubt in Anlehnung an die vor über 20 Jahren postulierten Theorien von Porter und Millar [Porter/Millar 1985; Porter 2001] an ein besonderes Potenzial der IT zur Erzielung von Wettbewerbsvorteilen. Die andere Fraktion steht auf dem Standpunkt, der Diffusionsprozess der IT sei mittlerweile so weit fortgeschritten, dass sie im Unternehmen bereits zu einer so genannten „Commodity" oder „Utility" (also zu einem für alle verfügbaren Gebrauchsgegenstand) geworden sei und damit ihre Tauglichkeit als strategisches Differenzierungsinstrument eingebüsst habe. Diese Diskussion wurde vor einigen Jahren zusätzlich angefacht durch den von Nicholas Carr im Jahr 2003 veröffentlichen HBR-Artikel mit dem Titel „IT doesn't matter" [Carr 2003]. Der Artikel wurde heftig diskutiert und ein Jahr später folgte ein Buch mit dem etwas moderateren Titel „Does IT matter?" [Carr 2004]. Die Quintessenz aus der Diskussion war, dass es zwar viele Meinungen zu diesem Thema gibt, aber wenige solide statistische oder empirische Grundlagen für die Belegung solcher Aussagen.

Nicholas Carr sagt in „IT doesn't matter", dass IT in Unternehmen bald wie Strom aus der Steckdose kommt – das heisst von externen Anbietern produziert und vom Unternehmen konsumiert wird. IT würde damit für den Einsatz als strategischer Wettbewerbsvorteil untauglich werden. Die Fallstudien in diesem Buch machen deutlich, dass es sich bei der Einführung von Business-Softwarelösungen noch nicht um „Stromprojekte" handelt. Die ASP-Lösungen von felix martin und MGM sind erste Ansätze des „Utility-Konzepts", indem kleine Unternehmen durch eine Mietlösung von einem wesentlich leistungsstärkeren System profitieren, als sie es sich beim Kauf einer vergleichbaren Software leisten könnten. Bei felix martin erreicht ein Unternehmen sogar mit IT aus der Steckdose innerhalb seiner Grössenklasse eine gewisse Exzellenz.

In allen anderen Fallstudien wird noch der Weg in hochgradig individualisierte Lösungen gewählt, um sich damit deutlich von den Mitbewerbern zu differenzieren. In einem Interview mit der Zeitschrift io new management [Kisseloff 2006] sagt Carr, dass es nur noch Sinn macht, innovativ zu sein, „wenn es extrem schwierig für die Wettbewerber ist, diese Innovation zu kopieren". Die in diesem Buch vorgestellten Unternehmen versprechen sich von ihren Prozessen, dass sie nicht ohne weiteres kopierbar sind. Das zeigt sich auch in ihrer Bereitschaft, dieses Wissen für die Öffentlichkeit dokumentieren zu lassen. Wie sich herausstellt, verfügen die Unternehmen über derart unterschiedliche Prozesse, dass für niemanden ein Interesse bestehen kann, die IT-Lösung zu kopieren. Man kann sich bestenfalls Anregungen oder eine Grundlage für ein eigenes Benchmarking holen. Die meisten Unternehmen haben nach wie vor den Anspruch, dass sie ihre eigenen, differenzierenden Kernprozesse nur mit einer individuell angepassten Lösung abbilden können. Es wird interessant sein zu beobachten, wie sich das Gleichgewicht zwischen Individualsoftware, individuell angepasster Standardsoftware bzw. Kaufsoftware und Mietsoftware in den nächsten Jahren entwickeln wird.

## 25.5 Schlussbemerkungen und Ausblick

Ein lediglich *gut beherrschter* Geschäftsprozess kann eine Commodity sein und stellt nicht unbedingt einen Wettbewerbsvorteil dar. Von einem Prozess, der *Exzel-*

*lenz* für sich in Anspruch nimmt, erwartet man etwas, was darüber hinausgeht. Die Autoren in diesem Buch hatten den Auftrag aufzuzeigen, in welchem Aspekt der Betreiber seine Lösung als exzellent, „best in class" oder den gebräuchlichen Lösungen anderweitig überlegen einschätzt. Die Fallstudien zeigen daher, wie es mit der Unterstützung von Informationstechnologie möglich ist, Geschäftskonzepte umzusetzen, die den Geschäftskonzepten des Wettbewerbs in einem wichtigen Aspekt überlegen sind (wie z.B. in der Fallstudie Neoperl mit ihrem nicht gerade einfach abzubildenden Franchising-Geschäft). Die Überlegenheit führt damit zu einer verbesserten Ertragssituation (wie z.B. illustriert bei dem Rohrverbindungshersteller Serto im Hochlohnland Schweiz).

Es ist interessant zu sehen, welche Treiber hinter einem Entscheid für eine Business Software stehen. In drei der Fallstudien in diesem Buch haben sich die Verantwortlichen bewusst für die Lösung eines „grossen" Anbieters entschieden, um sich damit einen Investitionsschutz zu sichern. Andere wiederum haben einen Softwareanbieter gesucht, der bereit und fähig war, die Lösung genau auf die individuelle Problemstellung des Kunden auszurichten.

Die Fallstudien zeigen, dass es schwierig ist, allgemeine Regeln für das Erzielen von Prozessexzellenz auszumachen. Nicht überraschend ist sicherlich die Erkenntnis, dass es sich in allen Fällen um zentrale Leistungsprozesse im Unternehmen handelt (und nicht um unterstützende bzw. sekundäre Prozesse). Häufig hat man dabei *hybride* Lösungen eingeführt, indem man das Verhältnis Mensch-Maschine optimiert hat und nicht eine hundertprozentige Technologieunterstützung als Ideal verfolgt hat.

Das Aufspüren von Erfolgsmustern bzw. Clustern in den Profilen der vorgestellten Unternehmen war so gut wie unmöglich, da die von den Autoren identifizierten „exzellenten Prozesse" nur wenige Gemeinsamkeiten aufzeigen – und dies interessanterweise obwohl sie sich fast alle mit der *Auftragsabwicklung* beschäftigen. Eigentlich wäre dieses Ergebnis ja zu erwarten gewesen, wenn man sich die Diskussion um die Kernkompetenzen [Prahalad/Hamel 1991] vor Augen ruft, in der die Nicht-Imitierbarkeit eines Prozesses als wesentlicher Faktor für die Erzielung von Wettbewerbsvorteilen gehandelt wird. Die in diesem Buch vorgestellten exzellenzbegründenden Geschäftsprozesse sind Bestandteile des Geschäftsmodells und beruhen auf Kernkompetenzen der untersuchten Unternehmen. Daher können sie definitionsgemäss nicht ohne weiteres kopiert werden.

# Literaturverzeichnis

Alt, Rainer (2004): Überbetriebliches Prozessmanagement – Gestaltungsmodelle und Technologien zur Realisierung integrierter Prozessportale, Habilitation, Universität St. Gallen, 2004.

Alt, Rainer; Österle, Hubert (2003): Real-time Business, Berlin: Springer, 2003.

Anderson, Chris (2006): The Long Tail, Why the Future of Business Is Selling Less of More, Hyperion Books, 2006.

Bieger, Thomas; Rüegg-Stürm, Johannes; Vonrohr, Thomas (2002): Strukturen und Ansätze einer Gestaltung von Beziehungskonfigurationen – Das Konzept Geschäftsmodell. In: Bieger, Thomas; Bickhoff, Nils; Caspers, Rolf; Knyphausen-Aufseß, Dodo zu; Reding, Kurt (Hrsg.): Zukünftige Geschäftsmodelle – Konzepte und Anwendungen in der Netzökonomie. Berlin, Heidelberg: Springer, 2002.

Biester, Silke (1997): Explosive Zeiten. Wachsende Sortimente konkurrieren zunehmend um sinkende Kauflust, in: LZ Spezial: Feuerwerk der Ideen, o.Jg., Ausgabe 3, S. 16-17.

Capgemini (Hrsg., 2006): Studie IT-Trends 2006 – Unterschiedliche Signale: konsequent sparen, gezielt investieren, Capgemini, 2006.

Carr, Nicholas G. (2003): IT doesn't matter, in: Harvard Business Review, Mai 2003, S. 41-49.

Carr, Nicholas G. (2004): Does IT Matter? Information technology and the corrosion of competitive advantage, Boston (MA): Harvard Business School Press, 2004.

Davenport, Thomas H. (1993): Process Innovation – Reengineering Work through Information Technology, Boston, Harvard Business School Press, 1993.

Dettling, Walter; Leimstoll, Uwe; Schubert, Petra (2004): Netzreport'5: Einsatz von Business Software in kleinen und mittleren Schweizer Unternehmen, Basel: Fachhochschule beider Basel (FHBB), Institut für angewandte Betriebsökonomie (IAB), Arbeitsbericht E-Business Nr. 15, 2004.

Fischer D. (2005): Decision support for planning in complex business environments, KTI-Projekt 8073.1, Fachhochschule Nordwestschweiz, 2005.

Forrester J.W. (1957): Industrial Dynamics: A major break through for decision makers. HBR 38, Juli-August, S. 37-66, 1957.

Gerber, Martin; Gruner, Heinz (1999): FlowTeams - Selbstorganisation in Arbeitsgruppen, Schriftenreihe Orientierung, Ausgabe 108, Credit Suisse, 1999.

Gloor, Ulrich; Bernasconi, Carlo (2003): Integriertes Logistikkonzept der Lagerhäuser Aarau – wie Masterfoods Schweiz mit Lagerhäuser Aarau die Rückverfolgbarkeit der Produkte sicherstellt, Wettbewerbsbeitrag der Lagerhäuser Aarau für den Schweizer Logistikpreis 2003 der Gesellschaft für Logistik, September 2003.

Hamprecht, Jens (2001): Optimierung der Kommissionierung - Analyse und Beurteilung von Lösungen für die Otto Fischer AG, Projektarbeit in Betriebs- und Produktionswissenschaften an der ETH Zürich, 2001.

Humphrey, Watts S.: Managing the Software Process, Addison-Wesley, Reading, Massachusetts 1990.

Kagermann, Henning; Österle, Hubert (2006): Geschäftsmodelle 2010: Wie CEOs Unternehmen transformieren, Frankfurt: Frankfurter Allgemeine Buch, 2006.

Keller, G.; Nüttgens, M.; Scheer, August-Wilhelm (1992): Semantische Prozessmodellierung auf der Grundlage „Ereignisgesteuerter Prozessketten (EPK)", in Scheer, August-Wilhelm (Hrsg.): Veröffentlichungen des Instituts für Wirtschaftsinformatik, Heft 89, Saarbrücken, 1992.

Kisseloff, Irina (2006): Den IT-Leiter nicht schon morgen entlassen, in: io new management, Nr. 5, 2006, S. 16-18.

Lee H. L., Padmanabhan V., Whang S. (1997): Information distortion in a supply chain: the bullwhip effect. Management Science 43(4), S. 546-558, 1997.

Legner, Christine (2005): Integriertes Service Management, in Wölfle, Ralf; Schubert, Petra (2005): Integrierte Geschäftsprozesse mit Business Software, Praxislösungen im Detail, München, Wien: Carl Hanser Verlag, 2005, S. 181-188.

LeShop (2006): Operative Rentabilität im 1. Quartal 2006 erreicht, [http://info.leshop.ch/php/BusinessLeShop.php?LeShopMenuId=2&lge=de]. [Zugriff 10.08.2006].

Lüthy, Werner (2005): Supply Chain Management in der Lebensmittelbranche, in: Wölfle, Ralf; Schubert, Petra (Hrsg.): Integrierte Geschäftsprozesse mit Business Software, S. 73-80, München: Carl Hanser Verlag, 2005.

Möslein, Kathrin; Daxenberger, Georg (2002): Fallstudie Bühler AG, in: Schubert, Petra; Wölfle, Ralf; Dettling, Walter (Hrsg.), Procurement im E-Business, S. 45-60, München, Wien: Hanser Verlag, 2002.

Ohno, Taiichi (1988): Toyota Production System: Beyond Large-Scale Production. New York: Productivity Press, 1988.

Österle, Hubert (1995): Business Engineering: Prozess- und Systementwicklung, Berlin: Springer, 1995.

Piller, Frank (1998): Kundenindividuelle Massenproduktion: Die Wettbewerbsstrategie der Zukunft, München: Carl Hanser Verlag, 1998.

Porter, Michael (2001): Strategy and the Internet, in: Harvard Business Review, März 2001, S. 63-78.

Porter, Michael E. (1986): Wettbewerbsvorteile. Spitzenleistungen erreichen und behaupten, Frankfurt, New York: Campus, 1986.

Porter, Michael; Millar, Victor (1985): How information gives you a competitive advantage, in: Harvard Business Review, Juli-August 1985, S. 149-160.

Prahalad, C.K.; Hamel, Gary (1991): Nur Kernkompetenzen sichern das Überleben, in: Harvard Manager, Nr. 2, 1991, S. 66-78.

Reimann, Anna (2006): AKW-Störfall in Schweden, Der Mann, der den Gau verhinderte, Spiegel Online, 4. August 2006, 13:11 Uhr; [http://www.spiegel.de/politik/ausland/0,1518,430124,00.html]. [Zugriff 6.8.2006].

Rogger, André (2005): fenaco: Integrations- und Kommunikationsplattform AGRONET, in: Wölfle, Ralf; Schubert, Petra (Hrsg.), Integrierte Geschäftsprozesse mit Business Software, S. 151-164, München, Wien: Hanser Verlag, 2005.

Rüegg-Stürm, Johannes (2002): Das neue St. Galler Management-Modell, Grundkategorien einer integrierten Management-Lehre: Der HSG-Ansatz. Bern, Stuttgart, Wien: Haupt, 2002.

Scheer, August-Wilhelm; Abolhassan, Ferri; Bosch, Wolfgang (2003a): Real-time Enterprise, Mit beschleunigten Managementprozessen Zeit und Kosten sparen, Berlin: Springer, 2003.

Scheer, Christian; Deelmann, Thomas; Loos, Peter (2003b): Geschäftsmodelle und internetbasierte Geschäftsmodelle – Begriffsbestimmung und Teilnehmermodell, Johannes Gutenberg Universität Mainz, Lehrstuhl für Wirtschaftsinformatik und BWL, Working Paper Nr.12, Research Group Information Systems & Management, Mainz: 2003.

Schönsleben, Paul (2004): Integrales Logistikmanagement, Planung und Steuerung der umfassenden Supply Chain, 4. überarbeitete Auflage, Springer Verlag 2004.

Schubert, Petra (2000): Otto Fischer AG, in: Schubert, Petra; Wölfle, Ralf (Hrsg.): E-Business erfolgreich planen und realisieren: Case Studies von zukunftsorientierten Unternehmen, S. 27-42, München, Wien: Hanser Verlag, 2000.

Schubert, Petra (2001): Fallstudie Büro-Fürrer, in: Dettling, Walter; Schubert, Petra; Wölfle, Ralf (Hrsg.), Fulfillment im E-Business - Praxiskonzepte innovativer Unternehmen; S. 71-86, München, Wien: Hanser Verlag, 2001.

Schubert, Petra (2003): E-Business-Integration, in: Schubert, Petra; Wölfle, Ralf; Dettling, Walter (Hrsg.), E-Business-Integration: Fallstudien zur Optimierung elektronischer Geschäftsprozesse, S. 1-21, München, Wien: Hanser Verlag, 2003.

Schubert, Petra; Leimstoll, Uwe; Dettling, Walter (2006): Netzreport 2006: Die Bedeutung der Informatik in KMU und anderen Schweizer Organisationen, Basel: Fachhochschule Nordwestschweiz FHNW, Institut für angewandte Betriebsökonomie (IAB), Arbeitsbericht E-Business Nr. 25, 2006.

Schubert, Petra; Selz, Dorian; Haertsch, Patrick (2001): Digital erfolgreich: Fallstudien zu strategischen E-Business-Konzepten, Berlin, Heidelberg: Springer, 2001.

Schubert, Petra; Wölfle, Ralf (Hrsg., 2000): E-Business erfolgreich planen und realisieren, München: Hanser Verlag, 2000.

Schuh, Günther; Friedli, Thomas; Gebauer, Heiko (2004): Fit for Service: Industrie als Dienstleister, München: Hanser, 2004.

SCOR (2006): Supply-Chain Operations Reference-Model V 7.0, [http://www.supply-chain.org/site/scor7booklet2.jsp]. [Zugriff: 10.08.2006].

Stähler, Patrick (2001): Geschäftsmodelle in der digitalen Ökonomie: Merkmale, Strategien und Auswirkungen, Josef Eul Verlag, Köln-Lohmar, 2001.

Tapscott, Don; Ticoll, David; Lowy, Alex (2000): Digital Capital – Harnessing the Power of Business Webs, Boston: Harvard Business School Press, 2000.

Ulrich, Hans (1984): Management, Bern: Haupt Verlag, 1984.Wölfle, Ralf (2000): Entwicklung eines E-Business-Geschäftsmodells, in: io management, Nr. 9, September 2000, S. 62-65.

Wölfle, Ralf (2000): Entwicklung eines E-Business-Geschäftsmodells, in: io management, Nr. 9, September 2000, S. 62-65.

Wölfle, Ralf; Brossok, Klaus (2005): Chargenrückverfolgung in der Prozessindustrie, Schlussfolgerungen aus der verschärften Produktehaftung, Informationsbroschüre, Basel: Fachhochschule beider Basel (FHBB), Institut für angewandte Betriebsökonomie (IAB), 2005.

Wölfle, Ralf; Schubert, Petra (Hrsg., 2005): Integrierte Geschäftsprozesse mit Business Software: Praxislösungen im Detail, München, Wien: Hanser Verlag, 2005.

# Kurzprofile der Herausgeber und Autoren

**Ralf Wölfle** (ralf.woelfle@fhnw.ch)

Ralf Wölfle leitet das Competence Center E-Business Basel an der Hochschule für Wirtschaft der Fachhochschule Nordwestschweiz. Das Kompetenzzentrum erfüllt die Leistungsaufträge angewandte Forschung und Entwicklung sowie Dienstleistungen in diesem Themengebiet. Im Vordergrund stehen die Konzeptentwicklung und das Management von E-Business-Projekten. Ralf Wölfle ist Mitherausgeber der sechs Vorgängerbücher zum Thema E-Business. Er ist Vorstandsmitglied bei Simsa, dem Schweizer Branchenverband für Neue Medien, Internet und Software, sowie langjähriger Leiter der Jury Business Efficiency bei „Best of Swiss Web".

**Petra Schubert** (petra.schubert@fhnw.ch)

Prof. Dr. Petra Schubert ist Professorin und Leiterin des Instituts für angewandte Betriebsökonomie an der Fachhochschule Nordwestschweiz FHNW. Sie ist Mitglied der Fachgruppe E-Business des SwissICT und Gründungs- und Vorstandsmitglied der Ecademy. Sie absolvierte ihr Wirtschaftsstudium mit Schwerpunkt Informationsmanagement sowie das CEMS-Master-Programm in International Management (CEMS-MIM) an der Universität St. Gallen und der ESADE in Barcelona. Ihre Habilitation erfolgte an der Universität Basel. Sie ist Autorin und Mitherausgeberin von acht Büchern zum Thema E-Business und Business Software.

**Rolf Gasenzer** (rolf.gasenzer@bfh.ch)

Prof. Rolf Gasenzer ist Professor für Wirtschaftsinformatik an der Berner Fachhochschule Technik und Informatik in Biel und Sprecher des Forschungsschwerpunkts „Mobilität in der Informationsgesellschaft". Er studierte Wirtschaftswissenschaften (Betriebswirtschaft und Marketing) an der Universität St. Gallen. Für IBM war er im Systems Engineering und im Industry Marketing tätig und anschliessend als Mitglied der Geschäftsleitung bei Furrer & Partner AG verantwortlich für die Geschäftsbereiche Telecommunications und Electronic Publishing. In Zusammenarbeit mit dem Marktforschungsinstitut IHA GfK gab er mehrere Jahre die Marktstudie „Elektronische Zukunft Schweiz" zur PC- und Internetnutzung in der Schweiz heraus. Derzeitige Forschungsschwerpunkte liegen im Bereich Mobile Business und Nutzungsverhalten des Nomadic User.

**Anke Gericke** (anke.gericke@unisg.ch)

Anke Gericke ist wissenschaftliche Mitarbeiterin und Doktorandin am Institut für Wirtschaftsinformatik, Universität St. Gallen (IWI-HSG). Zuvor studierte sie Wirtschaftsinformatik an der Universität Leipzig. Am IWI-HSG ist Anke Gericke in diverse Forschungsprojekte involviert und beschäftigt sich insbesondere mit den Themen eHealth und Service-orientierte Architekturen für die Unternehmenssteuerung.

**Peter Herzog** (peter.herzog@bison-group.com)

Peter Herzog, geb. 1967, ist eidg. dipl. Wirtschaftsinformatiker und Bachelor of Business Administration. Als Leiter Productmarketing bei der BISON Group beeinflusst er massgeblich die markt- und zukunftsorientierte Entwicklung der Next Generation ERP Software Greenax und des Business Software Framework Bison Solution. In 19 Jahren sammelte er in verschiedenen Branchen Erfahrungen in Softwareentwicklung, Projektmanagement, Ausbildung, Marketing und Strategie.

**Raphael Hügli** (raphael.huegli@fhnw.ch)

Raphael Hügli studierte Betriebswirtschaftslehre an der Universität St. Gallen und arbeitet seit September 2004 als Forschungsassistent am Competence Center E-Business Basel der Hochschule für Wirtschaft an der Fachhochschule Nordwestschweiz FHNW. Schwerpunkte seiner Forschung bilden Projekte in den Themenbereichen Billing und eHealth, in denen er seine Dissertation schreibt. Darüber hinaus leitet er die Redaktion der Fallstudiendatenbank eXperience.

**Ute Klotz** (uklotz@hsw.fhz.ch)

Ute Klotz ist Leiterin Informationsmanagement an der Hochschule für Wirtschaft (HSW) der Fachhochschule Zentralschweiz (FHZ) Sie berät und begleitet Unternehmen bei der Konzeption, Entwicklung und Realisierung von Lösungen im ERP-Umfeld. Einer ihrer thematischen Schwerpunkte sind Prozessinnovationen. Ute Klotz studierte Volkswirtschaft und Informationswissenschaft an der Universität Konstanz.

**Michael Koch** (michael.koch@acm.org)

Dr. Michael Koch ist als Privatdozent/Professor für Angewandte Informatik an der Universität der Bundeswehr München und der Technischen Universität München tätig. Er forscht und lehrt in verschiedenen Bereichen der Konzeption und Nutzung verteilter Anwendungen, z.B. im E-Business oder in der rechnergestützten Gruppenarbeit. Er ist Sprecher der Fachgruppe Computer-Supported Cooperative Work der Gesellschaft für Informatik (GI) und betätigt sich speziell in der interdisziplinären Arbeit der Angewandten Informatik zwischen Informatik, Betriebswirtschaftslehre, Psychologie, Soziologie und Design.

**Uwe Leimstoll** (uwe.leimstoll@fhnw.ch)

Dr. Uwe Leimstoll ist wissenschaftlicher Mitarbeiter am Competence Center E-Business Basel und Dozent für Wirtschaftsinformatik an der Hochschule für Wirtschaft der Fachhochschule Nordwestschweiz. Er leitet wirtschaftsnahe Forschungsprojekte in den Themenbereichen „Personalisierung", „Webanalyse" und „Informatik in KMU". Vor seiner Promotion über Informationsmanagement in mittelständischen Unternehmen an der Universität Freiburg im Breisgau war er mehrere Jahre in der klassischen Unternehmensberatung tätig.

**Philippe Matter** (philippe.matter@otb.ch)

Philippe Matter ist geschäftsführender Gesellschafter der Firma OTB AG mit Sitz in Basel. Das Unternehmen erbringt Planungs- und Beratungsleistungen für die Industrie und den Handel mit Schwerpunkt in der Prozessindustrie. (www.otb.ch)

**Thomas Myrach** (thomas.myrach@iwi.unibe.ch)

Prof. Dr. Thomas Myrach ist Direktor des Instituts für Wirtschaftsinformatik und Leiter der Abteilung Informationsmanagement an der Universität Bern. Er hat an den Universitäten Kiel und Bern Betriebswirtschaftslehre und Informatik studiert. Sein langjähriges Interesse gilt der Gestaltung von Informationssystemen und dem

Datenmanagement, was sich in einer Reihe von Publikationen niederschlägt. In den letzten Jahren beschäftigt er sich schwerpunktmässig mit den Veränderungspotenzialen, die Netzwerktechnologien in der Beziehung zu Kunden und Lieferanten eröffnen.

**Philipp Osl** (philipp.osl@unisg.ch)

Philipp Osl ist Wissenschaftlicher Mitarbeiter am Institut für Wirtschaftsinformatik der Universität St. Gallen. Nach dem Studium der Wirtschaftsinformatik an der Technischen Universität Wien und Universität Wien arbeitete er 1.5 Jahre als Projektleiter und Produktmanager eines österreichischen Softwareunternehmens. Zu seinen zentralen Tätigkeitsbereichen zählten die Konzeption eines Produktes für das Cross Media Publishing sowie die Leitung eines internationalen Implementierungsteams. Im Kompetenzzentrum „Business Networking" beschäftigt er sich gegenwärtig mit Fragestellungen des Produktstammdaten-Managements (Product Information Management).

**Michael Pülz** (michael.puelz@fhnw.ch)

Prof. Dr. Michael Pülz hat zunächst an der Fachhochschule Konstanz Wirtschaftsinformatik studiert. Anschliessend erhielt er ein Fulbright-Stipendium zum Studium an der Ball State University in Muncie, Indiana, USA, wo er mit dem Master of Science in Computer Science abschloss. An der Universität Basel promovierte er auf dem Gebiet der wissensbasierten Lernsysteme. Es schlossen sich fünf Jahre in der pharmazeutischen Industrie an, vornehmlich auf dem Gebiet des Informationsmanagements. Michael Pülz ist Professor an der Hochschule für Wirtschaft der Fachhochschule Nordwestschweiz (Basel) und Fachbetreuer Wirtschaftsinformatik. Seine Interessen liegen auf den Gebieten des Informationsmanagements, der wissensbasierten Systeme, des computergestützten Lernens sowie der Arbeits- und Organisationspsychologie.

**Michael Quade** (michael.quade@fhnw.ch)

Michael Quade studierte Betriebsökonomie an der Fachhochschule beider Basel und arbeitet seit Oktober 2005 als wissenschaftlicher Mitarbeiter am Competence Center E-Business Basel (CCEB). Beruflich war Michael Quade in verschiedenen Positionen bei Swisscom tätig: im IT-Management bei Swisscom IT-Services und zuletzt als Projektkoordinator im Bereich System- und Produktentwicklung bei Swisscom Mobile. Am CCEB arbeitet er an Projekten in den Bereichen elektronischer Geschäftsverkehr im B2B, der Personalisierung von E-Commerce Applikationen und der eXperience Systematik zur Wissensvermittlung mit Fallstudien.

**André J. Rogger** (arogger@hsw.fhz.ch)

Dr. André Rogger ist Dozent an der Hochschule für Wirtschaft (HSW) der Fachhochschule Zentralschweiz (FHZ). Zusätzlich ist er für das Institut für Wirtschaftsinformatik (IWI) als Forschungskoordinator und für die Emerging Technology Consulting (ETC) als Berater bei industriellen Integrationsprojekten tätig. André Rogger studierte Informatik an der École Polytechnique Fédérale de Lausanne. Anschliessend arbeitete er als wissenschaftlicher Mitarbeiter am Lehrstuhl für Operations Research von Prof. Dr. Dominique de Werra, wo er seine Dissertation über hybride Heuristiken zur Lösung von quadratischen Zuweisungsproblemen und das Erkennen von Bildinhalten geschrieben hat.

**Thomas Rogler** (thomas.rogler@de.lawson.com)

Thomas Rogler ist Solution Consulting Manager Central Europe bei Lawson. Er berät und unterstützt Unternehmen bei der Entwicklung und Einführung von Lösungen in der Prozessindustrie. Schwerpunkt ist hier die Stahl- und Papierindustrie sowie die Lebensmittelbranche. Weiterhin arbeitet er weltweit als Quality Auditor und Projektleiter für IT-Projekte.

**Daniel Risch** (daniel.risch@fhnw.ch)

Daniel Risch ist Forschungsassistent am Competence Center E-Business Basel der Fachhochschule Nordwestschweiz und Doktorand an der Universität Fribourg. Die Schwerpunkte seiner Tätigkeit liegen im Bereich B2C E-Commerce, Personalisierung und Nutzung von Kundenprofilen im E-Commerce. Er studierte an der Universität Zürich und der Ludwig-Maximilians-Universität München Betriebswirtschaftslehre mit den Schwerpunkten HRM und Informatik.

**Herbert Ruile** (herbert.ruile@fhnw.ch)

Prof. Dr.-Ing. Herbert Ruile ist Dozent am Institut für Business Engineering an der Fachhochschule Nordwestschweiz und leitet dort die Arbeitsgruppe Supply Chains. Er leitete viele Jahre den Bereich Beschaffung und Logistik eines grossen Industrieunternehmens. Heute forscht und unterricht er auf den Themengebieten der Beschaffung, Logistik und des Supply Chain Managements und beschäftigt sich mit Methoden der Planung und Steuerung, Entwicklung von Kooperationsnetzen und dem Einsatz von RFID-Technologie in Supply Chains.

**Raoul Schneider** (raoul.schneider@fhnw.ch)

Raoul Schneider studierte Informatik und arbeitet seit Frühjahr 2005 als Assistent am Competence Center E-Business Basel der Hochschule für Wirtschaft an der Fachhochschule Nordwestschweiz. Er ist zuständig für die Redaktion der Fallstudiendatenbank eXperience, die Administration der institutseigenen Lotus Notes Plattform und die Entwicklung von Webapplikationen. Daneben arbeitet er in verschiedenen E-Business-Projekten mit.

**Henrik Stormer** (henrik.stormer@unifr.ch)

Henrik Stormer ist als Oberassistent an der Universität Fribourg tätig. Nach einem Studium der Informatik mit Nebenfach Wirtschaftswissenschaften und einer Promotion in Informatik arbeitet er seit drei Jahren am Lehrstuhl für Informationssysteme. Seine Schwerpunkte liegen in den Gebieten Electronic Business und Mobile Business sowie Electronic Health. Hierbei interessieren ihn insbesondere die Konzepte und Entwicklungen von Geschäftssystemen. Zu obigen Themen gibt er Vorlesungen und Seminare und hat in der Vergangenheit zahlreiche Forschungsbeiträge veröffentlicht.

**Kristin Wende** (kristin.wende@unisg.ch)

Kristin Wende ist Wissenschaftliche Mitarbeiterin am Institut für Wirtschaftsinformatik der Universität St. Gallen. Nach ihrem Studium der Wirtschaftsinformatik an der Universität Leipzig arbeitete sie 2.5 Jahre als SAP R/3 Consultant in einem Grosshandelsunternehmen. Im Kompetenzzentrum „Business Networking" erarbeitet sie derzeit Lösungsansätze für die Umsetzung organisations- und applikationsübergreifender Geschäftsprozesse mittels service-orientierter Architekturen. Die Schwerpunkte liegen dabei in der elektronischen Rechnungsstellung und der Interoperabilität von Geschäftspartnern in Kooperationsszenarien.